高校建筑环境与设备工程学科专业指导委员会推荐教材

热质交换原理与设备

连之伟　主编

连之伟　张寅平　陈宝明　曹登祥　编

孙德兴　主审

中国建筑工业出版社

图书在版编目（CIP）数据

热质交换原理与设备/连之伟主编．—北京：中国建筑工业出版社，2001.9
高校建筑环境与设备工程学科专业指导委员会推荐教材
ISBN 7-112-04639-4

Ⅰ．热… Ⅱ．连… Ⅲ．传热传质学-高等学校-教材
Ⅳ．TK124

中国版本图书馆 CIP 数据核字（2001）第 061166 号

"热质交换原理与设备"课程是高等学校建筑环境与设备工程专业的主干课之一。本书即是按照本门课程的基本要求编写的。全书共分六章：绪论、热质交换过程、相变热质交换原理、空气热质处理方法、其它形式的热质交换、热质交换设备等。本书在强调原理、加强基础的同时，注意与实际工程结合。

本书亦可供其它有关专业的教学参考，同时还可供有关工程技术人员和自学者参考。

高校建筑环境与设备工程学科专业指导委员会推荐教材
热质交换原理与设备
连之伟　主编
连之伟　张寅平　陈宝明　曹登祥　编
孙德兴　主审

*

中国建筑工业出版社出版（北京西郊百万庄）
新华书店总店科技发行所发行
北京建筑工业印刷厂印刷

*

开本：787×1092 毫米　1/16　印张：15¾　字数：380 千字
2001 年 9 月第一版　2002 年 2 月第二次印刷
印数：6,001—11,000 册　　定价：**22.00** 元
ISBN 7-112-04639-4
TU·4109(10089)

版权所有　翻印必究
如有印装质量问题，可寄本社退换
（邮政编码　100037）

本社网址：http://www.china-abp.com.cn
网上书店：http://www.china-building.com.cn

前 言

为了适应国家新的学科目录,建设部于 1997 年 6 月成立了"面向 21 世纪高等教育教学内容和课程体系的改革与实践"课题组。相应地,建筑环境与设备工程专业也进行了这方面的教学改革研讨。在本学科专业指导委员会的坚强领导与支持下,本着加强基础,提高学生能力的原则,新增加了三门专业基础与专业理论课,"热质交换原理与设备"即是其中之一。

该课程是将专业中的《传热学》、《流体力学》、《工程热力学》、《供暖工程》、《区域供热》、《工业通风》、《空气调节》、《空调用制冷技术》、《锅炉及锅炉房设备》和《燃气燃烧》等课程中牵涉到流体热质交换原理及相应设备的内容抽出,经综合整理、充实加工而形成的一门课程,它以动量传输、热量传输及质量传输共同构成的传输理论(Transport Theory)为基础,重点研究发生在建筑环境与设备中的热质交换原理及相应的设备热工计算方法,为进一步学习创造良好的建筑室内环境打下基础。

由此可见,本课程是创造建筑室内环境所用热质交换方法的理论知识与设备知识同时兼顾的一门主干专业理论课,起着联接本专业基础课与技术课的桥梁作用。

本课程教学大纲和教材大纲经过众多学校相关教师多次讨论,三易其稿而定,它将以往分散在多门专业课中的热质交换现象及其相应设备内容有机结合起来,重点讨论热质交换现象同时产生的过程,使之在理论上系统化,然后再将理论应用于具体设备。

本书第 1 章及第 5、6 章部分内容由上海交通大学连之伟教授执笔,第 3 章及第 4、6 章部分内容由清华大学张寅平教授执笔,第 2 章及第 4 章部分内容由山东建筑工程学院陈宝明教授执笔,第 5、6 章部分内容由重庆大学曹登祥教授执笔。全书由连之伟主编,哈尔滨工业大学孙德兴教授主审。

在本书的编写过程中,得到全国各有关院校本专业教师的热情帮助,提出了许多宝贵意见。同时,专业指导委员会的领导和委员对本书也一直给予积极支持,在此一并表示衷心感谢。

由于时间仓促和编者水平所限,书中一定有许多不尽人意之处,恳请读者批评指正,并提出建议,以期二版时质量有较大提高。

目 录

基本符号表
第1章 绪论 ·· 1
  1.1 三种传递现象的类比 ·· 1
    1.1.1 分子传递（传输）性质 ·· 1
    1.1.2 湍流传递性质 ··· 3
  1.2 热质交换设备的分类 ·· 4
  1.3 本门课程在专业中的地位与作用 ··· 8
  1.4 本门课程的主要研究内容 ··· 9
第2章 热质交换过程 ··· 11
  2.1 传质的基本概念 ·· 11
    2.1.1 传质的基本方式 ··· 11
    2.1.2 浓度的概念 ·· 12
    2.1.3 扩散通量 ··· 13
  2.2 扩散传质 ··· 13
    2.2.1 斐克定律 ··· 13
    2.2.2 斯蒂芬定律 ·· 15
    2.2.3 扩散系数 ··· 17
  2.3 对流传质 ··· 19
    2.3.1 对流传质的基本特点 ··· 19
    2.3.2 浓度边界层 ·· 21
    2.3.3 对流传质简化模型 ·· 26
    2.3.4 对流传质系数的模型理论 ·· 27
    2.3.5 对流传质过程的相关准则数 ·· 30
  2.4 动量、热量和质量传递类比 ··· 31
    2.4.1 三传方程及传质相关准则数 ·· 31
    2.4.2 动量交换与热交换的类比在质交换中的应用 ··································· 33
    2.4.3 对流质交换的准则关联式 ··· 36
  2.5 热质传递模型 ··· 38
    2.5.1 同时进行传热与传质的过程和薄膜理论 ·· 38
    2.5.2 同一表面上传质过程对传热过程的影响 ·· 39
    2.5.3 刘伊斯关系式 ·· 43
    2.5.4 湿球温度的理论基础 ·· 45
第3章 相变热质交换原理 ·· 48
  3.1 沸腾换热 ··· 48

3.1.1	沸腾换热现象及分析	48
3.1.2	沸腾换热计算式	52
3.1.3	影响沸腾换热的因素	60

3.2 凝结换热 ······ 61
   3.2.1 凝结换热现象及分析 ······ 61
   3.2.2 膜状凝结分析解及实验关联式 ······ 62
   3.2.3 制冷剂的冷凝放热 ······ 68

3.3 固液相变传热 ······ 70
   3.3.1 一维凝固和融解问题及其分析方法 ······ 70
   3.3.2 多维相变传热问题 ······ 78
   3.3.3 考虑固、液密度差的简单区域中的相变传热 ······ 78
   3.3.4 相变蓄热系统（LHTES）的理论模型和热性能分析 ······ 79

第4章 空气热质处理方法 ······ 81

4.1 空气热质处理的途径 ······ 81
   4.1.1 空气热质处理的各种方案 ······ 81
   4.1.2 空气热质处理及设备 ······ 82

4.2 空气与水／固体表面之间的热质交换 ······ 82
   4.2.1 湿空气在冷表面上的冷却降湿 ······ 82
   4.2.2 湿空气在肋片上的冷却降湿过程 ······ 84
   4.2.3 空气与水直接接触时的热湿交换 ······ 86

4.3 吸收、吸附法处理空气的基本知识 ······ 90
   4.3.1 吸收、吸附和干燥剂 ······ 90
   4.3.2 干燥循环 ······ 90
   4.3.3 吸收、吸附法处理空气的优点 ······ 91

4.4 吸附材料处理空气的机理和方法 ······ 92
   4.4.1 吸附现象简介 ······ 92
   4.4.2 吸附剂的类型和性能 ······ 92
   4.4.3 吸附剂处理空气的原理 ······ 93
   4.4.4 吸附时的传质及其主要影响因素 ······ 95
   4.4.5 静态吸附除湿和动态吸附除湿 ······ 97
   4.4.6 吸附除湿型空调系统简介 ······ 101

4.5 吸收剂处理空气的机理和方法 ······ 102
   4.5.1 吸收现象简介 ······ 102
   4.5.2 常用吸收型除湿剂及其性能特点简介 ······ 103
   4.5.3 吸收除湿计算 ······ 104
   4.5.4 吸收型干燥系统及其应用简介 ······ 105

第5章 其它形式的热质交换 ······ 108

5.1 空气射流的热质交换 ······ 108
   5.1.1 空气射流的种类及其热质交换原理 ······ 108
   5.1.2 风口型式与送风参数 ······ 113

5.2 燃料燃烧时的热质交换 ······ 115
   5.2.1 燃料与燃烧过程 ······ 115

5.2.2 气体燃料的燃烧方法 …………………………………………………… 116
　　5.2.3 固体燃料的燃烧方法 …………………………………………………… 121
　　5.2.4 液体燃料的燃烧方式 …………………………………………………… 124

第6章 热质交换设备 …………………………………………………………… 127
6.1 热质交换设备的型式与结构 …………………………………………………… 127
　　6.1.1 间壁式换热器 …………………………………………………………… 127
　　6.1.2 混合式换热器 …………………………………………………………… 128
　　6.1.3 典型的燃烧装置与器具 ………………………………………………… 135
6.2 间壁式热质交换设备的热工计算 ……………………………………………… 145
　　6.2.1 总传热系数与总传热热阻 ……………………………………………… 145
　　6.2.2 常用计算方法 …………………………………………………………… 147
　　6.2.3 表面式冷却器的热工计算 ……………………………………………… 151
　　6.2.4 其它间壁式热质交换设备的热工计算 ………………………………… 159
6.3 混合式热质交换设备的热工计算 ……………………………………………… 161
　　6.3.1 喷淋室处理空气时发生的热质交换的特点 …………………………… 162
　　6.3.2 影响喷淋室处理空气效果的主要因素 ………………………………… 163
　　6.3.3 喷淋室的设计计算 ……………………………………………………… 165
　　6.3.4 喷淋室的校核计算 ……………………………………………………… 170
　　6.3.5 其它混合式热质交换设备的热工计算 ………………………………… 172
6.4 典型燃烧装置主要尺寸和运行参数的计算 …………………………………… 185
　　6.4.1 扩散式燃烧器主要尺寸和运行参数的计算 …………………………… 185
　　6.4.2 大气式燃烧器主要尺寸及运行参数的计算 …………………………… 191
　　6.4.3 完全预混燃烧器主要尺寸及运行参数的计算 ………………………… 194
6.5 相变热质交换设备 ……………………………………………………………… 197
　　6.5.1 冷凝器 …………………………………………………………………… 197
　　6.5.2 蒸发器 …………………………………………………………………… 207
　　6.5.3 空调冰蓄冷系统 ………………………………………………………… 217
6.6 热质交换设备的优化设计及性能评价 ………………………………………… 224
　　6.6.1 热质交换设备的优化设计与分析 ……………………………………… 224
　　6.6.2 热质交换设备的性能评价 ……………………………………………… 227
　　6.6.3 热质交换设备的发展趋势 ……………………………………………… 231

附录 ………………………………………………………………………………… 232

参考文献 …………………………………………………………………………… 237

基 本 符 号 表

A	面积	米² (m²)		T	热力学温度	(K)
a	导温系数（热扩散系数）	米²/秒 (m²/s)		t	摄氏温度	度 (℃)
B	大气压强	巴 (bar), 牛顿/米² (N/m²),		U	周边长度	米 (m)
Bi	毕奥数	公斤/米·秒² (kg/m·s²)		u	速度	米/秒 (m/s)
C	质量浓度	公斤/米³ (kg/m³)		V	容积	米³ (m³)
c	比热	焦耳/千克·度 (J/kg·℃)		v	速度	米/秒 (m/s)
d	直径	米 (m)		w	速度	米/秒 (m/s)
D	质扩散系数	米²/秒 (m²/s)		β	肋化系数	
f	摩擦系数			β	容积膨胀系数	1/开 (1/K)
i	焓	焦耳/千克 (J/kg)		δ	厚度	米 (m)
H	高度	米 (m)		ε	换热器效能	
H_m	融解热	焦耳/千克 (J/kg)		Δ	差值	
h	对流换热系数	瓦/米²·度 (W/m²·℃)		η	效率	
h_m	传质系数	米/秒 (m/s)		θ	过余温度或无量纲温度	度 (℃) (W/m·K)
K	传热系数	瓦/米²·度 (W/m²·℃)		λ	导热系数	瓦/(米·度) [W/(m·K)]
l	长度	米 (m)		μ	分子量	
M	质流量	千克/秒 (kg/s)		μ	动力粘度	牛顿秒/米² (N·s/m²)
M	质量	千克 (kg)		ν	运动粘度	米²/秒 (m²/s)
m	质流通量	千克/米²·秒 (kg/m²·s)		ρ	密度	千克/米³ (kg/m³)
n	摩尔数			τ	时间	秒 (s), 时 (h)
NTU	传热单元数			τ	剪切应力	巴 (bar), 牛顿/米² (N/m²)
p	压强	帕 (Pa), 巴 (bar) 牛顿/米² (N/m²)		φ	相对湿度	
					下标	
Q	热流量	瓦 (W)		f	流体	
q	热流通量	瓦/米² (W/m²)		m	融化	
R	热阻	米²·度/瓦 (m²·℃/W)		l	液态	
r	半径	米 (m)		p	相变材料	
r	汽化潜热	焦耳/千克 (J/kg)		s	固态	
S	距离	米 (m)		lm	对数平均	
Ste	斯蒂芬数					

第1章 绪 论

　　动量、热量和质量的传递现象，在自然界和工程技术领域中是普遍存在的。《热质交换原理与设备》这门课程，就是重点研究发生在建筑环境与设备工程专业领域里的动量、热量和质量的传递现象。

　　在以往的教学中，大多数工程专业都开设动量传递（流体力学）和热量传递（传热学）课程，而质量传递课程的开设一般仅限于化工专业。但是近年来，许多工程领域，例如动力机械工程、制冷工程、冶金工程、生化工程、环境工程及建筑环境与设备工程等对于气体、液体和固体的传质过程的研究兴趣日益增大。因此目前许多工程专业都分别开设动量传递、热量传递和质量传递这三门课程。

　　对于学生来说，分别学习这三门课程时，往往难于理解上述三种传递过程之间的内在联系，这是一个较大的缺陷。1960 年 R. B. 伯德（R. B. Bird）等人首先在《传递现象》（Transport Phenomena）一书中对这三种传递现象用统一的方法进行了讨论，力图阐明这三种传递过程之间在定性和定量描述以及计算上的相似性。这对于学生更深入理解传递过程的机理是十分有益的。自此，统一研究这三种传递现象的课程越来越受到人们的重视，它已成为许多工程专业必修的专业基础课。本门课程就是将这一专业基础课与其在本专业上的应用结合起来，架设起专业基础课与技术课的桥梁。

1.1　三种传递现象的类比

　　当流体中存在速度、温度和浓度的梯度时，则分别发生动量、热量和质量的传递现象。动量、热量和质量的传递，既可以是由分子的微观运动引起的分子扩散，也可以是由旋涡混合造成的流体微团的宏观运动引起的湍流传递。

1.1.1　分子传递（传输）性质

　　流体的粘性、热传导性和质量扩散性通称为流体的分子传递性质。因为从微观上来考察，这些性质分别是非均匀流场中分子不规则运动时同一个过程所引起的动量、热量和质量传递的结果。当流场中速度分布不均匀时，分子传递的结果产生切应力；而温度分布不均匀时，分子传递的结果产生热传导；在多组分的混合流体中，如果某种组分的浓度分布不均匀，分子传递的结果便引起该组分的质量扩散。表示上述三种分子传递性质的数学关系分别为：

　　(1) 牛顿粘性定律

　　两个作直线运动的流体层之间的切应力正比于垂直于运动方向的速度变化率，即

$$\tau = \mu \frac{\mathrm{d}u}{\mathrm{d}y} \tag{1-1}$$

对于均质不可压缩流体，上式可改写为：

$$\tau = \nu \frac{\mathrm{d}(\rho u)}{\mathrm{d}y} \tag{1-2}$$

式中　τ——切应力，同时也表示单位时间内通过单位面积传递的动量，又称动量通量密度，N/m^2；

　　　μ——流体的动力粘性系数，$Pa \cdot s$；

　　　ν——流体的运动粘性系数，又称动量扩散系数，m^2/s；

　　　y——垂直于运动方向的坐标，m；

　　　$\dfrac{\mathrm{d}(\rho u)}{\mathrm{d}y}$——动量浓度的变化率，表示单位体积内流体的动量在 y 方向的变化率，$kg/(m^3 \cdot s)$。

(2) 傅立叶定律

在均匀的各向同性材料内的一维温度场中，通过导热方式传递的热量通量密度为：

$$q = -\lambda \frac{\mathrm{d}t}{\mathrm{d}y} \tag{1-3}$$

对于恒定热容量的流体，上式可改写为：

$$q = -\frac{\lambda}{\rho c_p} \frac{\mathrm{d}(\rho c_p t)}{\mathrm{d}y} = -a \frac{\mathrm{d}(\rho c_p t)}{\mathrm{d}y} \tag{1-4}$$

式中　q——热量通量密度，或能量通量密度，表示单位时间内通过单位面积传递的热量，$J/(m^2 \cdot s)$；

　　　$\dfrac{\mathrm{d}(\rho c_p t)}{\mathrm{d}y}$——焓浓度变化率，或称能量浓度变化率，表示单位体积内流体所具有的焓在 y 方向的变化率，$J/(m^3 \cdot m)$；

　　　λ——导热系数，$W/(m \cdot ℃)$；

　　　a——热扩散系数，又称导温系数，m^2/s；

　　　y——温度发生变化方向的坐标，m。

(3) 斐克定律

在无总体流动或静止的双组分混合物中，若组分 A 的质量分数 C_A^*（也称为质量份额，$C_A^* = \rho_A/\rho$，其中 ρ_A 为组分 A 的密度，或称质量浓度，ρ 为混合物的密度）的分布为一维的，则通过分子扩散传递的组分 A 的质量通量密度为：

$$m_A = -D_{AB}\rho \frac{\mathrm{d}C_A^*}{\mathrm{d}y} \tag{1-5}$$

对于混合物密度为常数的情况，上式可改写为：

$$m_A = -D_{AB} \frac{\mathrm{d}\rho_A}{\mathrm{d}y} \tag{1-6}$$

式中　m_A——组分 A 的质量通量密度，表示单位时间内，通过单位面积传递的组分 A 的质量，$kg/(m^2 \cdot s)$；

　　　D_{AB}——组分 A 在组分 B 中的扩散系数，m^2/s；

　　　y——组分 A 的密度发生变化的方向的坐标，m；

$\dfrac{d\rho_A}{dy}$——质量浓度变化率，表示单位体积内组分 A 的质量浓度在 y 方向的变化率，$kg/(m^3 \cdot m)$。

在公式(1-3)~(1-6)中的负号，分别表示传热和传质是向温度、浓度降低的方向进行的。

由式（1-1）~（1-6）可见，表示三种分子传递性质的数学关系式是类似的。今以式(1-2)、(1-4) 和式 (1-6) 说明。

动量传递公式（1-2）表明：动量通量密度正比于动量浓度的变化率。

能量传递公式（1-4）表明：能量通量密度正比于能量浓度的变化率。

质量传递公式(1-6)表明：组分 A 的质量通量密度正比于组分 A 的质量浓度的变化率。

因而这三个传递公式可以用如下的统一公式来表示，

$$FD\Phi' = C\dfrac{d\Phi}{dy} \tag{1-7}$$

其中，$FD\Phi'$ 表示 Φ 的通量密度，$d\Phi/dy$ 表示 Φ 的变化率，C 为比例常数。Φ' 可分别表示质量、动量和热量，而 Φ 可分别表示质量浓度（单位体积的质量），动量浓度（单位体积的动量）和能量浓度（单位体积的能量）。

若令式 (1-7) 中的 $FD\Phi' = m_A$，$\Phi = \rho_A$，$C = -D_{AB}$，则得质量传递公式（1-6）。

若令式 (1-7) 中的 $FD\Phi' = q$，$\Phi = \rho c_p t$，$C = -a$，则得能量传递公式 (1-4)。

若令式 (1-7) 中的 $FD\Phi' = \tau$，$\Phi = \rho u$，$C = \nu$，则得动量传递公式（1-2）。

这些表达式说明动量交换、热量交换、质量交换的规律可以类比。动量交换传递的量是运动流体单位容积所具有的动量 ρu；热量交换传递的量是物质每单位容积所具有的焓 $c_p \rho t$；质量交换传递的量是扩散物质每单位容积所具有的质量也就是浓度 C_A。显然，这些量的传递速率都分别与各量的梯度成正比。系数 D、a、ν 均具有扩散的性质，它们的单位均为 m^2/s，D 为分子扩散或质扩散系数，a 为热扩散系数，ν 为动量扩散系数或称运动粘度。

以后我们将会看到，正是由于这三个基本传递公式的类似性将导致这三种传递过程具有一系列类似的特性。不过，在多维场中，动量是一个矢量，因而表示其传递量的动量通量密度是一个张量，而热量和质量都是标量，因而表示其传递量的热量通量密度和质量通量密度都是矢量。就这一点来说，前者和后两者是不同的。

1.1.2 湍流传递性质

在湍流流动中，除分子传递现象外，宏观流体微团的不规则混掺运动也引起动量、热量和质量的传递，其结果从表象上看起来，相当于在流体中产生了附加的"湍流切应力"，"湍流热传导"和"湍流质量扩散"。由于流体微团的质量比分子的质量大得多，所以湍流传递的强度自然要比分子传递的强度大得多。

尽管湍流混掺运动与分子运动之间有重要差别，然而早期半经验湍流理论的创立者还是仿照分子传递性质的定律建立了湍流传递性质的公式。在这种理论中定义了湍流动力粘性系数 μ_t、湍流导热系数 λ_t 和湍流质量扩散系数 D_{ABt}，并认为对于只有一个速度分量的一维流动而言，湍流切应力 τ_t、湍流热量通量密度 q_t 和湍流扩散引起的组分 A 的质量通量密度 m_{At} 分别与平均速度 $\overline{u}$、平均温度 $\overline{t}$ 和组分 A 的平均密度 $\overline{\rho_A}$ 的变化率成正比，亦即

$$\tau = \mu_t \dfrac{d\overline{u}}{dy} \tag{1-8}$$

$$q_{\mathrm{t}} = -\lambda_{\mathrm{t}} \frac{\mathrm{d}\overline{t}}{\mathrm{d}y} \tag{1-9}$$

$$m_{\mathrm{At}} = -D_{\mathrm{ABt}} \frac{\mathrm{d}\overline{\rho_{\mathrm{A}}}}{\mathrm{d}y} \tag{1-10}$$

因为在流体中同时存在湍流传递性质和分子传递性质，所以总的切应力 τ_{s}、总的热量通量密度 q_{s} 和组分 A 的总的质量通量密度 m_{s} 分别为：

$$\tau_{\mathrm{s}} = \tau + \tau_{\mathrm{t}} = (\mu + \mu_{\mathrm{t}}) \frac{\mathrm{d}\overline{u}}{\mathrm{d}y} = \mu_{\mathrm{eff}} \frac{\mathrm{d}\overline{u}}{\mathrm{d}y} \tag{1-11}$$

$$q_{\mathrm{s}} = -(\lambda + \lambda_{\mathrm{t}}) \frac{\mathrm{d}\overline{t}}{\mathrm{d}y} = -\lambda_{\mathrm{eff}} \frac{\mathrm{d}\overline{t}}{\mathrm{d}y} \tag{1-12}$$

$$m_{\mathrm{s}} = -(D_{\mathrm{AB}} + D_{\mathrm{ABt}}) \frac{\mathrm{d}\overline{\rho_{\mathrm{A}}}}{\mathrm{d}y} = -D_{\mathrm{ABeff}} \frac{\mathrm{d}\overline{\rho_{\mathrm{A}}}}{\mathrm{d}y} \tag{1-13}$$

这里，μ_{eff}、λ_{eff} 和 D_{ABeff} 分别称为有效动力粘性系数、有效导热系数和组分 A 在双组分混合物中的有效质量扩散系数。

在充分发展的湍流中，湍流传递系数往往比分子传递系数大得多，因而有 $\mu_{\mathrm{eff}} \approx \mu_{\mathrm{t}}$，$\lambda_{\mathrm{eff}} \approx \lambda_{\mathrm{t}}$；$D_{\mathrm{ABeff}} \approx D_{\mathrm{ABt}}$。故可以用式（1-8）、（1-9）和（1-10）分别代替式（1-11）、（1-12）和（1-13）。这样，湍流动量传递、湍流热量传递和湍流质量传递的三个数学关系式 (1-8)、(1-9) 和 (1-10) 也是类似的。

应当指出的是，有了类似于式（1-8）、（1-9）和（1-10）这样的从表象出发建立起来的公式，并没有根本解决湍流计算的问题。因为确定湍流传递系数 μ_{t}、λ_{t}、D_{ABt}，比起确定分子传递系数 μ、λ、D_{AB} 困难得多。首先，分子传递系数只取决于流体的热力学状态，而不受流体宏观运动的影响，因此分子传递系数 μ、λ、D_{AB} 均是与温度、压力有关的流体的固有属性，是物性。然而湍流传递系数主要取决于流体的运动，取决于边界条件及其影响下的速度分布，故不是物性。其次，分子传递性质可以由逐点局部平衡的定律来确定；然而对于湍流传递性质来说，应该考虑其松弛效应，即历史和周围流场对某时刻、某空间点湍流传递性质的影响。除此之外，在一般情况下，分子传递系数 μ、λ、D_{AB} 是各向同性的；但是在大多数情况下，湍流传递系数 μ_{t}、λ_{t}、D_{ABt} 是各向异性的。

正是由于湍流传递性质的上述特点，使得湍流流动的理论分析至今仍是远未彻底解决的问题，目前主要还是依靠实验来解决。

1.2 热质交换设备的分类

热质交换设备的分类方法很多，可以按工作原理、流体流动方向、设备用途、传热传质表面结构、制造材质等分为各种类型。在各种分类方法中，最基本的是按工作原理分类。

（1）按工作原理分类

按不同的工作原理可以把热质交换设备分为：间壁式、直接接触式、蓄热式和热管式等类型。

间壁式又称表面式，在此类换热器中，热、冷介质在各自的流道中连续流动完成热量传递任务，彼此不接触，不渗混。凡是生产中介质不容渗混的场合都使用此类型换热器，它是应用最广泛,使用数量最大的一类。专业上的表面式冷却器、过热器、省煤器、散热器、暖风机、燃气加热器、冷凝器、蒸发器等均属此类。

直接接触式又称为混合式,在此类热质交换设备中,两种流体直接接触并允许相互渗混,传递热量和质量后,再各自全部或部分分开,因而传热传质效率高。专业上的喷淋室及蒸汽喷射泵、冷却塔、蒸汽加湿器、热力除氧器等均属此类。

蓄热式又称回热式或再生式换热器,它借助由固体构件(填充物)组成的蓄热体作为中间载体传递热量。在此类换热器中,热、冷流体依时间先后交替流过由蓄热体组成的流道,热流体先对其加热,使蓄热体温度升高,把热量储存于固体蓄热体内,随即冷流体流过,吸收蓄热体通道壁放出的热量。在蓄热式换热器里所进行的热传递过程不是稳态过程,蓄热体不停地、周而复始地被加热和冷却,壁面和壁内部的温度均处于不停的变化之中。炼铁厂的热风炉、锅炉的中间热式空气预热器及全热回收式空气调节器等均属此类。

热管换热器是以热管为换热元件的换热器。由若干支热管组成的换热管束通过中隔板置于壳体内,中隔板与热管加热段、冷却段及相应的壳体内腔分别形成热、冷流体通道,热、冷流体在通道中横掠热管束连续流动实现传热。当前该类换热器多用于各种余热回收工程。

在间壁式、混合式和蓄热式三种主要热质交换设备类型中,间壁式的生产经验、分析研究和计算方法比较丰富和完整,它们的某些计算方法对混合式和蓄热式也适用。

(2) 按照热流体与冷流体的流动方向分类

热质交换设备按照其内热流体与冷流体的流动方向,可分为:顺流式、逆流式、叉流式和混合式等类型。

顺流式或称并流式,其内冷、热两种流体平行地向着同一方向流动,如图1-1(a)所示。冷、热流体同向流动时,可以用平壁隔开,但是更通常的是用同心管(或是双层管)隔开,其布置简图示于图1-1(b)。在这样的顺流布置中,热,冷流体由同一端进入换热器,向着同一方向流动,并由同一端离开换热器。

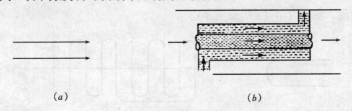

图 1-1 顺流换热器
(a) 示意图; (b) 同心管

逆流式,两种流体也是平行流动,但它们的流动方向相反,如图1-2(a)所示。冷、热流体逆向流动,由相对的两端进入换热器,向着相反的方向流动,并由相对的两端离开换热器,其布置简图示于图1-2(b)。

叉流式或称错流式,两种流体的流动方向互相垂直交叉,示意图如图1-3(a)所示。这种布置通常是用在气体受迫流过一个管束而管内则是被泵送的液体,图1-3(b)、(c)表示了两种常见的布置方式。对于像图1-3(b)那样的带肋片的管束,气体流是不混合的,因为它不能在横向(垂直于流动方向)自由运动。类似地,因为液体被约束在互相隔

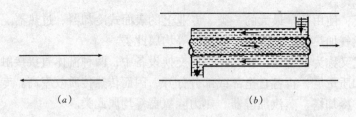

图 1-2 逆流换热器
（a）示意图；（b）同心管

开的管子中，所以液体在流过管子时也是不混合的。这一类肋片管叉流换热器被广泛应用于空调装置中。与之相反，如果管子是不带肋片的，那么气体就有可能一边向前流动，一边横向混合，象图 1-3（c）那样的布置，气流是混合的。应当注意，在不混合时，流体应表示为二维的温度分布，即其温度在流动方向上和垂直于流动的方向上都是变化的。然而，在有横向混合流动的条件下，温度虽然主要是在流动方向发生变化，但混合情况对于换热器总的传热会有重要的影响。

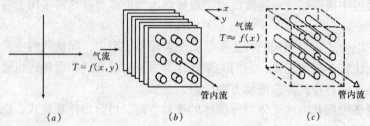

图 1-3 叉流换热器
（a）示意图；（b）两种流体均不混合；（c）一种流体混合，另一种不混合

混流式，两种流体在流动过程中既有顺流部分，又有逆流部分，图 1-4（a）及（b）所示就是一例。当冷、热流体交叉次数在四次以上时，可根据两种流体流向的总趋势，将其看成逆流或顺流，如图 1-4（c）及（d）。

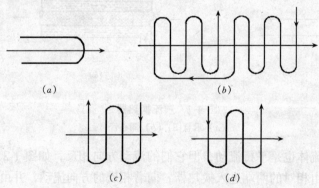

图 1-4 混流换热器示意图
（a）先顺后逆的平行混流；（b）先逆后顺的串联混流；
（c）总趋势为逆流的混合流；（d）总趋势为顺流的混合流

下面对各种流动形式做一比较。

在各种流动形式中，顺流和逆流可以看作是两个极端情况。在进出口温度相同的条件下，逆流的平均温差最大，顺流的平均温差最小；顺流时，冷流体的出口温度总是低于热流体的出口温度，而逆流时冷流体的出口温度却可能超过热流体的出口温度。这方面内容详见第 6 章。从这些方面来看，热质交换设备应当尽量布置成逆流，而尽可能避免布置成顺流。但逆流布置也有一个缺点，即冷流体和热流体的最高温度发生在换热器的同一端，使得此处的壁温较高，对于高温换热器来说，这是要注意的。为了降低这里的壁温，有时有意改用顺流，锅炉的高温过热器中就有这种情况。

当冷、热流体中有一种发生相变时，冷、热流体的温度变化就如图 1-5 所示。其中图 1-5（a）表示冷凝器中的温度变化；图 1-5（b）表示蒸发器中的温度变化，布置这类换热器时就无所谓顺流、逆流了。同样，当两种流体的水容量 C（Gc）相差较大，或者冷、热流体之间的温差比冷、热流体本身的温度变化大得多时，顺流、逆流的差别就不显著了。纯粹的逆流和顺流，只有在套管换热器或螺旋板式换热器中才能实现。但对工程计算来说，混合流，如图 1-6 所示的流经管束的流动，只要管束曲折的次数超过 4 次，就可作为纯逆流和纯顺流来处理了。

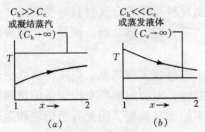

图 1-5 发生相变时冷、热流体的温度变化图
（a）冷凝器中的温度变化；（b）蒸发器中的温度变化

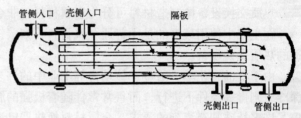

图 1-6 可作为纯顺流的实际工程中的混合流

(3) 按用途分类

热质交换设备按照用途来分有：表冷器、预热器、加热器、喷淋室、过热器、冷凝器、蒸发器、加湿器、暖风机等等。

1) 表冷器　用于把流体冷却到所需温度，被冷却流体在冷却过程中不发生相变，但其内某种成分，如空气中的水蒸气，可能出现凝结现象；

2) 加热器　用于把流体加热到所需温度，被加热流体在加热过程中不发生相变；

3) 预热器　用于预先加热流体，以使整套工艺装置效率得到改善；

4) 喷淋室　通过向被处理流体喷射液体，以直接接触的方式实现对被处理流体的加热、冷却、加湿、减湿等处理过程；

5) 过热器　用于加热饱和蒸汽到其过热状态；

6) 蒸发器　用于加热液体使之蒸发气（汽）化，或利用低压液体蒸发气化以吸收另一种流体的热量；

7) 冷凝器　用于冷却凝结性饱和蒸气（汽），使之放出潜热而凝结液化；

8) 加湿器　用于增加被处理对象的湿度；

9) 暖风机　用于加热空气，以向被供暖房间提供热量。

表1-1列出建筑环境与设备工程专业中常见的热质交换设备及其型式，同时还列出其设备内流体的传热机理。

建筑环境与设备专业常见的热质交换设备型式与传热机理　　　　　　表1-1

名称	型式	传热机理	名称	型式	传热机理
表冷器	间壁式	对流—导热—对流	冷凝器	间壁式	凝结—导热—对流
喷淋室	直接接触式	接触传热、传质	冷却塔	直接接触式	接触传热、传质
蒸发器（锅炉）	间壁式	辐射—导热—两相传热	蒸汽加热器	间壁式	凝结—导热—对流
蒸发器（制冷）	间壁式	对流—导热—蒸发	热水加热器	间壁式	对流—导热—对流
过热器	间壁式	辐射+对流—导热—对流	除氧器	直接接触式	接触传热、传质
省煤器	间壁式	对流(辐射分额少)—导热—对流	蒸汽加湿器	直接接触式	接触传热、传质
空气预热器	间壁式或蓄热式	对流—导热—对流	散热器	间壁式	对流—导热—对流+辐射
蒸汽喷射泵	直接接触式	接触传热、传质	暖风机	间壁式	对流(或凝结)—导热—对流

（4）按制造材料分类

热质交换设备按制造材料可分为金属材料、非金属材料及稀有金属材料等类型。

在生产中使用最多的是用普通金属材料，如碳钢、不锈钢、铝、铜、镍及其合金等制造的热质交换设备。

由于石油、化学、冶金、核动力等工业中的许多工艺过程多在高温、高压、高真空或深冷、剧毒等条件下进行，而且常常伴随着极强的腐蚀性，因而对热质交换设备的材料提出了许多特殊甚至苛刻的要求。金属材料换热器已远不能满足需要，因此开始研制和生产了非金属及稀有金属材料的换热器。

非金属换热器有石墨、工程塑料、玻璃、陶瓷换热器等。

石墨具有优良的耐腐蚀及传热性能，线膨胀系数小，不易结垢，机械加工性能好，但易脆裂、不抗拉、不抗弯。石墨换热器在强腐蚀性液体或气体中应用最能发挥其优点，它几乎可以处理除氧化酸外的一切酸碱溶液。

用于制造热质交换设备的工程塑料很多，目前以聚四氟乙烯为最佳，其性能可与金属换热器相比但却具有特殊的耐腐蚀性。它主要用于硫酸厂的酸冷却，用以代替原有冷却器，可以获得显著的经济效益。

玻璃换热器能抗化学腐蚀，且能保证被处理介质不受或少受污染。它广泛应用于医药、化学工业，例如香精油及高纯度硫酸蒸馏等工艺过程。

稀有金属换热器是在解决高温、强腐蚀等换热问题时研制出来的，但材料价格昂贵使其应用范围受到限制。为了降低成本，已发展了复合材料，如以复合钢板和衬里等形式提供使用。对于制造换热器，目前是钛金属应用较多，锆等其它稀有金属应用较少。

1.3 本门课程在专业中的地位与作用

建筑环境与设备工程专业的毕业生，要能够从事工业与民用建筑中环境控制技术领域的工作，具有暖通空调、燃气供应、建筑给排水等公共设施系统和建筑热能供应系统的设计、安装、调试、运行能力，具有制定建筑自动化系统方案的能力，并具有初步的应用研究与开发能力。从上述本专业培养目标不难看出，在专业的各个方向上，为实现建筑室内的环境控制，要牵涉到大量的能量交换及与实现这些能量转换相应的设备的知识。例如，制冷设备中常用的氟利昂卧式冷凝器中，氟利昂蒸气在管外凝结，管内流着冷却水，蒸气凝结时所放出的潜热穿过管壁而传到冷却水中（图1-7），从而实现热量的转移。又如锅炉中的一些受热面（水冷壁、过热器等），在燃料燃烧时与之进行大量的热量交换。另外，空调中对空气进行各种处理的表面式冷却器和喷淋室，给房间供暖所用的散热器和暖风机，提供冷量的制冷系统所用的蒸发器和冷却塔，提供热量的锅炉的省煤器和空气预热器等等，都是本专业常用的进行能量交换的设备。这些设备设计得如何，不但直接影响到室内要控制的环境，而且还对能量消费

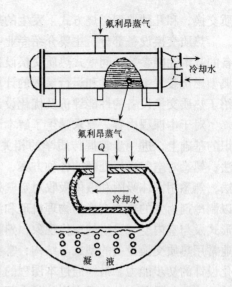

图1-7 冷凝器中的热量传递过程

有重大的影响，因为目前的建筑能耗已占到总能耗的1/3左右。

本课程是将专业中的《传热学》《流体力学》《工程热力学》及《供暖工程》《区域供热》《工业通风》《空气调节》《空调用制冷技术》《锅炉及锅炉房设备》《燃气燃烧》等课程中牵涉到流体热质交换原理及相应设备的内容抽出，经综合整理、充实加工而形成的一门课程，它是以动量传输、热量传输及质量传输共同构成的传输理论（Transport Theory）为基础，重点研究发生在建筑环境与设备中的热质交换原理及相应的设备热工计算方法，为进一步学习创造良好的建筑室内环境打下基础。

由此可见，本课程是创造建筑室内环境所用热质交换方法的理论知识与设备知识同时兼顾的一门课程，它是建筑环境与设备工程专业的一门主干专业理论课，起着连接本专业基础课与技术课的桥梁作用。

1.4 本门课程的主要研究内容

传热与传质是实际工程中普遍存在的现象。本门课程就是研究创造建筑室内环境所用的热质交换方法的基本特性和基本规律，为创造建筑室内环境所用的热质交换技术提供必要的理论知识和设备知识。其主要内容有：热质交换过程，相变热质交换原理，空气热质处理方法，其它形式的热质交换和热质交换设备等。

热质交换过程部分，主要涉及传质的基本概念、扩散传质、对流传质、热质传递模型和动量、热量和质量的传递类比。

相变热质交换原理部分，主要讨论以制冷剂为主的液体沸腾和蒸气凝结的基本规律，并探讨管内外强迫流动时的相变换热及固液相变热质交换的基本原理。

空气的热质处理方法部分，主要包括空气处理的各种途径，空气与水/固体表面之间的热质交换，用吸收剂处理空气和用吸附材料处理空气的机理与方法。

其它形式的热质交换部分，主要涉及经过处理的空气送入房间时与室内空气发生的热

质交换，和几种典型燃烧方式下发生的热质交换。

热质交换设备部分，主要介绍专业中常见的热质交换设备的型式与结构，热质交换设备的基本性能参数，间壁式热质交换设备的热工计算，混合式热质交换设备的热工计算，典型燃烧装置主要尺寸和运行参数的计算及相变热质交换设备的热工计算，同时还简单介绍了热质交换设备的性能评价及优化设计。

对于本课程内容，要求学生了解本课程在专业中的地位与重要性；在掌握了传热学知识的基础上，进一步掌握传质学的相关理论，并掌握动量、能量及质量传递间的类比方法；熟悉对空气进行处理的各种方案，掌握空气与水表面间热质交换的基本理论和基本方法，熟悉用固体吸附和液体吸收对空气处理的机理与方法；熟悉在相变换热情况下发生的以制冷剂为主的热质交换的物理机理和沸腾与凝结的影响因素；了解房间送风时各种射流形式及与室内空气发生的三传现象，熟悉几种典型燃烧方式下发生的热质交换；了解本专业常用热质交换设备的型式与结构，掌握其热工计算方法，并具有对其进行性能评价和优化设计的初步能力。最终通过本课程的系统学习，达到掌握在传热传质同时进行时发生在建筑环境与设备中的热质交换的基本理论，掌握对空气进行各种处理的基本方法及相应的设备热工计算方法，并具有对其进行性能评价和优化设计的初步能力，为进一步学习创造良好的建筑室内环境打下基础。

第 2 章 热质交换过程

本章首先介绍传质过程的基本概念及基本定律，详细讨论扩散传质和对流传质的基本规律；考虑热质交换同时进行时动量传递、热量传递及质量传递的类比关系，建立热质传递的模型，阐述热质传递的规律，为后续章节的学习打下良好的基础。

2.1 传质的基本概念

2.1.1 传质的基本方式

在传热学中已经分析过流体和壁面间的对流换热过程，所涉及的流体是单一物质或称一元体系。而在某些实际情况下，流体可能是二元体系（或称二元混合物），并且其中各组分的浓度不均匀，这时就会有传质或称质交换发生。日常生活中遇到的水分蒸发和煤气在空气中的弥散都是传质现象。在自然界和工程实际中，自然环境中海洋的水面蒸发，在潮湿的大气层中形成云雨；生物组织对营养成分的吸收；油池起火和火焰的扩散；电厂冷却塔，喷气雾化干燥，填充吸收塔等的工作过程都是传质过程的具体体现[1]。

传质又常和传热复合在一起，例如空调工程中常用的表面式空气冷却器在冷却去湿工况下，除了热交换外还有水分在冷表面凝结析出；还有在吸收式制冷装置的吸收器中发生的吸收过程等，均是既有热交换又有质交换的现象。在测量湿空气参数时所用的干湿球温度计，湿球温度也是由湿球纱布与周围空气的热交换和质交换条件所决定的。

2.1.1.1 扩散传质的物理机理

众所周知，物质的分子总是处在不规则的热运动中，在有两种物质组成的二元混合物中，如果存在浓度差，由于分子运动的随机性，物质的分子会从浓度高处向浓度低处迁移，这种迁移称为浓度扩散或简称扩散，并通过扩散产生质交换。浓度差是产生质交换的推动力，正如温度差是传热的推动力一样。

在没有浓度差的二元体系（即均匀混合物）中，如果各处存在温度差或总压力差，也会产生扩散，前者为热扩散，又称索瑞特效应，后者称为压力扩散，扩散的结果会导致浓度变化并引起浓度扩散，最后温度扩散或压力扩散与浓度扩散相互平衡，建立一稳定状态。为简化起见，在工程计算中当温差或总压差不大的条件下，可不计热扩散和压力扩散，只考虑均温、均压下的浓度扩散。另外，与热扩散相对应，还有"扩散热"一说，即由于扩散传质引起的热传递，这种现象称为杜弗尔效应[2]。

质交换有两种基本方式：分子扩散和对流扩散。在静止的流体或垂直于浓度梯度方向作层流运动的流体以及固体中的扩散，是由微观分子运动所引起，称为分子扩散，它的机理类似于导热。在流体中由于对流运动引起的物质传递，称为对流扩散，它比分子扩散传质要强烈得多。

质量扩散可以发生在气体、液体和固体中。但由于质量交换在很大程度上受到分子间距的影响，因而气体中的扩散速度较快，液体次之，而以固体中的扩散最慢。在很多实际情况下会出现质量扩散。气体中扩散的例子就是由汽车排出废气中的一氧化二氮向静止大气中的传播。由于排气管处的一氧化二氮的浓度最高，因而在离开排气管的方向上一氧化二氮产生迁移。单一组分的气体向固体中的扩散是十分普遍且在技术上是重要的，例如氦气通过硬质玻璃的扩散，二氧化碳通过橡胶的扩散。

2.1.1.2 对流传质的物理机理

流体作对流运动，当流体中存在浓度差时，对流扩散亦必同时伴随分子扩散，分子扩散与对流扩散两者的共同作用称为对流质交换，这一机理与对流换热相类似，单纯的对流扩散是不存在的。对流质交换是在流体与液体或固体的两相交界面上完成的，例如，空气掠过水表面时水的蒸发；空气掠过固态或液态萘表面时萘的升华或蒸发等等。

质量交换、热量交换及动量交换三者在机理上是类似的，所以在分析质量交换的方法上也和热量交换及动量交换具有相同之处。由于在二元混合物中，两者组分各自存在浓度差而产生相互扩散，所以扩散要比一元物质的分子动量交换和热量交换复杂些。

2.1.2 浓度的概念

系统中浓度的不均匀性是传质的动力，我们要研究传质的规律，必须先建立浓度的概念。

在二元或多元混合物中，单位体积中所含组分的量的多少，习惯上通称浓度。在工程热力学中曾用质量的公斤数和摩尔数来计量物质的量，因此就有了质量浓度和摩尔浓度的概念[3]。

在单位容积中所含某组分的质量称为该成分的质量浓度，用符号 C_i 表示，单位是 kg/m^3。设有 A、B 两种物质组成的二元混合物，则

$$C_A = \frac{M_A}{V}; C_B = \frac{M_B}{V} \tag{2-1}$$

式中，M_A、M_B 分别是组分 A、B 在容积 V 中具有的质量，kg。

对于混合气体，应用理想气体状态方程式，可得

$$p_A V = M_A R_A T \tag{2-2}$$

$$p_B V = M_B R_B T \tag{2-3}$$

式中，p_A、p_B 是组分 A 和 B 的分压力；R_A、R_B 是组分 A 和 B 的气体常数。因此

$$C_A = \rho_A = \frac{p_A}{R_A T} \quad kg/m^3 \tag{2-4a}$$

$$C_B = \rho_B = \frac{p_B}{R_B T} \quad kg/m^3 \tag{2-4b}$$

可见对混合气体，质量浓度与分压力有关，在相同温度的前提下，分压力大也表示它的质量浓度高，而质量浓度也就是该组成气体的密度。

质量浓度和质量份额的关系是

$$C_A^* = \frac{M_A}{M} = \frac{C_A}{C} = \frac{\rho_A}{\rho} \tag{2-5}$$

或
$$C_A = CC_A^* = \rho_A = \rho C_A^*$$

式中 C_A^*——组分 A 的质量份额；

C——混合气体的浓度，即密度 ρ。

同理，在单位容积中某组分 A 的摩尔数称为该组分的摩尔浓度 n_A（kmol/m³），而它的摩尔份额 n_A^* 是

$$n_A^* = \frac{n_A}{n} \tag{2-6}$$

式中 n——单位容积中混合气体的总摩尔数。

2.1.3 扩散通量

扩散通量是指单位时间内垂直通过单位面积的某一组分的物质数量。随着采用的浓度单位不同，扩散通量可表示为质扩散通量 m（kg/m²·s）和摩尔扩散通量 N（kmol/m²·s）等。

所谓质扩散通量，就是单位时间内垂直通过单位面积的某一组分的质量；而摩尔扩散通量则指通过单位面积的某一组分的千摩尔数。

图 2-1 表示二元混合物 A、B 在浓度不均匀时的互扩散及它们的浓度沿 y 方向的分布情况。

应当指出：对于二元或多元混合物，当各组分的扩散速度不同时，则此混合物将产生整体流动，并以质平均速度 v 或摩尔平均速度 V（m/s）通过某截面。显然，由于

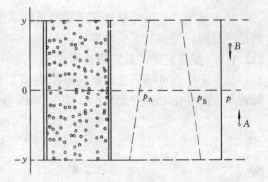

图 2-1 组分 A、B 的相互扩散

混合物整体在移动，因此计算扩散通量，就与坐标的选取有关，即与静止坐标或随整体一起移动的动坐标有关。

相对静坐标的扩散通量称为绝对扩散通量或净扩散通量，而相对于整体平均速度移动的动坐标扩散通量则称为相对扩散通量。

相对扩散通量加上因整体运动而传递的质量通量应等于净扩散通量。只有在等质量互扩散条件下，混合物整体流动的质平均速度 $v = 0$，或在等摩尔互扩散条件下，摩尔平均速度 $V = 0$，此时净扩散通量才与相对扩散通量相一致。

2.2 扩 散 传 质

2.2.1 斐克定律

首先介绍互扩散的斐克定律，然后讨论斐克定律的几种表达式。

2.2.1.1 斐克定律的基本表达式

在浓度场不随时间而变化的稳态扩散条件下，当无整体流动时，组成二元混合物中组

分 A 和组分 B 发生互扩散。其中组分 A 向组分 B 的扩散通量（质量通量 m 或摩尔通量 N）与组分 A 的浓度梯度成正比，这就是扩散基本定律—斐克[4]（Adolf Fick，德国科学家，1855年，他认为盐分在溶液中的扩散现象可以与热传导比拟）定律，其表达式为：

$$m_A = -D_{AB}\frac{dC_A}{dy} \quad kg/(m^2 \cdot s) \tag{2-7a}$$

或

$$N_A = -D_{AB}\frac{dn_A}{dy} \quad kmol/(m^2 \cdot s) \tag{2-8a}$$

式中，m_A、N_A 分别为扩散物质 A 的相对质扩散通量和摩尔扩散通量。两者的换算关系是 $N_A = m_A/\mu_A$，μ_A 是组分 A 的分子量。式中 C_A 为组分 A 质量浓度，n_A 为摩尔浓度；而 $\frac{dC_A}{dy}$、$\frac{dn_A}{dy}$ 分别为组分 A 的质量浓度梯度和摩尔浓度梯度；D_{AB} 为比例系数，称分子扩散系数，右下角码表示混合物中物质 A 向物质 B 进行的扩散，扩散系数的单位是 m^2/s。当混合物以某一质平均速度 v 或摩尔平均速度 V 移动时，斐克定律的坐标应取随整体移动的动坐标。

式中出现"-"号是由于质扩散是朝浓度降低的方向，与浓度梯度方向相反，这与导热是从高温向低温与温度梯度方向相反一样。

2.2.1.2 斐克定律的其它表达形式

斐克定律亦可用质量份额或摩尔份额来表示，当混合物的浓度 ρ 或摩尔数 n 不随扩散方向 y 而变化时，将式（2-5）和（2-6）代入式（2-7a）和（2-8a），可得

$$m_A = -\rho D_{AB}\frac{dC_A^*}{dy} \quad kg(m^2 \cdot s) \tag{2-7b}$$

或

$$N_A = -nD_{AB}\frac{dn_A^*}{dy} \quad kmol/(m^2 \cdot s) \tag{2-8b}$$

对混合气体已知其组分的分压变化时，则斐克定律还相应可表达为：

$$m_A = -\frac{D_{AB}}{R_A T}\frac{dp_A}{dy} \tag{2-7c}$$

或

$$N_A = -\frac{D_{AB}}{\mu_A R_A T}\frac{dp_A}{dy} \tag{2-8c}$$

当混合物整体以质量平均速度 v 移动时，对静坐标而言，则组分 A 的净质扩散通量 m'_A 应为因移动而传递的质量与因浓度差而扩散的质量之和，即为

$$m'_A = m_A + C_A v \tag{2-9}$$

式中 m_A 可采用式（2-7a），（2-7b），（2-7c）计算，当用式（2-7b）计算时，即

$$m'_A = -\rho D_{AB}\frac{dC_A^*}{dy} + C_A v \tag{2-10a}$$

同理

$$m'_B = -\rho D_{BA}\frac{dC_B^*}{dy} + C_B v \tag{2-10b}$$

在等质量扩散条件下，$m'_A = -m'_B$，

且整体质量平均速度 $v = 0$

再考虑到：$C_A^* + C_B^* = 1$

即
$$\frac{dC_A^*}{dy} = -\frac{dC_B^*}{dy} \tag{2-11}$$

可得
$$D_{AB} = D_{BA} = D \tag{2-12}$$

上式表明二元混合物的分子互扩散系数相等。

同理，当混合物整体以摩尔平均速度 V 移动时，对于静坐标，组分 A 的净摩尔扩散通量则为
$$N'_A = N_A + n_A V$$

即
$$N'_A = -nD_{AB}\frac{dn_A^*}{dy} + n_A V \tag{2-13}$$

和
$$N'_B = -nD_{BA}\frac{dn_B^*}{dy} + n_B V \tag{2-14}$$

在等摩尔互扩散条件下，$N'_A = -N'_B$，

且摩尔平均速度 $V = 0$

同样也可得到：$D_{AB} = D_{BA} = D$

对式（2-7a）进行积分，可得
$$m_A = D\frac{C_{A,1} - C_{A,2}}{y} \quad \text{kg}/(\text{m}^2 \cdot \text{s}) \tag{2-15a}$$

对混合气体
$$m_A = \frac{D}{R_A T}\frac{p_{A,1} - p_{A,2}}{y} \tag{2-15b}$$

对式（2-8a）进行积分，可得
$$N_A = D\frac{n_{A,1} - n_{A,2}}{y} \quad \text{kmol}/(\text{m}^2 \cdot \text{s}) \tag{2-16a}$$

对混合气体
$$N_A = \frac{D}{\mu_A R_A T}\frac{p_{A,1} - p_{A,2}}{y} \tag{2-16b}$$

2.2.2 斯蒂芬定律

上节介绍了斐克定律应用于互扩散的各种表达式。工程上还会遇到某种特定情况下的扩散，如水面上的饱和蒸汽向空气中的扩散，对静坐标而言是属于单方向进行的，但对动坐标而言仍然是双向互扩散[5]。

设有一水槽，槽底的水在向空气作等温蒸发，水蒸气分子通过槽内不流动的空气层扩散至槽口，然后被槽外的气流带走，如图 2-2 所示。设所分析的扩散过程处于稳态，且槽口上的空气流速较小，因此不致使槽内空气产生扰动而改变其中的浓度分布。由于水面上的蒸汽分压强 $p_{A,1}$ 可认为是水温下的饱和压强，它将大于槽口空气中的蒸汽分压强 $p_{A,2}$，槽内分压强变化曲线如图中右侧所示，这就产生了水蒸气由下向上的扩散，图中以 m_A 表示。由于水槽水蒸气分压强 p_A 和空气分压强 p_B 之和沿高度方向均保持不变，并等于槽

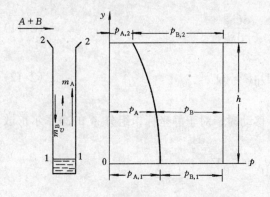

图 2-2 水面蒸汽向空气中的扩散

外混合气体的总压强 p。对应槽内高度方向水蒸气分压强的变化,槽内空气也有分压强变化,因而对以质平均速度为 v 的动坐标而言,空气会有反方向即向下的相对扩散,如图中 m_B 所示,但由于槽底水表面不能让空气通过,因而用静坐标来分析就比较方便,因为空气的净质扩散通量对静坐标系为零。

如前所述对静坐标的净质扩散通量对水蒸气和空气分别为:

$$m'_A = m_A + vC_A = -\frac{D}{R_A T}\frac{dp_A}{dy} + v\frac{p_A}{R_A T} \qquad (2\text{-}17)$$

$$m'_B = m_B + vC_B = -\frac{D}{R_B T}\frac{dp_B}{dy} + v\frac{p_B}{R_B T} = 0 \qquad (2\text{-}18)$$

从式 (2-18) 可得

$$v = \frac{D}{p_B}\frac{dp_B}{dy}$$

由于

$$p_A + p_B = P = 常数$$

求导得

$$\frac{dp_A}{dy} = -\frac{dp_B}{dy}$$

故

$$v = -\frac{D}{p - p_A}\frac{dp_A}{dy}$$

把此关系式代入式 (2-17),则得

$$m'_A = -\frac{D}{R_A T}\frac{dp_A}{dy} - \frac{D}{p - p_A}\frac{p_A}{R_A T}\frac{dp_A}{dy}$$

$$= -\frac{D}{R_A T}\left(1 + \frac{p_A}{p - p_A}\right)\frac{dp_A}{dy}$$

$$= -\frac{D}{R_A T}\frac{p}{p - p_A}\frac{dp_A}{dy} \qquad (2\text{-}19)$$

这就是斯蒂芬 (J. Stefan) 定律的表达式,用于计算单向质扩散通量,它实质上即为对静坐标而言的斐克定律。

将式 (2-19) 分离变量并积分,已知边界条件是:

$$y = 0, \quad p - p_{A,1} = p_{B,1}$$
$$y = h \quad p - p_{A,2} = p_{B,2}$$

可得

$$m'_A = \frac{D}{R_A T}\frac{p}{h}\ln\frac{p - p_{A,2}}{p - p_{A,1}} = \frac{D}{R_A T}\frac{p}{h}\ln\frac{p_{B,2}}{p_{B,1}}$$

$$= \frac{D}{R_A T}\frac{p}{h}\frac{p_{B,2} - p_{B,1}}{p_{B,m}} \qquad (2\text{-}20)$$

由于

$$p_{B,2} - p_{B,1} = (p - p_{A,2}) - (p - p_{A,1}) = p_{A,1} - p_{A,2}$$

故式（2-20）可写成

$$m'_A = \frac{D}{R_A T} \frac{p}{h} \frac{p_{A,1} - p_{A,2}}{p_{B,m}} \quad (2\text{-}21a)$$

或

$$m'_A = \frac{D}{h} \frac{p}{p_{B,m}} (C_{A,1} - C_{A,2}) \quad (2\text{-}21b)$$

式中 $p_{B,m} = \dfrac{p_{B,2} - p_{B,1}}{\ln(p_{B,2}/p_{B,1})}$ 是组分 B（空气）分压强的对数平均值。

比较式（2-15a）和式（2-21b），可以发现由于 $p/p_{B,m}$ 的值总是大于1，故 $m'_A > m_A$，这是由于槽内混合气体整体以质平均速度 v 移动的缘故。当水蒸气的分压强及其变化与总压强相比为很小时，则可认为 $p_{B,m} \approx p$，即可不计此质平均速度，动坐标和静坐标的表达式就一致，此时的斯蒂芬定律就转化为斐克定律了。利用式（2-21），在测出有关物理量后即可求得扩散系数 D 值。

2.2.3 扩散系数

物质的分子扩散系数表示它的扩散能力，是物质的物理性质之一。根据斐克定律，扩散系数是沿扩散方向，在单位时间每单位浓度降的条件下，垂直通过单位面积所扩散某物质的质量或摩尔数，即

$$D = \frac{m_A}{-\dfrac{dC_A}{dy}} = \frac{N_A}{-\dfrac{dn_A}{dy}} \quad \text{m}^2/\text{s}$$

可以看出，质量扩散系数 D 和动量扩散系数 ν 及热量扩散系数 α 具有相同的单位（m²/s）或（cm²/s），扩散系数的大小主要取决于扩散物质和扩散介质的种类及其温度和压力。质扩散系数一般要由实验测定。某些气体与气体之间和气体在液体中扩散系数的典型值如表 2-1 所示。

气-气质扩散系数和气体在液体中的质扩散系数 D（m²/s）[6]　　　　表 2-1

气体在空气中的 D, 25℃, p=1atm			
氨-空气	2.81×10^{-5}	苯蒸气-空气	0.84×10^{-5}
水蒸气-空气	2.55×10^{-5}	甲苯蒸气-空气	0.88×10^{-5}
CO_2-空气	1.64×10^{-5}	乙醚蒸气-空气	0.93×10^{-5}
O_2-空气	2.05×10^{-5}	甲醇蒸气-空气	1.59×10^{-5}
H_2-空气	4.11×10^{-5}	乙醇蒸气-空气	1.19×10^{-5}
液相，20℃，稀溶液			
氨-水	1.75×10^{-9}	氯化氢-水	2.58×10^{-9}
CO_2-水	1.78×10^{-9}	氯化钠-水	2.58×10^{-9}
O_2-水	1.81×10^{-9}	乙烯醇-水	0.97×10^{-9}
H_2-水	5.19×10^{-9}	CO_2-乙烯醇	3.42×10^{-9}

其中，液相质扩散，如气体吸收，溶剂萃取以及蒸馏操作等的 D 比气相质扩散的 D 低一个数量级以上，这是由于液体中分子间的作用力强烈地束缚了分子活动的自由程，分子移动的自由度缩小的缘故。

二元混合气体作为理想气体用分子动力理论可以得出 $D \sim p^{-1} T^{3/2}$ 的关系。不同物质

之间的分子扩散系数是通过实验来测定的。表2-2列举了在压强 $p_0=1.013\times10^5$Pa、温度 $T_0=273$K 时各种气体在空气中的扩散系数 D_0，在其它 p、T 状态下的扩散系数可用下式换算

$$D = D_0 \frac{p_0}{p}\left(\frac{T}{T_0}\right)^{3/2}$$

两种气体 A 与 B 之间的分子扩散系数可用吉利兰（Gilliland）[7]提出的半经验公式估算

$$D = \frac{435.7T^{3/2}}{p(V_A^{1/3}+V_B^{1/3})^2}\sqrt{\frac{1}{\mu_A}+\frac{1}{\mu_B}} \quad \text{cm}^2/\text{s} \tag{2-22}$$

式中　T——热力学温度，K；
　　　p——总压强，Pa；
　　　μ_A、μ_B——气体 A、B 的分子量；
　　　V_A、V_B——气体 A、B 在正常沸点时液态克摩尔容积，cm³/gmol。几种常见气体的液态克摩尔容积可查表2-3。

按式（2-22），扩散系数 D 与气体的浓度无直接关系，它随气体温度的升高及总压强的下降而加大。这可以用气体的分子运动论来解释。随着气体温度升高，气体分子的平均运动动能增大，故扩散加快，而随着气体压强的升高，分子间的平均自由行程减小，故扩散就减弱。当然，按状态方程，浓度与压力、温度是相互关联的，所以质扩散系数与浓度是有关的，就象导热系数与温度有关一样。式（2-22）中 D 的单位是 cm²/s，它和动量扩散系数 $\nu=\mu/\rho$ 以及热扩散系数 $\alpha=\dfrac{\lambda}{c_p\rho}$ 的单位相同，在计算质扩散通量或摩尔扩散通量时，D 的单位要换算为 m²/s。

气体在空气中的分子扩散系数 D_0（cm²/s）　表2-2

气体	D_0	气体	D_0
H_2	0.511	SO_2	0.103
N_2	0.132	NH_3	0.20
O_2	0.178	H_2O	0.22
CO_2	0.138	HCl	0.13

在正常沸点下液态克摩尔容积　表2-3

气体	摩尔容积 (cm³/gmol)	气体	摩尔容积 (cm³/gmol)
H_2	14.3	CO_2	34
O_2	25.6	SO_2	44.8
N_2	31.1	NH_3	25.8
空气	29.9	H_2O	18.9

$p_0=1.013\times10^5$Pa，$T_0=273$K

分子扩散传质不只是在气相和液相内进行，同样可在固相内存在，如渗碳炼钢、材料的提纯等等。在固相中的质扩散系数比在液相中还将低大约一个数量级，这可用分子力场对过程的影响更大，使分子移动的自由度更小作为合理的定性解释。

二元混合液体的扩散系数以及气-固、液-固之间的扩散系数，比气体之间的扩散系数要复杂得多，只有用实验来确定[8]。

【例2-1】　有一直径为30mm的直管，底部盛有20℃的水，水面距管口为200mm。当流过管口的空气温度为20℃，相对湿度 $\varphi=30\%$，总压强 $p=1.013\times10^5$Pa 时，试计算（1）水蒸气往空气中的扩散系数 D；（2）水的质扩散通量（即蒸发速率）；（3）通过此管每小时蒸发水量 G。

【解】（1）查表 2-2 可得 $D_0 = 0.22 \text{cm}^2/\text{s}$，换算到 20℃时的 D 值为

$$D = D_0 \frac{p_0}{p}\left(\frac{T}{T_0}\right)^{3/2} = 0.22\left(\frac{293}{273}\right)^{1.5} = 0.245 \text{cm}^2/\text{s}$$

如用式（2-22）计算 D 值，可查表 2-3，得

水蒸气的分子容积　　$V_A = 18.9$
水蒸气的分子量　　　$\mu_A = 18$
空气的分子容积　　　$V_B = 29.9$
空气的分子量　　　　$\mu_B = 28.9$

$$D = \frac{435.7 \times (293)^{1.5}}{1.013 \times 10^5 \times (18.9^{1/3} + 29.9^{1/3})^2} \sqrt{\frac{1}{18} + \frac{1}{28.9}} = 0.195 \text{cm}^2/\text{s}$$

可以看到，用式（2-22）计算的 D 值与表 2-2 查得的数据经修正得到的 D 值相差 20%左右，在没有实验数据的情况下，用式（2-22）作估算是可以信赖的。

（2）水表面的蒸汽分压强相当于水温 20℃时的饱和压强，查水蒸气表可得 $p_{A,1} = 2337 \text{Pa}$，管口的水蒸气分压强 $p_{A,2} = 0.3 \times 2337 = 701 \text{Pa}$；相应的空气分压强为

$$p_{B,1} = 101300 - 2337 = 98963 \text{Pa}$$
$$p_{B,2} = 101300 - 701 = 100599 \text{Pa}$$

平均分压强　　$p_{B,m} = \dfrac{100599 - 98963}{\ln 100599/98963} = 99778.8 \text{Pa}$

应用式（2-21a）计算质扩散通量

$$m'_A = \frac{D}{R_A T} \frac{p_{A,1} - p_{A,2}}{p_{B,m}} \frac{p}{h} = \frac{0.245(2337 - 701)}{\frac{8314}{18} \times 293 \times 0.2} \times \frac{101300}{99778} \times 10^{-4}$$

$$= 1.5 \times 10^{-6} \text{kg}/(\text{m}^2 \cdot \text{s}) = 5.41 \times 10^{-3} \text{kg}/(\text{m}^2 \cdot \text{h})$$

（3）$G = m'_A \cdot \dfrac{1}{4}\pi d^2 = 5.41 \times 10^{-3} \times \dfrac{\pi}{4} 0.03^2 = 0.003822 \text{kg/h} = 3.82 \text{g/h}$

2.3 对流传质

2.3.1 对流传质的基本特点

扩散传质研究的是物质间的无规则分子运动产生的质量传递，对流扩散则是研究流体流过（宏观运动）物体表面时发生的传质行为。例如，空气流过水面，水气两相之间的传质这一经常发生的物理现象即属此类。这种过程既包括由流体位移所产生的对流作用，同时也包括流体分子间的扩散作用。这种分子扩散和对流的总作用称为对流传质[9]。

对流传质是在流体流动条件下的质量传输过程，其中包含着由质点对流和分子扩散两因素决定的传质过程。对流传质的一般规律，由元体质量平衡方程（带扩散的连续性方程式）所确定。与对流传热相类似，在对流传质过程中，虽然分子扩散起着重要的组成作用，但流体的流动却是其存在的基础。因此，对流传质过程与流体的运动特性密切相关。如流体流动的起因、流体的流动性质以及流动的空间条件等等。

对流传质过程不仅与动量和热量传输过程相类似，而且还存在着密切的依存关系。因

此，对于对流传质过程的解析，可应用前两种传输过程的类似方法，并直接引用前两种过程的有关概念和定律。

对于对流传质可以用分析对流换热的方法分析，并得到类似的结果[10]。如果组分的摩尔浓度为 $C_{A,\infty}$ 的流体流过一表面，而在该表面处的组分浓度保持在 $C_{A,s} \neq C_{A,\infty}$ 时，如图 2-3（a）所示，将发生因对流引起的该组分的传质。典型的情况是组分 A 的蒸汽，它分别由液体表面的蒸发或固体表面的升华而传入气流。要计算这种传质速率，如同传热的情况一样，可以建立类似于对流换热系数的概念，即建立摩尔流密度和传递系数及浓度差之间的关系。

参照图 2-3，组分 A 的摩尔流密度 N''_A (kmol/s·m^2) 可以表示为：

$$N''_A = h_m(n_{A,S} - n_{A,\infty}) \tag{2-23}$$

其中 h_m（m/s）是对流传质系数。摩尔浓度 $n_{A,S}$、$n_{A,\infty}$ 的单位是 kmol/m^3。

与牛顿的对流换热公式相类似，上式只不过是对流质交换量的一种习惯表达方式，并不意味着对流质交换问题的真正解决，一切复杂的影响因素，例如几何形状，流动状况，以及有关的物性等都被集中在对流传质系数 h_m 中。因此对流质交换的主要任务就在于如何求解得出 h_m。在工程计算中，关于 h_m 可在有关资料中查到经验数据，这与对流换热的情形是一样的。

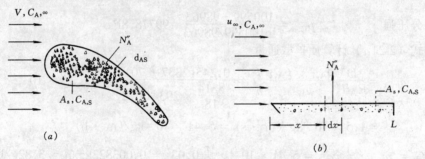

图 2-3　局部和总体的对流传质系数
（a）任意形状表面；（b）平面

整个表面总的摩尔传递速率 N_A（kmol/s），可以写成

$$N_A = \overline{h}_m A_s(n_{A,S} - n_{A,\infty}) \tag{2-24}$$

其中平均和局部的对流传质系数之间有以下关系式

$$\overline{h}_m = \frac{1}{A_s}\int_{A_S} h_m dA_s \tag{2-25}$$

对图 2-3（b）所示的平板，可得

$$\overline{h}_m = \frac{1}{L}\int_0^L h_m dx \tag{2-26}$$

要指出的是，只要在式（2-23）和（2-24）的两边分别乘上组分 A 的分子量 μ_A（kg/kmol），组分的传递就可表示成质量流密度 m''_A（kg/s·m^2），或传递速率 m_A（kg/s）。因此

$$m''_A = \overline{h}_m(C_{A,S} - C_{A,\infty}) \tag{2-27}$$

和
$$m_A = \bar{h}_m A_s (C_{A,S} - C_{A,\infty}) \quad (2\text{-}28)$$

其中 C_A（kg/m³）是组分 A 的质量浓度。

为了使用上述这些方程，必须确定 $C_{A,S}$ 或 $\rho_{A,S}$ 的值。只要注意到在气相和液相或固相之间的交界面上存在着热力学平衡条件，其一，交界面上的蒸气温度等于表面温度 T_s；其二，蒸气处于饱和状态。利用此时的热力学性质表，由已知的 T_s 得到它的密度。作为初步的近似，表面上的蒸气摩尔浓度可以应用理想气体定律由蒸气压力确定：

$$C_{A,S} = \frac{P_{sat}(T_s)}{RT_s} \quad (2\text{-}29)$$

其中 R 是通用气体常数，而 $P_{sat}(T_s)$ 是相对于饱和温度 T_s 时的蒸气压力。注意：表面上的蒸气质量密度可由 $\rho_{A,S} = \mu_A C_{A,S}$ 的要求来得到。

2.3.2 浓度边界层

2.3.2.1 浓度边界层的概念

正如速度边界层和热边界层决定壁面摩擦和对流换热一样，浓度边界层决定了对流传质。如果在表面处流体中的某种组分 A 的浓度 $C_{A,S}$ 和自由流中的 $C_{A,\infty}$ 不同（图 2-4），就将产生浓度边界层。它是存在较大浓度梯度的流体区域，并且它的厚度 δ_c 被定义为 $[(C_{A,S} - C_A)/(C_{A,S} - C_{A,\infty})] = 0.99$ 时的 y 值。在表面和自由流的流体之间的对流造成的组分的传递是由这个边界层中的条件决定的。

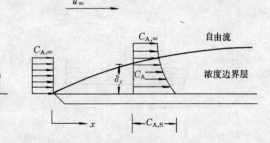

图 2-4 浓度边界层示意图

图 2-4 的浓度边界层中，在 $y > 0$ 的任意点上，组分的传递是由整个流体运动和扩散两个因素决定的。而在 $y = 0$ 处不存在流体运动，组分的传递只由扩散引起。由于稳态时穿过边界层的组分流密度随 y 也不发生变化，故在离开前缘任意距离处的组分流密度可表示为

$$m''_A = -D_{AB} \frac{\partial C_A}{\partial y}\bigg|_{y=0} \quad (2\text{-}30)$$

将式 (2-30) 和 (2-27) 合并，y 可得

$$h_m = \frac{-D_{AB}(\partial C_A/\partial y)|_{y=0}}{C_{A,S} - C_{A,\infty}} \quad (2\text{-}31)$$

因此，浓度边界层的流动状况对表面的浓度梯度 $(\partial C_A/\partial y)|_{y=0}$ 有很强的影响，它也将影响对流传质系数，并影响穿过边界层的组分传递速率。

上述结果也可不用摩尔的概念，而以质量为基准来表示。结果为：

$$h_m = \frac{-D_{AB}(\partial \rho/\partial y)|_{y=0}}{\rho_{A,S} - \rho_{A,\infty}} \quad (2\text{-}32)$$

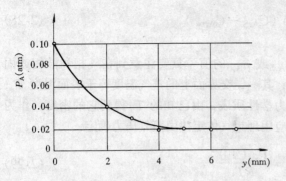

图 2-5 水蒸气分压力的测量结果

【例 2-2】 在水表面上方，测得了水蒸气的分压 p_A（atm）和离开表面的距离 y 之间的关系，测量结果如图 2-5 所示。

试求这个位置上的对流传质系数。

【解】 已知：在水层表面特定位置上水蒸气的分压 p_A 和距离 y 的函数关系。

求：规定位置上的对流传质系数。

假定：（1）水蒸气可以作为近似的理想气体；
（2）等温条件。

物性参数：水蒸气——空气（298K）：$D_{AB}=0.26\times 10^{-4} m^2/s$

示意图：如图 2-6 所示。

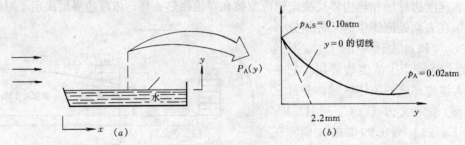

图 2-6 示意图
(a) 水分蒸发；(b) 水蒸气分压力分布

分析：由式 (2-32)，局部对流传质系数为

$$h_{m,x} = \frac{-D_{AB}\left.\frac{\partial \rho}{\partial y}\right|_{y=0}}{\rho_{A,s} - \rho_{A,\infty}}$$

或把蒸汽近似地当作理想气体，即

$$p_A = \rho_A RT$$

由于温度 T 为常数（等温条件），故

$$h_{m,x} = \frac{-D_{AB}\left.\frac{\partial p}{\partial y}\right|_{y=0}}{p_{A,s} - p_{A,\infty}}$$

据测量的蒸汽压力分布，

$$\left.\frac{\partial p_A}{\partial y}\right|_{y=0} = \frac{(0-0.1) atm}{(0.0022-0) m} = -45.5 atm/m$$

因此

$$h_{m,x} = \frac{-0.26\times 10^{-4} m^2/s(-45.5 atm/m)}{(0.1-0.02) atm} = 0.0148 m/s$$

说明：要注意的是，由于液体—蒸汽交界面上存在热力学平衡，故可从附录中查得该交接面上的温度。据 $p_{A,S}=0.1\text{atm}=0.101\text{bar}=10.1\text{kPa}$，可得 $T_s=319\text{K}$；另外还要注意的是蒸发冷却效应可能引起 T_s 值低于 T_∞。

2.3.2.2 边界层的重要意义

扼要说来，我们要指出，速度边界层的范围是 $\delta(x)$，并且是由存在速率梯度和较大切应力为特征的；热边界层的范围是 $\delta_t(x)$，它是由存在温度梯度和传热为特征；最后，浓度边界的范围是 $\delta_c(x)$，并由存在浓度梯度及组分传递为特征。对于我们来说，特别关心的是三种边界层的主要的表现形式表面摩擦、对流换热以及对流传质。于是，重要的边界层参数分别是摩擦系数 C_f、对流换热系数 h 以及对流传质系数 h_m。

对于流过任意表面的流动，将总是存在速度边界层，因而存在表面摩擦。但是只有当表面与自由流的温度不相同时，才存在热边界层，从而存在对流换热。类似地，只有当表面的组分浓度和它的自由流浓度不同时才存在浓度边界层，从而存在对流传质。有可能发生三种边界都存在的情况。这样的情况下，这三种边界层很少以相同的速率增大，而在一给定的 x 位置上，δ、δ_t 和 δ_c 的值也不一定一样。

由于边界层的引入，可以大大简化讨论问题的难度。我们可以将整个的求解区域划分为主流区和边界层区。在主流区内，为等温、等浓度的势流，各种参数视为常数；在边界层内部具有较大的速度梯度、温度梯度和浓度梯度，其速度场、温度场和浓度场需要专门来讨论求解。

2.3.2.3 对流传质方程

我们可对决定边界层特性的物理因素作更深入的探讨，并通过建立控制边界层条件的一些方程来说明这些因素和对流输运的关系。试讨论图 2-7 所示的表面上速度、温度和浓度边界层同时开展的情况。认为流体是组分 A 和 B 的二元混合物，并且组分 A 的浓度边界层是由于自由流和表面之间的浓度差造成的 $(C_{A,\infty}\neq C_{A,S})$。暂时，任意地选择一个相对厚度 $\delta_t>\delta_c>\delta$，影响相对边界层开展的一些因素将在本章的后面部分讨论。

对每种边界层我们将确定有关的物理效应，并对无限小的控制容积应用适当的守恒定律。对读者来说，虽然详尽地进行守恒方程的推导不是主要的，但是应该尝试对基本的物理意义有所理解。

由于我们讨论的是存在组分浓度梯度的二元混合物（图 2-7），因此将存在相对的组分输运，并且在浓度边界层中的每一点都必须满足组分的守恒。对边界层中的微元控制容积确定影响组分 A 的输运、产生和储存的过程，就可得到守恒方程的有关形式。

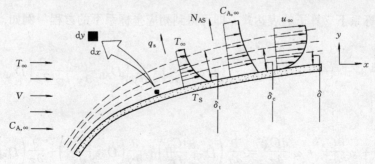

图 2-7　任意表面的速度，热和浓度边界层的开展

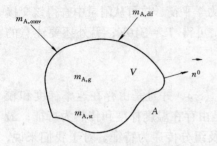

图 2-8 边界层中组分守恒的微元控制体及能量交换示意图

讨论图 2-8 控制体中的传质情况。

$$\dot{m}_{A,conv} + \dot{m}_{A,dif} + \dot{m}_{A,g} = \dot{m}_{A,st} \quad (2\text{-}33)$$

式中，$\dot{m}_{A,conv}$ 代表由于对流引起的组分 A 的质量传递；$\dot{m}_{A,dif}$ 代表由于扩散引起的组分 A 的质量传递；$\dot{m}_{A,g}$ 代表由于化学反应引起的组分 A 的质量变化；$\dot{m}_{A,st}$ 代表控制体中组分 A 的质量的总变化。

$$\dot{m}_{A,conv} = -\oiint_A (\rho_A \vec{v}) \cdot \vec{n^0} dA \quad (2\text{-}34)$$

$$= -\iiint_V \nabla \cdot (\rho_A \vec{v}) dV$$

$$\dot{m}_{A,dif} = \oiint_A (-D_{AB} \nabla \rho_A) \cdot (-\vec{n^0}) dA$$

$$= \oiint_A (D_{AB} \nabla \rho_A) \cdot (\vec{n^0}) dA$$

$$= \iiint_V \nabla \cdot (D_{AB} \nabla \rho_A) dV \quad (2\text{-}35)$$

$$\dot{m}_{A,g} = \iiint_V \dot{n}_A dV \quad (2\text{-}36)$$

式中，$\dot{n}_A$ 表示单位体积内组分 A 的产生率，单位 kg/(s·m³)。

$$\dot{m}_{A,st} = \iiint_V \frac{\partial \rho_A}{\partial t} dV \quad (2\text{-}37)$$

将式（2-34）～（2-37）代入式（2-33）得：

$$\iiint_V [-\nabla \cdot (\rho_A \vec{v}) + \nabla \cdot (D_{AB}) \nabla \rho_A + \dot{n}_A] dV = \iiint_V \frac{\partial \rho_A}{\partial t} dV \quad (2\text{-}38)$$

由于体积 V 是任意选取的，故必有：

$$\frac{\partial \rho_A}{\partial t} + \nabla \cdot (\rho_A \vec{v}) = \nabla \cdot (D_{AB}) \nabla \rho_A + \dot{n}_A \quad (2\text{-}39)$$

用不同坐标系下 ∇ 算子的表达式，即可得到相应坐标系下的方程。例如，对直角坐标系，有：

$$\frac{\partial \rho_A}{\partial t} + u \frac{\partial \rho_A}{\partial x} + v \frac{\partial \rho_A}{\partial y} + \omega \frac{\partial \rho_A}{\partial z} = \frac{\partial}{\partial x}\left(D_{AB} \frac{\partial \rho_A}{\partial x}\right) + \frac{\partial}{\partial y}\left(D_{AB} \frac{\partial \rho_A}{\partial y}\right) + \frac{\partial}{\partial z}\left(D_{AB} \frac{\partial \rho_A}{\partial z}\right) + \dot{n}_A$$

$$(2\text{-}40)$$

或表示为：

$$\frac{\partial C_A}{\partial t} + u \frac{\partial C_A}{\partial x} + v \frac{\partial C_A}{\partial y} + \omega \frac{\partial C_A}{\partial z} = \frac{\partial}{\partial x}\left(D_{AB} \frac{\partial C_A}{\partial x}\right) + \frac{\partial}{\partial y}\left(D_{AB} \frac{\partial C_A}{\partial y}\right) + \frac{\partial}{\partial z}\left(D_{AB} \frac{\partial C_A}{\partial z}\right) + \dot{n}_A$$

$$(2\text{-}41)$$

2.3.2.4 近似和特殊条件

对流换热微分方程以及对流传质微分方程对物理过程提供了完整的说明，这些物理过程可以影响速度、热量和浓度边界层中的条件。然而，需要考虑所有有关项的情况是很少的，通常根据具体情况可以大大简化方程的形式，例如对暖通空调专业的许多有关的物理现象方程可化简为二维稳态情形。通常的情况，二维边界层可描写为：稳定（和时间无关），流体物性是常数（λ、μ、D_{AB}等），不可压缩（ρ是常数），物体力忽略不计，（$X=Y=0$），无化学反应（$\dot{n}_A=0$）及没有能量产生（$\dot{q}=0$）。

通过采用所谓的边界层近似可以作进一步的简化。因为边界层厚度一般是很小的，所以可利用下面的不等式

$$\left.\begin{array}{c} u \gg v \\ \dfrac{\partial u}{\partial y} \gg \dfrac{\partial u}{\partial x}, \dfrac{\partial v}{\partial y}, \dfrac{\partial v}{\partial x} \end{array}\right\} 速度边界层$$

$$\left.\dfrac{\partial T}{\partial y} \gg \dfrac{\partial T}{\partial x} \right| 温度边界层$$

$$\left.\dfrac{\partial C_A}{\partial y} \gg \dfrac{\partial C_A}{\partial x} \right| 浓度边界层$$

这就是说，在沿表面方向上的速度分量要比垂直于表面方向的大得多，垂直于表面的梯度要比沿表面的大得多。

组分传递对速度边界层的影响需要给予特别的注意。我们记得，与壁面无质量交换时，表面上的流体速度是为零的，包括$u=0$和$v=0$。但是，如果同时存在向壁面或离开壁面的传质，显然，在壁面处的v不能再为零。尽管如此，对本书中讨论的传质问题，假定$v=0$将是合理的，它相当于假定传质对速度边界层的影响可以忽略。对于从气—液或气—固交界面分别有蒸发或升华的问题，它也是合理的。但是，对涉及大的表面传质率的传质冷却的问题它是不合理的。这些问题的处理可参见文献[11]。另外，我们要指出，在有传质的情况下。边界层流体是组分A和B的二元混合物，它的物性应该是这种混合物的物性。但是，在所有讨论的问题中，$C_A \ll C_B$，假定边界层的物性（例如λ、μ、c_p、等）就是组分B有关的物性是合理的。

利用上述的简化和近似，总的连续性方程及x方向动量方程可简化为

$$\dfrac{\partial u}{\partial x} + \dfrac{\partial v}{\partial y} = 0 \tag{2-42}$$

$$u \dfrac{\partial u}{\partial x} + v \dfrac{\partial u}{\partial y} = -\dfrac{1}{\rho} \dfrac{\partial p}{\partial x} + v \dfrac{\partial^2 u}{\partial y^2} \tag{2-43}$$

另外，根据利用速度边界层近似的量级分析，可以表明y动量方程可简化为

$$\dfrac{\partial p}{\partial y} = 0 \tag{2-44}$$

这就是说，在垂直于表面的方向上压力是不变的。所以，边界层内的压力只随x变化，且等于边界层外的自由流中的压力。因此，和表面的几何形状有关的压力$p(x)$的形式可以从单独地讨论自由流中的流动条件求得。就方程（2-43）而论，$(\partial p/\partial x) = (\mathrm{d}p/\mathrm{d}x)$，而且压力梯度可以当作已知量来处理。

利用上述简化，能量方程可简化为

$$u\frac{\partial T}{\partial x} + v\frac{\partial T}{\partial y} = a\frac{\partial^2 T}{\partial y^2} + \frac{v}{c_p}\left(\frac{\partial u}{\partial y}\right)^2 \qquad (2\text{-}45)$$

且组分的连续性方程（2-41）变成

$$u\frac{\partial C_A}{\partial x} + v\frac{\partial C_A}{\partial y} = D_{AB}\frac{\partial^2 C_A}{\partial y^2} \qquad (2\text{-}46)$$

要注意的是，式（2-45）后端最后一项是粘性耗散。在大多数情况下，该项相对于计及对流（方程的左端）及传导（右端的第一项）的那些项可以忽略。事实上只有超声速流动或润滑油的高速运动粘性耗散才不可以忽略。

尽管作了很大的简化，但最终得到的守恒方程（2-42）、（2-43）、（2-45）、（2-46）还是很难求解的。然而，很明显的是从这样的解中可以确定不同边界层中的条件。对于速度边界层，方程（2-42）和（2-43）的解提供了作为 x 函数的速度分布 $u(x, y)$ 和 $v(x, y)$。从 $u(x, y)$ 可以算出速度梯度 $(\partial u/\partial y)_{y=0}$，因而就可得到壁面的切应力。用已知的 $u(x, y)$ 和 $v(x, y)$ 就可求解方程（2-45）和（2-46），以得到作为 x 函数的温度和浓度分布，$T(x, y)$ 和 $C_A(x, y)$，从这些分布就可求得对流换热系数和传质系数[12]。

边界层分析的主要目的是通过求解上述守恒方程来确定速度、温度和浓度分布。这些解是很复杂的，涉及到的数学问题一般超出了本书的范围。但是建立那些方程的目的不是为了得到解，这个讨论的主要动机是培养对在边界层中发生的不同物理过程的鉴别能力。当然，这些过程会影响壁面摩擦，以及穿过边界层的能量和组分的传递。另外更重要的是，我们可以利用这些方程来提出一些关键的边界层相似参数，及在由对流引起的动量、热量和质量传递之间的重要类比关系。

2.3.3 对流传质简化模型

为研究对流传质而建立传质过程模型时，从动量传输中引入了边界层概念，即前面讨论过的或浓度边界层。按照边界层概念，认为当流体流过表面时，靠近表面的一薄层流体呈层流状态，该层流体对表面的传质过程（由于在流动垂直方向上不存在流体质点的宏观位移），是由流体的扩散性和层上的浓度梯度所决定的分子扩散而进行的，即扩散传质过程。在此层流薄层以外，即所谓的"主流区"，流体质点的对流掺混作用使浓度梯度较小，传质过程则主要是由流体质点的对流作用来完成。应指出，在层流薄层内的扩散传质（即使是单纯的扩散），并不同于静止物体纯扩散的传质过程，边界层层流薄层上的扩散传质是在流层运动条件下进行的，除本身的扩散作用外还受流层以外紊流核心的流动状态所制约。

为便于解析，根据边界层理论的设想，提出了"对流传质简化模型"的概念。将图2-9所示的浓度边界层设想为等厚的层流薄层（δ'_c），边界层上的浓度场以线性特征集中与此薄层之内并等于界面上的浓度梯度 $[(\partial C_i/\partial y)|_{y=0}]$，即如图2-10所示之"有效边界层"。在传输理论中，有时更进一步地将此设想的薄层称为"停滞层"。实际上，这种"停滞"或"有效"之称，均是为对流传质过程的解析而提出的设想概念，即所谓"对流传质简化模型"的概念[13]。

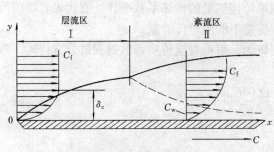
图 2-9 浓度边界层

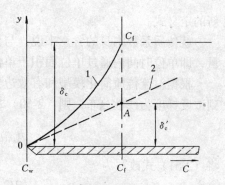
图 2-10 有效边界层

对流传质简化模型概念的中心思想是：从对流传质边界层的模型概念出发，将对流传质过程的限制环节集中于此简化模型所设想的"停滞"薄层之内，即是将整个对流传质过程视为此层内的定态扩散过程，而将层外的对流作用仅做为质量补充的条件来看待。

根据对流传质简化模型的概念，按斐克第一定律于图 2-10 所示的边界条件下积分，得到传质通量的计算式为

$$m_i = \frac{D_i}{\delta'_c}(C_f - C_w) \quad \text{kg/(m}^2 \cdot \text{s)} \tag{2-47}$$

式中 D_i ——扩散组分(i)于流体中的互扩散系数，m^2/s；

C_f ——扩散组分于流体中的平均浓度，或反应平衡浓度，kg/m^3；

C_w ——扩散组分于固体表面上的浓度或平衡浓度，kg/m^3；

δ'_c ——对流传质简化模型的"停滞层"厚度，m。

从表面形式上看式 (2-47)，似乎对流传质过程与流体运动无关，但实际上该式中的 δ'_c 在很大程度上是由流体的流动特征所决定，即是将传质过程中的流动因素包括在此设想的薄层厚度之内。

2.3.4 对流传质系数的模型理论

2.3.4.1 传质系数的定义

根据定义，当传质面积为 A（m^2）时，则单位时间内的传质量，由式 (2-47) 可写为

$$M_i = m_i \cdot A = \frac{D_i}{\delta'_c}(C_f - C_w)A \quad \text{kg/s} \tag{2-48}$$

将式 (2-48) 改写为

$$M_i = h_{m,i}(C_f - C_w)A \quad \text{kg/s} \tag{2-49}$$

式中

$$h_{m,i} = \frac{D_i}{\delta'_c} \quad \text{m/s} \tag{2-50}$$

将 (2-49) 式与热量传输中的牛顿冷却公式相类似比拟，则推论出 (2-49) 式中的 $h_{m,i}$ 为传质系数。而 (2-50) 式，则为在对流传质简化模型概念基础上的，对传质系数

新的定义式。

就传质系数本身的含意来说,与代表单位传热量的传热系数一样,它代表着单位传质量,即单位时间内通过单位面积于单位浓度差下的质量传输量。

根据对流传质简化模型和有效边界层概念,可得对流传质系数过程微分方程式。考虑到浓度梯度为线性分布,则(2-50)式:

$$h_{m,i} = \frac{D_i(\partial C_i/\partial y)_{y=0}}{C_f - C_w} \tag{2-51}$$

将(2-51)式改写为

$$D_i\left(\frac{\partial C_i}{\partial y}\right)_{y=0} = h_{m,i}(C_f - C_w) \tag{2-52}$$

(2-52)式表达了在对流传质过程中,通过界面向固体表面的传质通量与从流体核心向固体表面的传质通量相统一的概念。

显然,由(2-50)式或(2-51)式均不能直接计算出传质系数 $h_{m,i}$,它是要通过不同的解析方法,由所确定的界面浓度梯度 $\left(\frac{\partial C_i}{\partial y}\right)_{y=0}$ 或传质通量 m_i 来进一步计算求得。

2.3.4.2 对流传质系数的模型理论

为揭示流动界面上的对流传质过程,确定传质系数,并通过传质系数来说明过程的本质和特征,研究者提出了关于传质过程的微观机理的假设和传质系数的模型理论,其中具有代表性的理论为"薄膜理论"和"渗透理论"。

1. 薄膜理论

薄膜理论又简称为膜理论,其基本的论点是:当流体靠近物体(如固体或液体)表面流过时,存在着一层附壁的薄膜,在薄膜的流体侧与具有浓度均匀的主流连续接触,并假定膜内流体与主流不相混合和扰动。在此条件下,整个传质过程相当于此薄膜上的扩散作用,而且认为在薄膜上垂直于壁面呈线性的浓度分布。此外,还认为膜内的扩散传质过程具有稳态的特性,如图2-11所示。

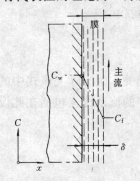

图 2-11 传质系数薄膜理论

根据膜理论,按斐克定律所确定的稳态扩散传质通量为

$$m_i = -D\frac{dC_i}{dx} = D\frac{(C_w - C_f)}{\delta}$$

或

$$m_i = h_{m,i}(C_w - C_f)$$

与(2-52)式比较,知上式中的传质系数 $h_{m,i}$ 为

$$h_{m,i} = \frac{D}{\delta} \tag{2-53}$$

由(2-53)式与(2-50)式比较可知,根据膜理论所确定的传质系数与由对流传质简化模型和有效边界层概念所定义的相同。实际上,有效边界层的设想,就是基于边界层和膜理论而提出的一种近似解析对流传质的概念。

2. 渗透理论

实验表明,对流传质系数 $h_{m,i}$ 在大多数情况下,并不像膜理论所确定的那样,与扩散系数 D 呈线性关系。因为在靠近表面的流体薄层中,并不是单纯的分子扩散过程,而扩散的浓度也不是线性分布。同时，就流过的流体来说，也并非单纯的稳态传质过程。

基于上述分析，随之就提出了另一种说明对流传质过程的设想，即传质系数的渗透理论。渗透理论的图解如图2-12所示。

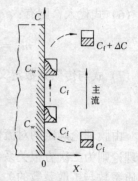

图2-12 传质系数渗透理论

渗透理论认为，当流体流过表面时，有流体质点不断地穿过流体的附壁薄层向表面迁移并与之接触，流体质点在与表面接触之际则进行质量的转移过程，此后流体质点又回到主流核心中去。在 $C_w > C_f$ 的条件下，流体质点经历上述过程又回到主流时，组分浓度由 C_f 增加到 $C_f + \Delta C$，如图2-12所示。流体质点在很短的接触时间内，接受表面传递的组分过程表现为不稳态特征。从统计的观点，则可将由无数质点群与表面之间的质量转移，视为流体靠壁薄层对表面的不稳态扩散传质过程。

在流体质点不断地投向表面并与表面接触后又不断地离去的过程中，随时有新的质点补充离去的位置，这样就形成了表面上的质点不断更新的现象。因此，渗透理论又称为表面更新理论。

下面依据渗透理论的观点，对近壁流体的不稳态扩散传质过程进行分析，以确定此条件下的传质系数。

对一维不稳态扩散过程，按斐克第二定律：

$$\frac{\partial C}{\partial \tau} = D \frac{\partial^2 C}{\partial x^2} \tag{1}$$

过程的初始和边界条件如下：

当 $\tau = 0, 0 \leqslant x \leqslant \infty \quad C = C_f$ (2)

当 $\tau > 0, x = 0 \quad C = C_w$ (3)

当 $\tau > 0, x \to \infty \quad C = C_f$ (4)

在（2）~（4）式的条件下对（1）式利用积分变换的方法求解，其结果为：

$$\frac{C_w - C(x, \tau)}{C_w - C_f} = \text{erf}\left(\frac{x}{2\sqrt{D\tau}}\right) \tag{5}$$

式中，erf 为高斯误差函数，$\text{erf}(x) = \frac{2}{\sqrt{\pi}} \int_0^x e^{-u^2} du$。

通过界面上（$x = 0$ 处）的质扩散通量，按斐克第一定律：

$$m_i \mid_{x=0} = -D \left(\frac{\partial C}{\partial x}\right)_{x=0}$$

对（5）式求导，确定出界面上的浓度梯度为：

$$\left(\frac{\partial C}{\partial x}\right)_{x=0} = \frac{1}{\sqrt{\pi D \tau}} (C_f - C_w)$$

故

$$m_i \mid_{x=0} = \sqrt{\frac{D}{\pi \tau}} (C_w - C_f) \tag{6}$$

当传质的时间为 τ 时，则平均扩散通量为

$$\overline{m_i} = \frac{1}{\tau} \int_0^\tau m_i d\tau$$

将 (6) 式代入，则有：

$$m_i = \frac{1}{\tau}\int_0^\tau \sqrt{\frac{D}{\pi\tau}}(C_w - C_f)d\tau = 2\sqrt{\frac{D}{\pi\tau}}(C_w - C_f) \tag{7}$$

将 (7) 式与传质系数定义式 (2-49) 式作比较，则知此时的传质系数为

$$h_{mi} = 2\sqrt{\frac{D}{\pi\tau}} \tag{2-54}$$

由膜理论确定的对流传质系数与扩散系数呈线性的一次方关系，即 $h_{mi} \propto D$；而按渗透理论则为二次方根关系，即 $h_{mi} \propto D^{1/2}$。实验结果表明，对于大多数的对流传质过程，传质系数与扩散系数的关系如下式：

$$h_{mi} = D^n, (n = 0.5 \sim 1.0) \tag{2-55}$$

这就是说，一般情况都在膜理论和渗透理论所确定的范围之内。

2.3.5 对流传质过程的相关准则数

对流传质与动量传输密切相关。多数情况是流体在强制流动下的对流传质过程，其质传递强度必然与雷诺准则数（Re）有关。

对流传质与对流传热相类似，表征对流传质过程的相似准则数，与对流传热有相类似的组成形式。根据对流传热的相关准则数，改换组成准则数的各相应物理及几何参数，则可导出对流传质的相关准则数。

(1) 施密特准则数 (Sc) 对应于对流传热中的普朗特准则数 (Pr)。

Pr 准则数为联系动量传输与热量传输的一种相似准则，由流体的运动粘度（即动量传输系数）ν，与物体的导温系数（即热量传输系数）a 之比构成，即 $Pr = \nu/a$。

与 Pr 准则数相对应的 Sc 准则数则相应为联系动量传输与质量传输的相似准则，其值由流体的运动粘度 (ν) 与物体的扩散系数 (D_i) 之比构成，即

$$Sc = \frac{\nu}{D_i} \tag{2-56}$$

(2) 舍伍德准则数 (Sh) 对应于对流传热中的努谢尔特准则数 (Nu)。

Nu 准则数由对流传热系数 (α)，物体的导热系数 (λ) 和定型尺寸系数 (l) 组成，即 $Nu = \frac{\alpha l}{\lambda}$，它是以边界导热热阻与对流换热热阻之比来标志过程的相似特征。

与 Nu 准则数相对应的 Sh 准则数则相应为，以流体的边界扩散阻力与对流传质阻力之比来标志过程的相似特征，其值由对流传质系数 (h_m)，物体的互扩散系数 (D_i) 和定型尺寸 (l) 组成，即

$$Sh = \frac{h_m \cdot l}{D_i} \tag{2-57}$$

(3) 传质的斯坦顿准则数 (St_m) 对应于对流传热中的斯坦顿准则数 St

St 准则数是对流换热的 Nu 数、Pr 数以及 Re 数的三者的综合准则，即 $St = \frac{Nu}{Re \cdot Pr}$，将各准则数的定义代入，就可得到 $St = \frac{h}{\rho c_p u_l}$。

与 St 准则数相对应的 St_m 数为，$St_m = \frac{Sh}{Re \cdot Pr} = \frac{h_m}{u}$，是对流传质的无量纲度量参数。

2.4 动量、热量和质量传递类比

流体宏观运动既可导致动量传递,同时也会把热量和质量从流体的一个部分传递到另一部分,所以温度分布,浓度分布和速度分布是相互联系的。这三种传递过程不仅在物理上有联系,而且还可以导出它们之间量与量的关系,因而使我们有可能用一种传递过程的结果去推导与其类似的传递过程的解。本节中我们首先给出三种传递过程的典型的微分方程,然后将传热学中的动量传递和热量传递类比的方法应用到具有传质的过程中。

2.4.1 三传方程及传质相关准则数

在有质交换时,对二元混合物的二维稳态层流流动,当不计流体的体积力和压强梯度,忽略耗散热、化学反应热以及由于分子扩散而引起的能量传递时,对流传热传质交换微分方程组应包括:

连续性方程
$$\frac{\partial u}{\partial x} + \frac{\partial v}{\partial y} = 0 \tag{2-58}$$

动量方程
$$u\frac{\partial u}{\partial x} + v\frac{\partial u}{\partial y} = \nu\frac{\partial^2 u}{\partial y^2} \tag{2-59}$$

能量方程
$$u\frac{\partial t}{\partial x} + v\frac{\partial t}{\partial y} = a\frac{\partial^2 t}{\partial y^2} \tag{2-60}$$

扩散方程
$$u\frac{\partial C_A}{\partial x} + v\frac{\partial C_A}{\partial y} = D\frac{\partial^2 C_A}{\partial y^2} \tag{2-61}$$

边界条件为:

动量方程
$$y = 0, \frac{u}{u_\infty} = 0 \text{ 或} \frac{u - u_w}{u_\infty - u_w} = 0$$

$$y = \infty, \frac{u}{u_\infty} = 1 \text{ 或} \frac{u - u_w}{u_\infty - u_w} = 1$$

能量方程
$$y = 0, \frac{t - t_w}{t_\infty - t_w} = 0$$

$$y = \infty, \frac{t - t_w}{t_\infty - t_w} = 1$$

扩散方程
$$y = 0, \frac{C_A - C_{A,w}}{C_{A,\infty} - C_{A,w}} = 0$$

$$y = \infty, \frac{C_A - C_{A,w}}{C_{A,\infty} - C_{A,w}} = 1$$

可以看到,这三个方程及相对应的边界条件在形式上是完全类似的,它们统称为边界层传递方程。采用传热学中所叙述的方法,结合边界条件进行分析求解,可获得质交换的准则关系式。值得注意的是当三个方程的扩散系数相等，即 $\nu = a = D$ 或 $\frac{\nu}{a} = \frac{\nu}{D} = \frac{a}{D} = 1$ 时，且边界条件的数学表达式又完全相同，则它们的解也应当是一致的，即边界层中的无因次速度、温度分布和浓度分布曲线完全重合，因而其相应的无量纲准则数相等。这一点是类比原理的基础。

当 $\nu = D$ 或 $\frac{\nu}{D} = 1$ 时，速度分布和浓度分布曲线相重合，或速度边界层和浓度边界层厚度相等。

当 $a = D$ 或 $\frac{a}{D} = 1$ 时，温度分布和浓度分布曲线相重合，或温度边界层和浓度边界层厚度相等。

显然，这三个性质类似的物性系数中，任意两个系数的比值均为无量纲量。即，普朗特准则 $Pr = \frac{\nu}{a}$ 表示速度分布和温度分布的相互关系，体现流动和传热之间的相互联系；施密特准则 $Sc = \frac{\nu}{D}$ 表示速度分布和浓度分布的相互关系，体现流体的传质特性；刘伊斯准则 $Le = \frac{a}{D} = \frac{Sc}{Pr}$ 表示温度分布和浓度分布的相互关系，体现传热和传质之间的联系。

与求解传热相类似，我们可以用 Sh 与 Sc、Re 等准则的关联式，来表达对流质交换系数与诸影响因素的关系。对流体沿平面流动或管内流动时质交换的准则关联式为：

$$Sh = f(Re, Sc)$$

或

$$\frac{h_m l}{D} = f\left(\frac{ul}{\nu}, \frac{\nu}{D}\right)$$

至于函数的具体形式，仍需由质交换实验来确定。

由于传热过程与传质过程的类似性，在实用上对流质交换的准则关联式常套用相应的对流换热的准则关联式。严格说来，从前述方程中，由于只是在忽略某些次要因素后，表达质交换、热交换和动量交换的微分方程式才相类似，所以这种套用是近似的。

例如，在给定 Re 准则条件下，当流体的 $a = D$ 即流体的 $Pr = Sc$ 或 $Le = 1$ 时（通常空气中的热湿交换就属此），基于热交换和质交换过程对应的定型准则数值相等，因此

$$Nu = Sh$$

即

$$\frac{hl}{\lambda} = \frac{h_m l}{D}$$

或

$$h_m = h\frac{D}{\lambda} = h\frac{a}{\lambda} = \frac{h}{c_p \rho} \tag{2-62}$$

这个关系称为刘伊斯关系式，即热质交换类比律。式中流体的 c_p 和 ρ 可作为已知值，因此，当 $Le = 1$ 时，质交换系数可直接从换热系数的类比关系求得。对气体混合物，通常可近似地认为 $Le \approx 1$。例如水表面向空气中蒸发，在 20℃ 时，热扩散系数 $a = 21.4 \times 10^{-6}$ m²/s，动量扩散系数 $\nu = 15.11 \times 10^{-6}$ m²/s，，经过温度修正后的质扩散系数 $D = 24.5 \times 10^{-6}$ m²/s，所以 $Le = \frac{a}{D} = 0.873 \approx 1$。说明当空气掠过水面在边界层中的温度分布和浓度分布曲线近乎相似。

2.4.2 动量交换与热交换的类比在质交换中的应用

2.4.2.1 雷诺类似律

1874 年，雷诺首先提出了动量和热量传递现象之间存在类似性。雷诺假设动量传递和热量传递的机理是相同的，那么当 Pr 数等于 1 时，在动量传递和热量传递之间就存在类似性。根据动量传输与热量传输的类似性，雷诺通过理论分析建立对流传热和摩擦阻力之间的联系，称雷诺类似律（以平板对流传热为例），即

$$St = \frac{Nu}{Re \cdot Pr} = \frac{C_f}{2} \text{ 或 } Nu = \frac{C_f}{2} Re \cdot Pr$$

当 $Pr = 1$ 时，$Nu = \frac{C_f}{2} Re$

式中 C_f——摩阻系数。

以上关系也可推广到质量传输，建立动量传输与质量传输之间的雷诺类似律，即

$$\left. \begin{array}{l} St_m = \dfrac{Sh}{Re \cdot Sc} = \dfrac{C_f}{2} \\ \text{或 } Sh = \dfrac{C_f}{2} Re \cdot Sc \end{array} \right\} \tag{2-63}$$

同样，当 $Sc = 1$，即 $\nu = D$ 时，(2-63) 式为

$$Sh = \frac{C_f}{2} Re \tag{2-64}$$

这样，可以由动量传输中的摩阻系数 C_f 来求出质量传输中的传质系数 h_m。这对传质研究和计算提供了新的途径。

雷诺类似律建立在一个简化了的模型基础上，由于把问题作了过分的简化，它的应用受到了很大的限制。同时，(2-63) 和 (2-64) 式中只有摩擦阻力而不包括形体阻力，故只能用于不存在边界层分离时才正确。

2.4.2.2 柯尔本类似律

雷诺类似律忽略了层流底层的存在，这与实际情况大不相符。后来普朗特针对此点进行改进，推导出普朗特类似律：

$$\frac{h_m}{u_\infty} = \frac{C_f/2}{1 + 5\sqrt{C_f/2}(Sc - 1)} \tag{2-65}$$

冯·卡门认为紊流核心与层流底层之间还存在一个过渡层，于是又推导出卡门类似律：

$$\frac{h_m}{u_\infty} = \frac{C_f/2}{1 + 5\sqrt{C_f/2}\{(Sc - 1) + \ln[(1 + 5Sc)/6]\}} \tag{2-66}$$

契尔顿和柯尔本根据许多层流和紊流传质的实验结果，分别在 1933 年和 1934 年发表了如下的类似的表达式：

$$\frac{h_m}{u_\infty} = \frac{C_f}{2} Sc^{-2/3} \tag{2-67}$$

这个类似律在阐述动量，热量和质量传递之间的类似关系中，最为简明实用。它与上述雷诺的简单类似律不同之处，在于引入了一个包括了流体重要物性的 Sc 数。当 $Sc = 1$ 时，契尔顿-柯尔本与雷诺类似律所得结果完全一致。这个类似律适用于 $0.6 \leqslant Sc \leqslant 2500$

的气体和液体。

工程中为便于直接算出换热系数和传质系数，往往把几个相关的特征数集合在一起，用一个符号表示，称为计算因子。其中传热因子用 J_H 表示，传质因子用 J_D 表示。

$$J_H = \frac{h}{\rho c_p u_\infty} Pr^{2/3} \tag{2-68}$$

$$J_D = \frac{h_m}{u_\infty} Sc^{2/3} \tag{2-69}$$

对流传热和流体摩阻之间的关系，可表示为：

$$St \cdot Pr^{\frac{2}{3}} = J_H = \frac{C_f}{2} \tag{2-70}$$

对流传质和流体摩阻之间的关系可表示为：

$$St_m \cdot Sc^{\frac{2}{3}} = J_M = \frac{C_f}{2} \tag{2-71}$$

上式表达了动量传输和质量传输过程的类比关系。

实验证明 J_H、J_D 和摩阻系数 C_f 有下列关系，即

$$J_H = J_D = \frac{1}{2} C_f \tag{2-72}$$

(2-72) 式把三种传输过程联系在一个表达式中，它对平板流动是准确的，对其它没有形状阻力存在的流动也是适用的。

由表面对流传热和对流传质存在 $J_H = J_D$ 的类似关系，这样就可以将对流传热中有关的计算式用于对流传质，只要将对流传热计算式中的有关物理参数及准则数用对流传质中相对应的代换即可，如：

$$t \leftrightarrow C \quad a \leftrightarrow D \quad \lambda \leftrightarrow D$$
$$Pr \leftrightarrow Sc \quad Nu \leftrightarrow Sh \quad St \leftrightarrow St_m$$

平板层流传热　　　　　　　　　　平板层流传质

$$Nu_x = 0.332 Pr^{\frac{1}{3}} \cdot Re_x^{\frac{1}{2}} \qquad Sh_x = 0.332 Sc^{\frac{1}{3}} \cdot Re_x^{\frac{1}{2}}$$

$$\overline{Nu_L} = 0.664 Pr^{\frac{1}{3}} Re_L^{\frac{1}{2}} \qquad \overline{Sh_L} = 0.664 Sc^{\frac{1}{3}} Re_L^{\frac{1}{2}}$$

平板紊流传热　　　　　　　　　　平板紊流传质

$$Nu_x = 0.0296 Pr^{\frac{1}{3}} \cdot Re_x^{4/5} \qquad Sh_x = 0.0296 Sc^{\frac{1}{3}} \cdot Re_x^{4/5} \tag{2-73}$$

$$\overline{Nu_L} = 0.037 Pr^{\frac{1}{3}} Re_L^{4/5} \qquad \overline{Sh_L} = 0.037 Sc^{\frac{1}{3}} Re_L^{4/5}$$

光滑管紊流传热　　　　　　　　　光滑管紊流传质

$$Nu = 0.0395 Pr^{\frac{1}{3}} \cdot Re^{\frac{3}{4}} \qquad Sh = 0.0395 Sc^{\frac{1}{3}} \cdot Re^{\frac{3}{4}}$$

2.4.2.3 热、质传输同时存在的类比关系

当流体流过一物体表面，并与表面之间既有质量又有热量交换时，同样可用类比关系由传热系数 h 计算传质系数 h_m。

已知 Pr 和 Sc 准则数，它们分别表示物性对对流传热和对流传质的影响。Pr 准则数值的大小表示动量边界层和热量边界层厚度的相对关系。同样 Sc 准则数表示速度边界层

和浓度边界层的相对关系。而反映热边界层与浓度边界层厚度关系的准则数则为刘伊斯准则数。

由式（2-72）联系式（2-68）和（2-69）可以得出，

$$\text{St} \cdot \text{Pr}^{\frac{2}{3}} = \text{St}_m \cdot \text{Sc}^{\frac{2}{3}}$$

$$\text{St} = \text{St}_m \left(\frac{\text{Sc}}{\text{Pr}}\right)^{\frac{2}{3}} = \text{St}_m \cdot \text{Le}^{\frac{2}{3}}$$

即

$$\frac{h}{\rho c_p u} = \frac{h_m}{u} \text{Le}^{\frac{2}{3}}$$

得到

$$h_m = \frac{h}{\rho c_p} \cdot \text{Le}^{-\frac{2}{3}} \tag{2-74}$$

上式把对流传热和对流传质联系在一个表达式中，这样可以由一种传输现象的已知数据，来确定另一种传输现象的未知系数。对气体或液体，（2-74）式成立的条件是 $0.6 < \text{Sc} < 2500$，$0.6 < \text{Pr} < 100$。

【例 2-3】 常压下的干空气从"湿球"温度计球部吹过。它所指示的温度是少量液体蒸发到大量饱和蒸汽——空气混合物的稳定平均温度，温度计的读数是16℃，如图所示。在此温度下的物性参数为水的蒸汽压 $P_W = 0.01817\text{bar}$，空气的密度 $\rho = 1.215\text{kg/m}^3$，空气的比热 $c_p = 1.0045\text{kJ/(kg·℃)}$，水蒸气的汽化潜热 $r = 2463.1\text{kJ/kg}$，$\text{Sc} = 0.60$，$\text{Pr} = 0.70$

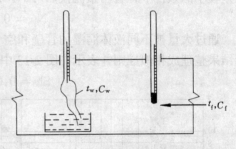

例题 2-3 图示

试计算干空气的温度。

【解】 求出单位时间单位面积上蒸发的水量为

$$m_{\text{水}} = h_m(C_w - C_f) \tag{1}$$

由于水从湿球上蒸发带入空气的热量等于空气通过对流传热传给湿球的热量，即

$$hA(t_f - t_w) = r m_{\text{水}} A$$

则干空气的温度为：

$$t_f = \frac{r \cdot m_{\text{水}}}{h} + t_w \tag{2}$$

根据柯尔本的 J 因子，可找出 $\frac{h_m}{h}$ 的关系式，即

$$J_H = J_M$$

$$\frac{h}{\rho u_x c_p}(\text{Pr})^{2/3} = \frac{h_m}{u_x}(\text{Sc})^{2/3}$$

$$\therefore \frac{h_m}{h} = \frac{1}{\rho c_p}\left(\frac{\text{Pr}}{\text{Sc}}\right)^{2/3} \tag{3}$$

将（1）和（3）式代入（2）式，整理得

$$t_f = \frac{r}{\alpha c_p}\left(\frac{Pr}{Sc}\right)^{2/3}(C_w - C_f) + t_w$$

因 $Pr/Sc = 0.7/0.6$，$(Pr/Sc)^{2/3} = (0.7/0.6)^{2/3} = 1.11$；

$$R = 8.314 \text{ kJ}/(\text{mol}\cdot\text{K})$$

$$\therefore C_w = \frac{P_w}{RT} = \frac{0.01817 \times 10^5}{8.314 \times 10^3 \times 289} = 7.562 \times 10^{-4} \text{mol/m}^3$$

设 $C_f = 0$，并已知水的分子量为 18 kg/mol，则

$$t_f = \frac{2463.1}{1.215 \times 1.0045} \times 1.11 \times 18 \times 7.562 \times 10^{-4} + 16 = 30.49 + 16 = 46.49℃$$

2.4.3 对流质交换的准则关联式

2.4.3.1 流体在管内受迫流动时的质交换

管内流动着的气体和管道湿内壁之间，当气体中某组分能被管壁的液膜所吸收，或液膜能向气体作蒸发，均属质交换过程，它和管内受迫流动换热相类似。由传热学可知，在温差较小的条件下，管内紊流换热可不计物性修正项，并有如下准则关联式

$$Nu = 0.023Re^{0.8}Pr^{0.4}$$

通过大量被不同液体润湿的管壁和空气之间的质交换实验，吉利兰（Gilliland）把实验结果整理成相似准则并表示在图 2-13 中[14]，并得到相应的准则关联式为：

$$Sh = 0.023Re^{0.83}Sc^{0.44} \tag{2-75}$$

比较上列两式，可见它们只在指数上稍有差异，式（2-75）的应用范围是 $2000 < Re < 35000$，$0.6 < Sc < 2.5$，准则中的定型尺寸是干壁内径，速度为管内平均流速，定性温度取空气温度。

如用类比律来计算管内流动质交换系数，由于

$$St_m \cdot Sc^{2/3} = \frac{f}{8}$$

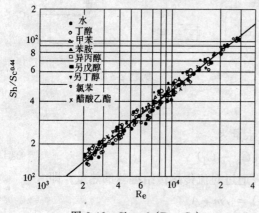

图 2-13　$Sh = f(Re, Sc)$

若采用布拉西乌斯光滑管内的摩阻系数公式

$$f = 0.3164Re^{-\frac{1}{4}}$$

则可得

$$\frac{Sh}{Re \cdot Sc}Sc^{2/3} = 0.0395Re^{-\frac{1}{4}}$$

即

$$Sh = 0.0395Re^{3/4}Sc^{1/3} \tag{2-76}$$

应用式（2-75）和式（2-76）所作的计算表明，结果是很接近的。

2.4.3.2 流体沿平板流动时的质交换

回顾传热学中对边界层的理论分析，得到沿平板流动换热的准则关联式，当流动是层流时

$$\mathrm{Nu} = 0.664\mathrm{Re}^{1/2}\mathrm{Pr}^{1/3}$$

相应的质交换准则关联式为：
$$\mathrm{Sh} = 0.664\mathrm{Re}^{1/2}\mathrm{Sc}^{1/3} \tag{2-77}$$

当流体是紊流时，换热的准则关联式为：
$$\mathrm{Nu} = (0.037\mathrm{Re}^{0.8} - 870)\mathrm{Pr}^{1/3}$$

相应的质交换准则关联式应是
$$\mathrm{Sh} = (0.037\mathrm{Re}^{0.8} - 870)\mathrm{Sc}^{1/3} \tag{2-78}$$

式（2-77）和式（2-78）中的定型尺寸是用沿流动方向的平板长度 L，速度 u 用边界层外的主流速度，计算所得的 h_m 是整个平板上的平均值。

另外，对于沿其他形状的物体表面的对流传质的准则关联式，如：圆球、圆柱以及横掠管束等情形也都可以参考相应的传热准则关联式。

【例 2-4】 试计算空气沿水面流动时的对流质交换系数 h_m 和每小时从水面上蒸发的水量。已知空气的流速 $u = 3\mathrm{m/s}$，沿气流方向的水面长度 $l = 0.3\mathrm{m}$，水面的温度为 15℃，空气温度为 20℃，空气总压力为 $1.013 \times 10^5 \mathrm{Pa}$，其中水蒸气分压力 $p_2 = 701\mathrm{Pa}$，相当于空气的相对湿度为 30%。

【解】 空气在 20℃ 时的 $\nu = 1.506 \times 10^{-5} \mathrm{m^2/s}$

故
$$\mathrm{Re} = \frac{ul}{\nu} = \frac{3 \times 0.3}{1.506 \times 10^{-5}} = 59700$$

由于 $\mathrm{Re} < 10^5$，用式（2-77）计算 h_m

从表 2-1 查得 $D_0 = 0.22$，由于浓度边界层中空气平均温度是 $\frac{15+20}{2} = 17.5℃$，经修正后

$$D = D_0\left(\frac{T}{T_0}\right)^{3/2} = 0.22\left(\frac{290.5}{273}\right)^{1.5} = 0.244\mathrm{cm^2/s} = 0.088\mathrm{m^2/h}$$

计算 Sc 准则：
$$\mathrm{Sc} = \frac{\nu}{D} = \frac{1.506 \times 10^{-5} \times 3600}{0.088} = 0.616$$

因此，
$$\mathrm{Sh} = 0.664\mathrm{Re}^{1/2}\mathrm{Sc}^{1/3} = 0.664(59700)^{1/2}(0.616)^{1/3} = 138.1$$

即
$$\frac{h_m l}{D} = 138.1$$

所以
$$h_m = \frac{138.1 \times 0.088}{0.3} = 40.5\mathrm{m/h}$$

如用刘伊斯关系式计算 h_m，需要先确定换热系数 h。空气在 20℃ 时的 $\mathrm{Pr} = 0.703$，$\lambda = 0.0259 \mathrm{W/(m \cdot ℃)}$。按准则关联式

$$\mathrm{Nu} = 0.664\mathrm{Re}^{1/2}\mathrm{Pr}^{1/3} = 0.664(59700)^{1/2}(0.703)^{1/3} = 144.3$$

故
$$h = \mathrm{Nu}\frac{\lambda}{l} = 144.3\frac{0.0259}{0.3} = 12.46\mathrm{J/(m^2 \cdot s \cdot ℃)} = 44.85\mathrm{kJ/(m^2 \cdot h \cdot ℃)}$$

由于
$$h_m = \frac{h}{c_p \rho}$$

从附录中可查得空气在 20℃ 时的物性

$$\rho = 1.205\ \mathrm{kg/m^3}$$
$$c_P = 1.005\ \mathrm{kJ/(kg \cdot ℃)}$$

所以

$$h_m = \frac{44.85}{1.205 \times 1.005} = 37.4 \text{m/h}$$

对空气而言 Le≠1，所以用刘伊斯关系来计算所得的数据稍偏低，作为近似计算刘伊斯关系是非常有用的。

水面的蒸发量即质扩散通量 m_w，由于水面15℃时的水蒸气饱和分压强 $p_1 = 1704 \text{Pa}$，故

$$m_w = \frac{h_m}{R_w T}(p_1 - p_2) = \frac{40.5}{(8314/18) \times 288}(1704 - 701) = 0.305 \text{kg}/(\text{m}^2 \cdot \text{h})$$

2.5 热质传递模型

经过《流体力学》、《传热学》及本课程前期部分内容的学习，已经讨论了流体的动量传递、能量传递、质量传递这三个重要的传递过程。但基本上把它们当作独立的问题来看待，在分析问题时，认为一个传递过程对另外的传递过程彼此互不相关。实际上，工程实践中的许多情形都是同时包含着这三个传递过程，它们彼此是相互影响的。最简单的例子是热空气流经湿表面的热质交换的过程。一方面，由于对流和辐射，热量从热空气传到湿表面，另一方面，湿表面上被蒸发的蒸汽连同它本身所具有焓一起传递到流动中的热空气中去，在不同的蒸发速率下，热空气和湿表面之间的热交换及动量交换就有所不同。空调领域中大量存在着这些热质交换同时发生的问题：表面冷却器的冷却除湿、喷水室、冷却塔中水与空气的热质交换、湿球温度计的工作原理等等。本节将分析热质交换同时进行的过程，讨论传质与传热过程的相互影响。

2.5.1 同时进行传热与传质的过程和薄膜理论

一般地说，质量传递过程总是伴随着热量传递过程，即使在等温过程中也照样有着热量的传递。这是因为在传质过程中，随着组分质量传递的同时，也将它本身所具有的焓值带走，因而也产生了热量的传递。

在等温过程中，由于组分的质量传递，单位时间、单位面积上所传递的热量为：

$$q = \sum_{i=1}^{n} N_i M_i c_{p,i}(t - t_0) \tag{2-79}$$

式中 N_i——组分 i 的传质速率；

M_i——组分 i 的分子量；

$c_{p,i}$——组分 i 的定压比热；

t——组分 i 的温度；

t_0——焓值计算温度。

如果传递系统中还有温差存在，则传递的热量为：

$$q = -\lambda \frac{dt}{dy} + \sum_{i=1}^{n} N_i M_i c_{p,i}(t - t_0) \tag{2-80}$$

如果传热是由对流引起的，式（2-80）右边的第一项就改为对流换热系数与温差 Δt

的乘积。

目前对同时进行热质交换过程的理论计算，尤其是当传质速率较大时，一般都采用奈斯特（Nernst）的薄膜理论[15]。薄膜理论是奈斯特在1904年提出的，至今已有70多年，双膜理论就是惠特曼在此理论的基础上得出来的。

如图2-14所示，当空气流过一湿壁时，壁面上空气的流速等于零。在这个前提下，该理论假定在接近壁面处有一层滞流流体薄膜，其厚度为δ。因为是滞流流体薄层，所以此层内的传质过程必定是以分子扩散的形式透过这一薄层，且全部对流传质的阻力都存在这一薄层内，其间的浓度分布为线性分布（图2-14（a））。

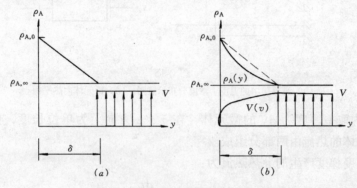

图 2-14 滞留层内浓度分布示意图
(a) $V(y)=0$；(b) $V(y)\neq 0$

根据薄膜理论，传质速率就可以分子扩散方程式来计算。显然，在二元系统中，对于通过静止气层扩散过程的传质系数就可定义为：

$$h_m = \frac{D_{AB}}{\delta} \frac{p}{p_{B,lm}} \tag{2-81}$$

对于等分子相反方向的传质过程式为：

$$h_m = \frac{D_{AB}}{\delta} \tag{2-82}$$

同样，在热量传递中也有膜传热系数 α：

$$h = \frac{\lambda}{\delta} \tag{2-83}$$

虽然该理论并不能计算出 δ 的值，但它在计算热质交换同时进行过程中，较大传质速率的影响以及具有化学反应的传质过程都十分有用，它提供了一幅简明的壁面附近传质过程的物理图象。它的最大缺点在于运用该理论得出的 h_m 与 D_{AB} 的一次方成正比。实际上，在滞流层中 $V(y) \neq 0$，温度和浓度分布均不是线性，而是曲线分布（如图2-14（b）。在紧贴壁面处，湍动渐渐消失，分子扩散起主要作用，因此，$h_m \propto D_{AB}^{1.0}$，而在湍流核心区，湍流扩散起主导作用，即 $h_m \propto D_{AB}^{0.0}$，所以 $h_m \propto D_{AB}^{0\sim 1.0}$ 之间才符合实际情况。另外 δ 的数值也一定取决于流体流动的状态，即流体的雷诺数。

2.5.2 同一表面上传质过程对传热过程的影响[13]

本节将根据薄膜理论来研究同时进行传热传质的过程。

如图 2-15 所示，设有一股温度为 t_2 的流体流经温度为 t_1 的壁面。传递过程中，组分 A、B 从壁面向流体主流方向进行传递，传递速率分别为 N_A、N_B。可以认为在靠近壁面处有一层滞留薄层，假定其厚度为 y_0，现求壁面与流体之间的热交换量。

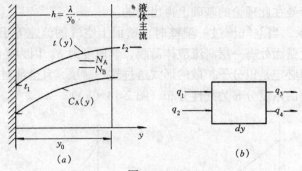

图 2-15
(a) 滞留层中的温度、浓度分布示意图；(b) 微元体内热平衡

在 y_0 层内取一厚度为 dy 的微元体，在 x、z 方向上为单位长度，如图 2-15 所示。那么进入微元体的热流由两部分组成。

(1) 由温度梯度产生的导热热流为：

$$q_1 = -\lambda \frac{dt}{dy}$$

(2) 由于分子扩散，进入微元体的传递组分 A、B 本身具有的焓为：

$$q_2 = (N_A M_A c_{P,A} + N_B M_B c_{P,B})(t - t_0)$$

式中，M_A、M_B 分别为组分 A、B 的分子量；t_0 为焓值计算温度。

在趋于稳定状态时，进入微元体的热流量应该等于流出微元体的热流量（参阅图 2-15），因此，流体滞留薄膜层内的温度分别必须满足下列关系式：

$$\lambda \frac{d^2 t}{dy^2} - (N_A M_A c_{P,A} + N_B M_B c_{P,B}) \frac{dt}{dy} = 0 \quad (2\text{-}84)$$

两边除以膜传热系数 h，得

$$\frac{\lambda}{h} \frac{d^2 t}{dy^2} - \frac{(N_A M_A c_{P,A} + N_B M_B c_{P,B})}{h} \frac{dt}{dy} = 0$$

因为 $h = \frac{\lambda}{y_0}$，再令：$\frac{(N_A M_A c_{P,A} + N_B M_B c_{P,B})}{h} = C_0$，代入上式，得

$$y_0 \frac{d^2 t}{dy^2} - C_0 \frac{dt}{dy} = 0$$

边界条件为：

$$y = 0, \qquad t = t_1 (\text{壁温});$$
$$y = y_0, \qquad t = t_2 (\text{流体主流温度})。$$

解上述二阶齐次常微分方程，令 $t = e^{my}$，得方程的解为：

$$t = C_1 + C_2 e^{\frac{C_0}{y_0} y}$$

代入边界条件，最后得到流体在薄膜层内的温度分别为：

$$t(y) = t_1 + (t_2 - t_1) \frac{\exp\left(\frac{C_0 y}{y_0}\right) - 1}{\exp(C_0) - 1} \tag{2-85}$$

壁面上的导热热流为：

$$\begin{aligned} q_c &= -\lambda \left.\frac{dt}{dy}\right|_{y=0} \\ &= -\lambda \frac{C_0/y_0}{\exp(C_0) - 1}(t_2 - t_1) \\ &= -\frac{\lambda}{y_0} \frac{C_0(t_2 - t_1)}{\exp(C_0) - 1} \\ &= h(t_1 - t_2) \frac{C_0}{\exp(C_0) - 1} \end{aligned} \tag{2-86}$$

由式（2-85）和（2-86）可知，传质速率的大小和方向，影响了壁面上的温度梯度，从而影响了壁面的传热量。

在无传质时，$C_0 = 0$，由式（2-85）可知温度 t 为线性分布，而且

$$\begin{aligned} q_c &= \lim_{c_0 \to 0} \left(h(t_1 - t_2) \frac{C_0}{\exp(C_0) - 1} \right) \\ &= h(t_1 - t_2) \\ &= q_{c,0} \end{aligned} \tag{2-87}$$

式中，$q_{c,0}$ 为无传质时滞流层的导热热流通量。

一般情形下，

$$\mathrm{Nu} = \frac{q_c}{q_{c,0}} = \frac{C_0}{\exp(C_0) - 1} \tag{2-88}$$

应该注意到 q_c 并不是壁面上的总热流，总热流量应为：

$$\begin{aligned} q_t &= q_c + (N_A M_A c_{P,A} + N_B M_B c_{P,B})(t_1 - t_2) \\ &= h(t_1 - t_2) \frac{C_0}{\exp(C_0) - 1} + C_0 h(t_1 - t_2) \\ &= h(t_1 - t_2) \frac{C_0}{1 - \exp(-C_0)} \end{aligned} \tag{2-89}$$

因此，

$$\frac{q_t}{q_{c,0}} = \frac{C_0}{1 - \exp(-C_0)} \tag{2-90}$$

$q_c/q_{c,0}$，$q_t/q_{c,0}$ 与 C_0 的关系如图 2-16 所示。此处定义的无因次数 C_0 为传质阿克曼修正系数（Ackerman Correction）。它表示传质速率的大小与方向对传热的影响，随着传质的方向不同，C_0 值有正有负。当传质的方向是从壁面到流体主流方向时，C_0 为正值；反之，C_0 为负值。

由式（2-88）和（2-90）可知，

$$q_t(-C_0) = q_c(C_0) \tag{2-91}$$

上式表明,传质的存在对壁面热传导和总传热量的影响是方向相反的。

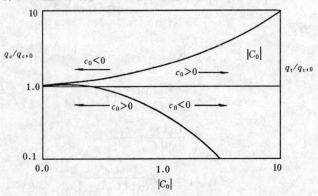

图 2-16 传质对传热的影响关系示意图

由图 2-16 可知,当 C_0 为正值时,壁面上的总热流量明显减少,当 C_0 值接近 4 时,壁面上的总热流量几乎等于零。由于:

$$\frac{q_c}{q_{c,0}} = \frac{-\lambda \dfrac{dt}{dy}\bigg|_{y=0}}{h(t_1-t_2)} = \frac{-y_0}{(t_1-t_2)} \cdot t'(0) \tag{2-92}$$

式中,y_0 是受流体的流动状态决定的,即取决于雷诺数;(t_1-t_2) 是常数。

因此可知,因传质的存在,传质速率的大小与方向影响了壁面上的温度梯度,即 $t'(0)$ 的值,从而影响了壁面上的总传热量。

在工程中,利用这个原理来防护与高温流体接触的壁面,研究发展了一些特殊的冷却方法。这类壁面如火箭发动机的尾喷管,受高温气体作用的燃气涡轮叶片。图 2-17 表示这些冷却方法的原理图,左上图表示一般普通的对流冷却,热流在壁的一边而冷却剂在壁的另一边。右上图表示薄膜冷却过程,冷却剂通过一系列与薄面相切的小孔喷入,这样就形成一个把壁面与热流体隔开的冷却层。左下图表示发汗冷却过程,冷却剂是通过小孔喷入的,如热流体是气体,冷却剂为液体时,采用右下图所示的蒸发薄膜冷却过程,效果就更加显著。所有这些冷却过程都受一个不断地从表面离去的质量流的影响。因此,这一类冷却过程有时又称为传质冷却[16]。

在导弹、人造卫星及空间飞船等飞行器在再入大气层时,由于表面与大气中的空气高速摩擦,表面产生很高的温度。为了冷却表面,在飞行器的表面上涂一层材料,当温度升高时涂层材料就升华、熔化或分解,这些化学过程吸收热量,而反应所产生的气体的质量流从表面离去,从而有效地冷却壁面,这种冷却方法称为烧蚀冷却。

当传质方向从流体主流到壁面,C_0 的值为负,此时壁面上的总传热量就大为增加,冷凝器就是这种情况。在空调领域,冷凝器和蒸发器都是常用设备,下面来分析冷凝器表面和蒸发器表面的热质交换过程。

假定在传递过程中,只有组分 A 凝结,则冷凝器表面的总传热量为:

$$Q_K = (q_t + N_A M_A r_A) A$$
$$= hA(t_s - t_\infty)\frac{C_0}{1-\exp(-C_0)} + h_m A(C_s - C_\infty) M_A r_A \tag{2-93}$$

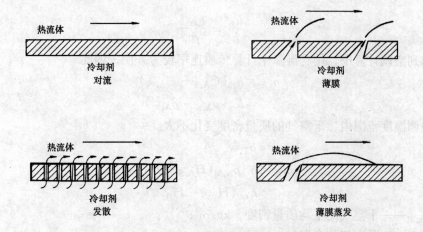

图 2-17 普通冷却过程及三种传质冷却过程示意

式中，r_A 为组分 A 的潜热。

式 (2-93) 中，同时含有传质系数 h_m 与膜传热系数 h，在前面章节中，已经讨论过热质交换之间的类比关系，显然，Q_K 可用其中任一系数来表示，根据契尔顿-柯尔本类似律，得

$$h_m = \frac{h \mathrm{Le}^{-\frac{2}{3}}}{\rho c_p} \tag{2-94}$$

将式 (2-94) 代入式 (2-93) 中，得

$$Q_K = hA(t_s - t_\infty)\frac{C_0}{1-\exp(-C_0)} + \frac{h}{\rho c_p}A\mathrm{Le}^{-\frac{2}{3}}M_A r_A(C_s - C_\infty)$$

$$= hA\left[(t_s - t_\infty)\frac{C_0}{1-\exp(-C_0)} + \frac{1}{\rho c_p}\mathrm{Le}^{-\frac{2}{3}}M_A r_A(C_s - C_\infty)\right] \tag{2-95}$$

Q_K 表示进入冷凝器的总热量，应该等于冷凝器内侧的冷却流体带走的热量，则

$$Q_K = h''A(t_s - t_w)$$

$$= hA\left[(t_s - t_\infty)\frac{C_0}{1-\exp(-C_0)} + \frac{\mathrm{Le}^{-\frac{2}{3}}}{\rho c_p}M_A r_A(C_s - C_\infty)\right] \tag{2-96}$$

式中，h'' 为冷却流体侧的换热系数；t_w 为冷却流体的主流平均温度。

对于冷凝表面，$t_s < t_\infty$，$C_s < C_\infty$，故 $Q_\tau < 0$，表示热量是从主流传向壁面；对蒸发表面，$t_s > t_\infty$，$C_s > C_\infty$，故 $Q_k > 0$，表明热量是从壁面流向主流。对于这两种情形，由于传质的存在，均使得传热量大大提高。

2.5.3 刘伊斯关系式

空调计算中，常用到刘伊斯关系式，这能使问题大为简化。这个关系式是刘伊斯在 1927 年对空气绝热冷却加湿过程中根据实验的结果得出的，后来由于热质交换过程的类比关系的提出，才由理论推导得出。

在相同的雷诺数条件下，根据契尔顿-柯本尔热质交换的类似律，

$$\frac{h_m}{h} = \frac{\mathrm{Le}^{-\frac{2}{3}}}{\rho c_p}$$

考虑到空调计算中，用含湿量来计算传质速率较为方便，因此

$$m_A = h_m(C_{A,S} - C_{A,\infty})$$
$$= h_m(\rho_{A,S} - \rho_{A,\infty})$$

因为在空调温度范围内，干空气的质量密度变化不大。

故 $\rho_{T,S} \approx \rho_{T,\infty}$

因此
$$m_A = h_m \rho_{A,M}(H_{A,S} - H_{A,\infty})$$
$$= h_{md}(H_{A,S} - H_{A,\infty}) \qquad (2\text{-}97)$$

式中 $\rho_{A,M}$——干空气的平均质量密度，$\mathrm{kg/m^3}$；

H_A——湿空气的含湿量，kg/kg；

h_{md}——传质系数，亦称蒸发系数。其为：

$$h_{md} = h_m \rho_{A,M} \qquad (2\text{-}98)$$

将式（2-98）代入式（2-94），在空气温度范围内，$\rho_{A,M} \approx \rho_A$，则：

$$\frac{h_{md}}{h} = \frac{\mathrm{Le}^{-\frac{2}{3}}}{c_p}$$

对于水-空气系统，$\mathrm{Le}^{-\frac{2}{3}} \approx 1$，所以

$$\frac{h}{h_{md}} = c_p \qquad (2\text{-}99)$$

式（2-99）就是所谓的刘伊斯关系式。由此可见，根据这个关系式，可以得到一个在实用上很重要的结论，即在空气-水系统的热质交换过程中，当空气温度及含湿量在实用范围内变化很小时，换热系数与传质系数之间需要保持一定的量值关系，条件的变化可使这两个系数中的某一个系数增大或减小，从而导致另一系数也相应地发生同样的变化。不过在运用刘伊斯关系式时，要注意该关系式的适用范围。

刘易斯关系式成立的条件：(1) $0.6 < \mathrm{Pr} < 60$，$0.6 < \mathrm{Sc} < 3000$；(2) $\mathrm{Le} = a/D_{AB} \approx 1$。条件表明，热扩散和质量扩散要满足一定的条件。而对于扩散不占主导地位的湍流热质交换过程，刘伊斯关系式是否适用呢？

如图 2-18 所示，V 表示单位时间内平面 1 与 2 之间由于流体的湍动引起的每平方米面积上流体交换的体积，t_1 与 t_2、H_1 与 H_2 分别为这二平面上流体的温度和含湿量。那么，因湍流交换而从平面 1 流到平面 2 的每单位面积的热流量为：

$$q_t = \rho c_p V(t_1 - t_2) \qquad (a)$$

如果用湍流换热系数 h 来表示这一热流量，则可写成：

$$h(t_1 - t_2) = \rho c_p V(t_1 - t_2) \qquad (b)$$

同样，由于湍流交换而引起的每单位面积上的质量交换量为：

$$m_t = \rho V(H_1 - H_2) = h_{md}(H_1 - H_2) \qquad (c)$$

用式（b）除以式（c），得到 $\dfrac{h}{h_{md}} = c_p$

可见在湍流时不论 a/D_{AB} 是否等于 1 见表 2-4，刘伊斯关系式总是成立的。这说明了

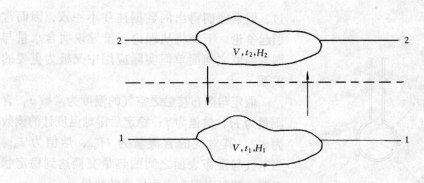

图 2-18 湍流热质交换示意图

在湍流传递过程中,流体之间的湍流混合在传递过程中起主要作用。对于层流或湍流紧靠固体表面的层流底层来说,刘伊斯关系式仅适用于 $a/D_{AB}=1$ 的情况,这是因为在这些区域内,分子扩散在传递过程中起主要作用。

干空气和饱和湿空气的热质扩散系数　　　表 2-4

温 度 (℃)	饱 和 度	$a \times 10^2$ (m^2/h)	$D \times 10^2$ (m^2/h)	a/D
10	0 1	7.15 7.14	8.37	0.855 0.854
15.6	0 1	7.42 7.40	8.70	0.854 0.852
20.1	0 1	7.69 7.07	9.02	0.853 0.850
26.7	0 1	7.95 7.93	9.36	0.852 0.848
32.2	0 1	8.24 8.20	9.07	0.851 0.846
37.3	0 1	8.53 8.46	10.04	0.850 0.843
43.3	0 1	8.82 8.71	10.39	0.848 0.838
48.9	0 1	9.11 8.94	10.75	0.848 0.832
54.4	0 1	9.40 9.15	11.11	0.846 0.823
60	0 1	9.70 9.60	11.47	0.845 0.812

2.5.4 湿球温度的理论基础

流体在界面上同时进行热质交换理论的最简单应用就是计算湿球温度计在稳定状态下的温度。干、湿球温度计如图 2-19 所示,其中干球温度计是一般的温度计,湿球温度计头部被尾端浸入水中的吸液芯包裹。当空气流过时,大量的不饱和空气流过湿布时,湿布表面的水分就要蒸发,并扩散到空气中去;同时空气的热量也传递到湿布表面,达到稳定状态后,水银温度计所指示的温度即为空气的湿球温度。

早在 1892 年人们就利用湿球温度来测量湿度,当时许多人都在理论上对此现象研究

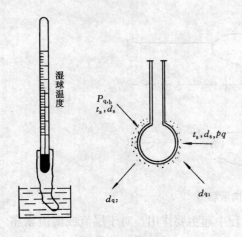

图 2-19 湿球温度计

过,但是他们得出的数据往往不一致,因而常引起争论。下面将从理论上推导说明含水量与湿球温度之间简单但实际应用中又极为重要的关系。

假定与湿布接触之空气的温度为常数 t,含湿量为 H,焓值为 I;稳定后湿球温度计的读数为 t_{wb},其对应的含湿量为 H_{wb},焓值为 i_{wb}。当空气与湿布表面之间的热量交换达到稳定状态时,空气对湿布表面传递的热量为:

$$q_H = h(t - t_{wb})\frac{C_0}{1-\exp(-C_0)} \tag{1}$$

湿布表面蒸发扩散的水分量为:

$$m_A = h_{md}(H_{wb} - H) \tag{2}$$

根据热平衡,得

$$h(t - t_{wb})\frac{C_0}{1-\exp(-C_0)} = rh_{md}(H_{wb} - H) \tag{3}$$

式中,r 为水的汽化潜热。

由式 (3) 得

$$\frac{h(t - t_{wb})}{h_{md}}\frac{C_0}{1-\exp(-C_0)} = r(H_{wb} - H)$$

根据刘伊斯关系式:$\frac{h}{h_{md}} = c_p$,则由上式变为:

$$c_p(t - t_{wb})\frac{C_0}{1-\exp(-C_0)} = r(H_{wb} - H) \tag{4}$$

采用级数把上式左边展开,由于湿球表面水分蒸发的量较小,即传质速率对传热过程影响不大,所以级数只取前两项,则式 (4) 就简化为:

$$c_p(t - t_{wb}) = r(H_{wb} - H) \tag{5}$$

考虑到干、湿球温度相差不大,因此在此温度范围内,湿空气的定压比热与汽化潜热都变化不大,则式 (4) 可近似写成:

$$c_{p,t} + H_t t = c_{p,wb} t_{wb} + H_{wb} t_{wb}$$

根据湿空气焓的定义,可得

$$i = i_{wb} \tag{2-100}$$

从式 (2-100) 可以看出,紧靠近湿布表面的饱和空气的焓就等于远离湿布来流的空气的焓。即在湿布表面进行热、质交换过程中,焓值不变。这个著名的结果首先是凯利亚在1911年提出的,这就是焓-湿图的基础。它说明了对于水-空气系统,当未饱和的空气流过一定量的水表面时,尽管空气的温度下降了,湿度增大了,但其单位质量所具有的焓值不变。在焓-湿图中,不难看出湿空气的焓是湿球温度的单一函数,因此进行测试时,如何测准湿球温度是极为关键的。由上述分析可知,气流的速度对热质交换过程有影响,因而对湿球温度值也有一定的影响,实验表明,当气流速度在 5~40m/s 范围内,流速对湿球温度值影响很小。应当指出的是，湿球温度受传递过程中各种因素的影响，它不完全取决于湿空气的状态，所以不是湿空气的状态参数。

绝热饱和温度和湿球温度是两种物理概念不同的温度。所谓绝热饱和温度是指有限量的空气和水接触，接触面积较大，接触时间足够充分，空气和水总会达到平衡。在绝热的情况下，水向空气中蒸发，水分蒸发所需的热量全部由湿空气供给，故湿空气的温度将降低。另一方面，由于水分的蒸发，湿空气的含湿量将增大。当湿空气达到饱和状态时，其温度不再降低，此时的温度称为绝热饱和温度，常用符号 t_s 表示。绝热饱和温度 t_s 完全取决于进口湿空气及水的状态与总量，不受其它任何因素的影响，所以 t_s 是湿空气的一个状态参数。测得湿空气的干球温度 t 与绝热饱和温度 t_s，根据能量平衡方程式，可以计算出进口湿空气的含湿量 H。绝热饱和过程的能量平衡方程式为：

$$I + I' = I''$$

式中，I 表示进口湿空气的焓，其为：$I = \dot{m}_a(i_a + Hi_v)$；

I'' 表示出口饱和空气的焓，其为：

$$I'' = \dot{m}_a(i''_a + H''i''_v)$$

式中，i''_a、H'' 及 i''_v 分别表示处于出口饱和状态时其中空气的焓、含湿量及水蒸气焓。

I' 是补充水的焓，其为：

$$I' = \dot{m}_a(H'' - H)i'$$

式中，i' 为单位质量补充水的焓。

将上列三式代入能量平衡方程式，同时除以 $\dot{m}_a$，得

$$i_a + Hi_v + (H'' - H)i' = i''_a + H''i''_v$$

将上式整理，得到进口湿空气的含湿量 H 为：

$$H = \frac{(i''_a - i_a) + H''(i''_v - i')}{i_v - i'}$$

按各项的意义，上式还可写成为：

$$H = \frac{c_{p,a}(t_s - t) + H''r_s}{i_v - i'}$$

式中 r_s——水在温度为 t_s 时的汽化潜热；

H''——出口饱和空气的含湿量；

i'——温度为 t_s 的水的焓，湿空气中水蒸气焓可根据 t 计算出。

这样，只要测出 t 与 t_s，按上式就可求得进口湿空气的含湿量。

实验数据表明，当湿空气的干球温度不是很高，且含湿量变化较小时，其湿球温度 t_{wb} 与绝热饱和湿球温度 t_s 数值很接近。例如当湿空气的干球温度为 50℃，含湿量为 0.0159（或 $\varphi = 20\%$），此时 $\Delta t = t_s - t_{wb} = 0.4$℃，如果干球温度减小，差值也相应减小。由此可见，在水-空气系统中，这两种极限温度之间的差值是不大的，特别是在空调温度范围内完全有理由把这两个温度的值视作相等。绝热饱和温度 t_s 所体现的条件一般是不常见的，实践中所以要重视这个温度，是因为在水-空气系统中，借近似式 $t_{wb} \approx t_s$，就可利用焓湿图上的 t_s 来代替 t_{wb}。对于甲苯、乙醇等一些有机化合物，其湿球温度与水相反，总是要比绝热饱和温度高。

第3章 相变热质交换原理[❶]

3.1 沸腾换热

3.1.1 沸腾换热现象及分析

在固-液界面上发生的蒸发，称之为沸腾。当表面温度 T_s 超过相应液体压力下的饱和温度 t_s 时，就发生这种过程。热量从固体表面传向液体，牛顿冷却定律的相应形式为

$$q_s = h(t_w - t_s) = h \cdot \Delta t \tag{3-1}$$

其中 $\Delta t = t_w - t_s$ 称为过热度，t_w 为壁面温度，t_s 为液体的饱和温度。这种过程的特点是有蒸汽泡形成，它们长大后脱离表面。蒸汽泡的生长和它的动态特性、过热度、表面特性以及诸如表面张力等流体的热物理参数之间有着很复杂的关系。反过来，蒸气泡形成的动态特性又影响表面附近流体的运动，从而对换热系数有强烈的影响。对于这些影响的详细描述已超出本书范围，读者可参阅文献[1,2]。

沸腾可以在各种不同条件下发生。例如，池内沸腾（或称大容器沸腾）指的是，液体总体是静止的，在表面附近的运动是由于自然对流以及气泡生长及脱离造成的扰动所致。与此不同，在强迫对流沸腾时，流体的运动除了由于自然对流和气泡造成的扰动以外，还由于外力所致。沸腾还可按照它是过冷的或是饱和的来分类。在过冷（或局部）沸腾时，液体的温度低于饱和温度，因而固体表面上形成的气泡最后还是要在液体中凝结。相反，饱和沸腾时，液体的温度超过饱和温度，固体表面上形成的气泡会在浮升力的推动下穿过液体，最后从自由表面上逸出。

（1）大容器饱和沸腾及其沸腾曲线[3]

加热壁面沉浸在具有自由表面的液体中所发生的沸腾称大容器沸腾。此时产生的气泡能自由浮升，穿过液体自由表面进入容器空间。

液体主体温度达到饱和温度 t_s，壁温 t_w 高于饱和温度所发生的沸腾称为饱和沸腾。在饱和沸腾时，随着壁面过热度 $\Delta t = t_w - t_s$ 的增高，会出现4个换热规律全然不同的区域。水在1个大气压下的饱和沸腾曲线（图3-1）具有代表性。图中横坐标为壁面过热度 Δt（对数坐标），纵坐标为热流密度 q。这4个区域的换热特性如下：

壁面过热度小时（图3-1中 $\Delta t < 4℃$），沸腾尚未开始，换热服从单相自然对流规律。

从起始沸腾点开始，在加热面的某些特定点上（称汽化核心）产生气泡。开始阶段，汽化核心产生的气泡彼此互不干扰，称孤立气泡区，其沸腾景象如图3-2（a）所示。随着 Δt 进一步增加，汽化核心增加，气泡互相影响，并会合成气块及气柱，图景如图3-2

[❶] 本章部分内容引自文献[3]第六章"凝结与沸腾换热"。

(b)所示。在这两区中，气泡的扰动剧烈，换热系数和热流密度都急剧增大。由于汽化核心对换热起着决定性影响，这两区的沸腾统称为核态沸腾（或称泡状沸腾）。核态沸腾有温差小、换热强的特点，所以一般工业应用都设计在这个范围。核态沸腾区的终点为图3-1中热流密度的峰值点。

从峰值点进一步提高Δt，换热规律出现异乎寻常的变化。热流密度不仅不随Δt的升高而提高，反而越来越低。这是因为气泡汇聚覆盖在加热面上，而排除蒸汽过程越趋艰难。这种情况持续到到达最低热流密度q_{min}为止。这段沸腾称为过渡沸腾，是很不稳定的过程。图3-2(c)是过渡沸腾的照片。

从q_{min}起换热规律再次发生转折。这时加热面上已形成稳定的蒸汽膜层，产生的蒸汽有规则地脱离膜层，q随Δt增加而增大。此段称为稳定膜态沸腾。稳定膜态沸腾在物

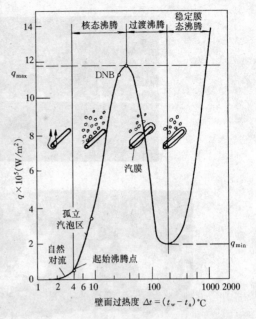

图3-1　饱和水在水平加热面上的沸腾曲线
（$p=1.013\times 10^5$Pa）

理上与膜状凝结有共同点，不过因为热量必须穿过的是热阻较大的汽膜，而不是液膜，所以换热系数比凝结小得多。稳定膜态沸腾的照片示于图3-2(d)。

上述热流密度的峰值q_{max}有重大意义，它被称为临界热流密度CHF（Critical Heat Flux）。对于依靠控制热流密度来改变工况的加热设备，如电加热器、对冷却水加热的核反应堆，一旦热流密度超过峰值，工况将沿q_{max}虚线跳至稳定膜态沸腾线，Δt将猛升至近1000℃，可能导致设备的烧毁，所以必须严格监视并控制热流密度，确保在安全工作范围之内。也由于超过它可能导致设备烧毁，所以q_{max}亦称烧毁点。在烧毁点附近（比q_{max}的热流密度略小），有个在图3-1上表现为q上升缓慢的核态沸腾的转折点DNB（Departure from Nuclear Boiling，意即偏离核态沸腾）点，它作为监视接近q_{max}的警戒，是很可靠的。对于蒸发冷凝器等壁温可控的设备，这种监视是重要的。因为一旦q超过转折点，就可能导致膜态沸腾，在相同的壁温下使换热量大大减少。

以上是水的饱和沸腾曲线的概述。不同工质、不同压力、沸腾参数不同的沸腾现象的演变和其规律是类似的。

（2）汽化核心的分析[3]

在核态沸腾区，气泡的扰动对换热起支配作用。气泡产生在汽化核心处。对影响汽化核心的因素和汽化核心数与壁面过热度的依变关系的分析，将有助于对核态沸腾现象及其换热规律的理解。

目前普遍认为，壁面的凹穴、裂缝最可能成为汽化核心。这些凹穴中残留的气体（包括蒸汽），由于液体表面张力的原因，很难彻底逐出，它们就成为孕育新生气泡的有利场所。下面我们对汽化核心的形成作一番分析。假设在流体中存在一个球形气泡，如图3-3所示，它与周围液体处于力平衡和热平衡。由于表面张力的作用，气泡内的压力p_v必大

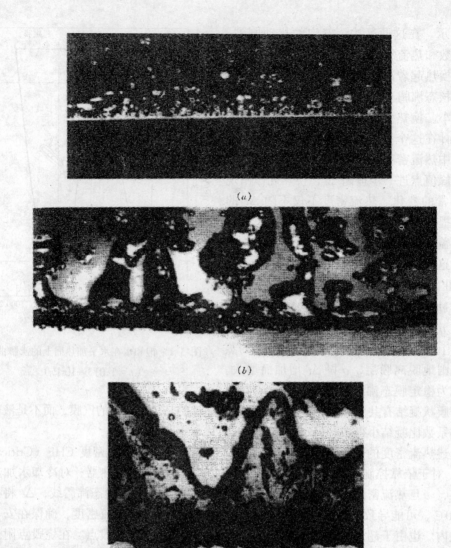
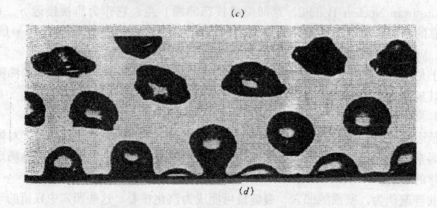

图 3-2 不同沸腾状态（金属丝加热）
(a) 孤立气泡区（核态沸腾）；(b) 气块区（核态沸腾）；(c) 过渡沸腾；(d) 稳定膜态沸腾

于气泡外的压力 p_l。根据力平衡条件，气泡内外压差应被作用于汽液界面上的表面张力所平衡，即

$$\pi R^2(p_v - p_l) = 2\pi R \gamma \quad (3-2)$$

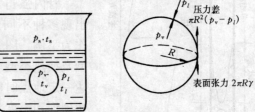

图 3-3　蒸汽泡的力平衡

式中，γ 为单位长度汽液界面的表面张力（N/m）。若忽略液柱静压的影响，则 p_l 可认为近似等于沸腾系统的环境压力，即 $p_l \approx p_s$。而热平衡则要求气泡内蒸汽的温度为 p_v 压力下的饱和温度 t_v。界面内外温度相等，即 $t_l = t_v$，所以气泡外的液体必然是过热的，过热度为 $t_v - t_s$。贴壁处液体具有最大过热度 $t_w - t_s$，加上凹穴处有残存气体，壁面凹缝处最先能满足气泡生成的条件

$$R = \frac{2\gamma}{p_v - p_s} \quad (3-3)$$

故气泡都在壁面上产生。

平衡状态的气泡是很不稳定的。气泡半径稍小于式（3-3）所示的半径，表面张力大于压差，则气泡内蒸汽凝结，气泡瓦解。只有半径大于式（3-3）所示半径时，界面上液体不断蒸发，气泡才能成长。

综上所述可知，在一定壁面过热度条件下，壁面上只有满足式（3-3）条件的那些地点，才能成为工作的汽化核心。

随着壁面过热度的提高，压差 $p_v - p_s$ 值越来越高。按式（3-3），气泡的平衡态半径 R 将递减。因此，壁温 t_w 提高时，壁面上越来越小的存气凹穴处将成为工作的汽化核心，从而汽化核心数随壁面过热度的提高而增加。

关于加热表面上汽化核心的形成及关于气泡在液体中的长大与运动规律的研究，无论对于掌握沸腾换热的基本机理以及开发强化沸腾换热的表面都具有十分重要的意义。现有的预测沸腾换热的各种物理模型都是基于对成核理论及气泡动力学的某种理解而建立起来的。正是 20 世纪 50 年代末关于汽化核心首先是在表面上一些微小凹坑上形成的这一基本观点的确立[4]，才导致了 20 世纪 70 年代关于沸腾换热强化表面开发工作的开展。关于汽化核心问题的近期研究成果可参阅文献 [1, 5]。

(3) 强迫对流沸腾简介

在大容器沸腾中，由加热面上产生气泡，气泡受浮力作用上浮，因此流体的运动主要受浮力驱动。而强迫对流沸腾（forced convection boiling）中，流体流动则是液体的直接运动和浮力共同作用的结果。和强迫对流类似，强迫对流沸腾可分为外部强迫对流沸腾和内部强迫对流沸腾，后者一般被称为两相流（two-phase flow），它是以在流动方向上由液体迅速变为蒸汽为特征的。

1) 外部强迫对流沸腾

对一加热平板的外部流动，其热流密度可利用标准的强迫对流关系式一直估算到沸腾开始之时。随着加热板温度增加，核态沸腾出现，引起热流密度增加。若蒸汽产生率不大，而且液体过冷，Bergles 和 Rohsenow[2] 建议用纯强迫对流和池内沸腾的组合来估算总热流密度。

2) 管内沸腾（两相流）

管内强迫对流沸腾时，由于产生的蒸汽混入液流，出现多种不同形式的两相流结构，换热机理亦很复杂。作为举例，图3-4显示了竖管内沸腾可能出现的流动类型及换热类型。流入管内的未饱和液体被管壁加热，到达一定地点时壁面上开始产生气泡。此时液体主流尚未达到饱和温度，处于过冷状态，这时的沸腾为过冷沸腾。继续加热而使液流达到饱和温度时，即进入饱和核态沸腾区。饱和核态沸腾区经历着泡状流和块状流（气泡汇合成块，亦称弹状流）。含汽量增长到一定程度，大汽块进一步合并，在管中心形成汽芯，把液体排挤到壁面，呈环状液膜，称为环状流。此时换热进入液膜对流沸腾区。环状液膜受热蒸发，逐渐减薄，最终液膜消失，湿蒸汽直接与壁面接触。液膜消失称为蒸干。此时，由于换热恶化，会使壁温猛升，造成对安全的威胁。对湿蒸汽流的继续加热，使工质最后进入干蒸汽单相换热区。横管内沸腾时，重力场对两相结构有影响而出现新的特点，所以管的位置是影响管内沸腾的因素之一。在管内沸腾中，最主要的影响参数是含汽量（即蒸汽干度）、质量流量和压力。有关管内沸腾换热的详细资料可参阅文献[6，7]。

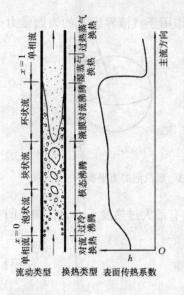

图3-4 竖管内沸腾示意图

3.1.2 沸腾换热计算式

（1）大容器饱和核态沸腾[3]

前面的分析表明，影响核态沸腾的因素主要是壁面过热度和汽化核心数，而汽化核心数又受到壁面材料及其表面状况、压力和物性的影响。由于因素比较复杂，如壁面的表面状况受表面污染、氧化等影响而有不同，文献中提出的计算式分歧较大。在此仅介绍两种类型的计算式：一种是针对某一种液体的；另一种是广泛适用于各种液体。当然，针对性强的计算式精确度往往较高。

对于水，米海耶夫推荐的在 $10^5 \sim 4 \times 10^6$ Pa 压力下大容器饱和沸腾的计算式为[8]

$$h = C_1 \Delta t^{2.33} p^{0.5} \tag{3-4}$$

$$C_1 = 0.1224 \quad \text{W}/(\text{m} \cdot \text{N}^{0.5} \cdot \text{K}^{3.33})$$

按 $q = h\Delta t$ 的关系，上式亦可转换成

$$h = C_2 q^{0.7} p^{0.15} \tag{3-5}$$

$$C_2 = 0.5335 \quad \text{W}^{0.3}/(\text{m}^{0.3} \cdot \text{N}^{0.15} \cdot \text{K})$$

以上两式中 h——沸腾换热表面传热系数，W/(m²·K)；

p——沸腾绝对压力，Pa；

Δt——壁面过热度，℃；

q——热流密度，W/m²。

基于核态沸腾换热主要是气泡高度扰动的强制对流换热的设想，文献[9，10]推荐

以下适用性广的实验关联式：

$$\frac{c_{pl}\Delta t}{r\mathrm{Pr}_l^s} = C_{wl}\left[\frac{q}{\mu_l r}\sqrt{\frac{\gamma}{g(\rho_l - \rho_v)}}\right]^{0.33} \tag{3-6}$$

式中 c_{pl}——饱和液体的定压比热容，J/(kg·K)；

C_{wl}——取决于加热表面-液体组合情况的经验常数；

r——汽化潜热，J/kg；

g——重力加速度，m/s²；

Pr_l——饱和液体的普朗特数，$\mathrm{Pr}_l = \dfrac{c_{pl}\mu_l}{k_l}$；

q——沸腾热流密度，W/m²；

Δt——壁面过热度，℃；

μ_l——饱和液体的动力粘度，kg/(m·s)；

ρ_l、ρ_v——饱和液体和饱和蒸汽的密度，kg/m³；

γ——液体-蒸汽界面的表面张力，N/m；

s——经验指数，对于水 $s=1$，对于其他液体 $s=1.7$。

由实验确定的 C_{wl} 值见表 3-1。

水在不同压力下沸腾的实验数据与式 (3-6) 的比较见图 3-5。

式 (3-6) 还可以改写成为以下便于计算的形式：

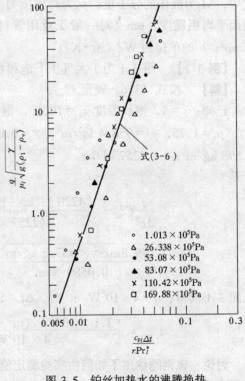

图 3-5 铂丝加热水的沸腾换热实验数据的整理

各种表面-液体组合情况的 C_{wl} 值　　表 3-1

表面-液体组合情况	C_{wl}
水-铜	
烧焦的铜	0.0068
抛光的铜	0.0130
水-黄铜	0.0060
水-铂	0.0130
水-不锈钢	
磨光并抛光的不锈钢	0.0060
化学腐蚀的不锈钢	0.0130
机械抛光的不锈钢	0.0130
苯-铬	0.101
乙醇-铬	0.0027

$$q = \mu_l r\left[\frac{g(\rho_l - \rho_v)}{\gamma}\right]^{1/2}\left[\frac{c_{pl}\Delta t}{C_{wl} r \mathrm{Pr}_l^s}\right]^3 \tag{3-7}$$

这里要着重指出两点：

1) 式 (3-6) 实际上也是形如 $\mathrm{Nu} = f(\mathrm{Re}, \mathrm{Pr})$ 或 $\mathrm{St} = f(\mathrm{Re}, \mathrm{Pr})$ 的准则式。其中：$\dfrac{q}{\mu_l r}\sqrt{\dfrac{\gamma}{g(\rho_l - \rho_v)}}$ 是以单位面积上的蒸汽质量流速 $\left(\dfrac{q}{r}\right)$ 为特征速度的 Re 数；$\sqrt{\dfrac{\gamma}{g(\rho_l - \rho_v)}}$ 为特征长度，它正比于气泡脱离加热面时的直径。不难证明，$\dfrac{r}{c_{pl}\Delta t}$ 就是 St 数，其中 Nu 数也以 $\sqrt{\dfrac{\gamma}{g(\rho_l - \rho_v)}}$ 为特征长度。

2) 由于沸腾换热的复杂性，目前在各类对流换热的准则式中以沸腾换热准则式与实验数据的偏差程度最大。以图 3-5 所示情形为例，当已知 Δt 计算 q 时，计算值与实验值的偏差可达 ±100%；而由于 $q \sim \Delta t^3$，因而已知 q 计算 Δt 时，则偏差可缩小到 ±33% 左右[10]。

对于制冷介质而言，以下的库珀（Cooper）公式目前得到较广泛的应用[11]：

$$h = Cq^{0.67}M_r^{-0.5}p_r^m(-\lg p_r)^{-0.55}$$
$$C = 90\ \mathrm{W}^{0.33}/(\mathrm{m}^{0.66}\cdot\mathrm{K}) \tag{3-8}$$
$$m = 0.12 - 0.2\lg\{R_p\}_{\mu m}$$

式中，M_r 为液体的分子量；p_r 为对比压力（液体压力与该流体的临界压力之比）；R_p 为表面平均粗糙度，μm（对一般工业用管材表面，R_p 为 0.3~0.4μm）；q 为热流密度，$\mathrm{W/m^2}$；h 的单位为 $\mathrm{W/(m^2 \cdot K)}$。

【例 3-1】 图 3-1 为 1 大气压下饱和水的沸腾曲线，试求此加热系统的 C_{wl} 值。

【解】 按式 (3-6) 确定 C_{wl}。

已知：$s = 1$，饱和温度 $t_s = 100°C$。饱和水的物性从附录查得为：$c_p = 4.22\ \mathrm{kJ/(kg\cdot K)}$，$p_r = 1.75$，$\rho_l = 958.4\ \mathrm{kg/m^3}$，$\gamma = 0.058\ 9\ \mathrm{N/m}$，$\mu = 0.000283\ \mathrm{kg/(m\cdot s)}$，而 $\rho_v = 0.598\ \mathrm{kg/m^3}$，$r = 2257\ \mathrm{kJ/kg}$。

于是

$$\dfrac{q}{\Delta t^3}C_{wl}^3 = \dfrac{[4220\ \mathrm{J/(kg\cdot K)}]^3 \times 0.000283\ \mathrm{kg/(m\cdot s)}}{(2257\times 10^3\ \mathrm{J/kg})^2 \times 1.75^3} \times \sqrt{\dfrac{9.8\ \mathrm{m/s^2} \times 957.8\ \mathrm{kg/m^3}}{0.0589\ \mathrm{N/m}}} = 3.1\times 10^{-7}\ \mathrm{W/(m^2\cdot K^3)}$$

从图 3-1 读得：$q = 4\times 10^5\ \mathrm{W/m^2}$ 时，$\Delta t = 10°C$。于是

$$C_{wl} = \left[\dfrac{3.1\times 10^{-7}\ \mathrm{W/(m^2\cdot K^3)} \times (10°C)^3}{4\times 10^5\ \mathrm{W/m^2}}\right]^{1/3} = 0.00092$$

讨论 该例题给出了如何由实验测定值来确定不同的固-液配对时系数 C_{wl} 值的方法。根据实验数据计算 C_{wl} 时，为取得一个平均值，应当测定数个 q 下的 Δt 值，然后通过计算获得其平均值。

【例 3-2】 R-12 及 R-22 由于其对大气臭氧层有破坏作用已被国际社会规定禁止生产、使用或即将停止生产与使用。R-134a 是用以替代它们的一种新制冷剂。为了查明其传热性能，进行了大容器水平光管沸腾换热试验，测得了表 3-2 所列的数据：

R-134a 的实验数据　　　　　　表 3-2

q (W/m²)	2.09×10⁶	2.51×10⁴	2.93×10⁴	3.35×10⁴	3.76×10⁴	4.11×10⁴	4.19×10⁴	4.61×10⁴
h_e [W/(m²·K)]	4058	4456	5262	5669	6059	6463	7084	6950

试验条件是 $t_s = 5℃$ ($p_s = 0.349$ MPa)。R-134a 的分子量为 $M_r = 102$，临界压力为 $p_c = 4.06$ MPa，试将库珀公式简化成 $h = cq^{0.67}$ 的形式，并对计算值 h_c 及实验值 h_e 的差别进行比较。

【解】 式（3-8）可转化为

$$h = [CM_r^{-0.5} p_r^m (-\lg p_r)^{-0.55}] q^{0.67} = C_1 q^{0.67}$$

取 $R_p = 0.3\ \mu m$，则 $m = 0.2246$。于是有

$$C_1 = 90\ \text{W}^{0.33}/(\text{m}^{0.66} \cdot \text{K}) \times 102^{-0.5} \times \left(\frac{0.349}{4.06}\right)^{0.2246} \times \left[-\lg\left(\frac{0.349}{4.06}\right)\right]^{-0.55}$$

$$= 4.96\ \text{W}^{0.33}/(\text{m}^{0.66} \cdot \text{K})$$

表面传热系数的计算值 h_c 与实测值 h_e 的对比如表 3-3 所示。

计算值与实测值对比　　　　　　表 3-3

q (W/m²)	2.09×10⁶	2.51×10⁴	2.93×10⁴	3.35×10⁴	3.76×10⁴	4.11×10⁴	4.19×10⁴	4.61×10⁴
h_c [W/(m²·K)]	3 890	4398	4878	5337	5766	6120	6170	6609
$\frac{h_e - h_c}{h_e} \times 100\%$	4.1	1.3	7.3	5.9	4.8	5.3	12.9	4.9

讨论 应用式（3-8）时的一个不确定的因素是 R_p 值的选取。这个量与式（3-6）中的 C_{wl} 相类似，取决于表面的条件，其值的选取完全是经验性的。根据现有文献，对商售铜管，R_p 一般为 $0.3\sim 0.4\mu m$。

(2) 大容器沸腾的临界热流密度

应用汽膜的泰勒不稳定性原理导得的大容器沸腾的临界热流密度的半经验公式可推荐作计算之用，该式为[12]

$$q_{\max} = \frac{\pi}{24} r \rho_v^{1/2} [g\gamma(\rho_l - \rho_v)]^{1/4} \qquad (3\text{-}9)$$

(3) 大容器膜态沸腾

膜态沸腾中，汽膜的流动和换热在许多方面类似于膜状凝结中液膜的流动和换热，适宜用简化的边界层作分析。文献 [13] 中，对汽膜进行分析所得到的结果与膜状凝结的分析解十分相似。对于横管的膜态沸腾，仅需将凝结式中的 λ 和 μ 改为蒸汽的物性，用 $\rho_v(\rho_l - \rho_v)$ 代替 ρ_l^2，并用实验系数 0.62 代替凝结式中的 0.729，即

$$h = 0.62 \left[\frac{gr\rho_v(\rho_l - \rho_v)\lambda_v^3}{\mu_v d(t_w - t_s)}\right]^{1/4} \qquad (3\text{-}10)$$

此式除 ρ_l 及 r 的值由饱和温度 t_s 决定外，其余物性均以平均温度 $t_m = (t_w + t_s)/2$ 为定性温度，特征长度为管外径 d（单位为 m）。如果加热表面为球面，则式(3-10)中的系数

为 0.67，其余同上。

应该指出，由于汽膜热阻较大，而壁温在膜态沸腾时很高，壁面的净换热量除了按沸腾计算的以外，还有辐射换热。辐射换热的作用会增加汽膜的厚度，因此不能认为此时的总换热量是按对流换热与辐射换热方式各自计算所得之值的简单叠加。勃洛姆来[13]建议采用以下超越方程来计算考虑对流换热与辐射换热相互影响在内的复合换热的表面传热系数：

$$h^{4/3} = h_c^{4/3} + h_r^{4/3} \tag{3-11}$$

式中，h_c、h_r 分别为按对流换热及辐射换热计算所得的表面传热系数，其中 h_c 按式（3-10）计算，而 h_r 则按下式确定：

$$h_r = \frac{\varepsilon\sigma(T_w^4 - T_s^4)}{T_w - T_s} \tag{3-12}$$

式中，ε 为沸腾换热表面的发射率，σ 为斯蒂芬—玻尔兹曼常数。

【例 3-3】 水平铂线通电加热，在 1.013×10^5 Pa 的水中产生稳定膜态沸腾。已知 $t_w - t_s = 654$℃，导线直径为 1.27 mm，求沸腾换热表面传热系数。

【解】 ρ_v、λ_v、μ 由 $t_m = (t_w + t_s)/2 = 427$℃ 确定。从附录查得：$\rho_v = 0.314$ kg/m³，$\lambda_v = 0.0505$ W/(m·K)，$\mu = 0.0243 \times 10^{-3}$ kg/(m·s)。ρ_l、r 按 $t_s = 100$℃ 从附录查得：$\rho_l = 958.4$ kg/m³，$r = 2257 \times 10^3$ J/kg。

膜态沸腾换热表面传热系数按式（3-10）计算，得

$h = 0.62 \times$
$\{9.8 \text{ m/s}^2 \times 2257 \times 10^3 \text{ J/kg} \times 0.314 \text{kg/m}^3 \times (958.4 \text{kg/m}^3 - 0.314 \text{kg/m}^3) \times$
$[0.0505 \text{W/(m·K)}]^3\}^{1/4} \times [0.0243 \times 10^{-3} \text{ kg/(m·s)} \times 0.00127 \text{ m} \times 654℃]^{-\frac{1}{4}}$
$= 281 \text{W/(m}^2\text{·K)}$

讨论 1) 设壁面发射率 $\varepsilon = 0.9$，则由式（3-12）可得

$$h_r = \frac{0.9 \times 5.67 \text{ W/(m}^2\text{·K}^4) \times [(10.3 \text{ K})^4 - (3.73 \text{K})^4]}{654℃}$$

$= 85.3 \text{ W/(m}^2\text{·K)}$

由式（3-11）得

$$h^{4/3} = (281^{4/3} + 85.3^{4/3}) \text{W}^{4/3}/(\text{m}^2\text{·K})^{4/3}$$

由此解得

$$h = 323 \text{ W/(m}^2\text{·K)}$$

此值小于简单叠加之值（366 W/(m²·K)）。

2) 此时热流密度为

$$q = h\Delta t = 323 \text{ W/(m}^2\text{·K)} \times 654℃ = 2.11 \times 10^5 \text{W/m}^2$$

在同样的热流密度下，如果不发生膜态沸腾而是处于旺盛沸腾阶段，则据式（3-5）估计可得

$h = 0.5335 \text{W}^{0.3}/(\text{m}^{0.3}\text{·N}^{0.15}\text{·K}) \times (2.11 \times 10^5 \text{W/m}^2)^{0.7} \times$
$(1.013 \times 10^5 \text{Pa})^{0.15}$
$= 1.6 \times 10^4 \text{W/(m}^2\text{·K)}$

(4) 制冷剂水平管束外大空间的沸腾放热[14]

由于采暖空调领域对制冷剂的沸腾放热特别关注，有必要对其沸腾换热作一特别介绍。

制冷剂的沸腾放热是一个很复杂的过程，目前尚未有统一的、适用范围广泛的公式予以描述，只能采用某些在特定条件下得出的经验公式进行计算。

对于光管管束上的沸腾，其放热公式可按如下公式近似计算：

当热流密度 $q<2100$ W/m² 时，

$$\left.\begin{array}{ll} \text{氨:} & h=103\ q^{0.25} \\ \text{R-12:} & h=39.5\ q^{0.25} \\ \text{R-11:} & h=33.8\ q^{0.25} \end{array}\right\} \quad (3\text{-}13)$$

当热流密度 $q>2100$ W/m² 时，

$$\left.\begin{array}{ll} \text{氨:} & h=4.4\ (1+0.007\ t_0)\ 39.5\ q^{0.7} \\ \text{R-12:} & h=5.32 q^{0.6} \\ \text{R-11:} & h=3.95\ q^{0.6} \end{array}\right\} \quad (3\text{-}14)$$

式中，t_0 为氨的沸点。

实验还得出以下结论：

1) 肋管上的沸腾放热大于光管，由于加肋以后，在 t 与 q 相同的条件下，气泡生成与增长的条件，肋管较光管有利。

2) 管束上的沸腾放热大于单管。由于下排管子表面上产生的气泡向上浮升时引起液体附加扰动，附加扰动的影响程度依赖于蒸发压力 p、热流密度 q 和管排间距等。而且肋管管束的 h 大于光管管束，有的资料介绍，在相同的温度下，R-12 肋管管束的沸腾放热系数比光管管束大 70%，R-22 大 90%。

3) 物性对沸腾放热系数有影响，R-22 的沸腾放热系数比 R-12 大 20%。

4) 制冷剂中含油对沸腾放热系数 h 的影响与含油浓度有关，当含油浓度≤6%时可不考虑这项影响，含油量再增加可使 h 降低。

对于氟利昂错排正三角形排列的肋管管束，当 2000W/m²≤q≤6000W/m²，纵向管排数 Z≤10 时，可按下式计算：

$$\left.\begin{array}{ll} \text{R-12} & h=18.3\ q^{0.5} p_0^{0.25} \varepsilon_z \\ \text{R-22} & h=33\ q^{0.45} p_0^{0.25} \varepsilon_z \end{array}\right\} \quad (3\text{-}15)$$

公式（3-15）中放热系数 h 和热流密度 q 是相对于整个肋外表面积的。式中压力 p_0 的单位为 bar，管束修正系数 ε_z 取决于热流密度、纵向的管子列数 Z 和管子粗糙度，若 2000W/m²≤q≤6000W/m² 时，$\varepsilon_z=1.0$。当热流密度再增加，纵向列数大于 10，可使 ε_z 小于 1，这是由于上排各肋管被蒸汽包围所致。

如果不按热流密度 q 的大小分区，也可按下式计算多排管束上的平均沸腾放热系数：

$$\left.\begin{array}{ll} \text{氨} & h=13\ q^{0.6} \\ \text{R-12} & h=14.2 q^{0.5} p_0^{0.25}\ (s/d)^{-0.45} \\ \text{R-22} & h=16.4 q^{0.5} p_0^{0.25}\ (s/d)^{-0.45} \end{array}\right\} \quad (3\text{-}16)$$

式（3-16）中的单位同前，适用条件：$q=10^3 \sim 10^4$W/m²，$t=-30 \sim 0$℃，s/d（管

心距/管径）＝1.15～1.43，纵向平均管列数 $Z=15～20$。

(5) 制冷剂的管内沸腾

制冷剂在管内沸腾时出现复杂的气—液两相流动，随着沿途不断地受热，含气量、流速和流动结构都在不断变化，而流速与流动结构又影响气泡的产生、成长和脱离。管内的沸腾放热系数除了与液体的物性、热流密度 q，沸腾压力 p_0 等有关，还与管内流体的流速、管径、管长以及管子的放置位置、流体流向等因素有关。流动方向自下而上，气泡容易脱离壁面，放热系数也较大。

对于立管内的沸腾放热，其平均放热系数可按下式计算：

$$\left.\begin{array}{ll} \text{氨} & h=4.57(1+0.03t)_0 q^{0.7} \\ \text{R-12} & h=100 q^{0.25}, (q<1350 \text{ W/m}^2) \\ & h=7.24 q^{0.6}, (1350 \text{ W/m}^2 < q < 11500 \text{ W/m}^2) \end{array}\right\} \quad (3\text{-}17)$$

氟利昂在水平管内的沸腾放热系数，当进口处液体流速 $v_0 = 0.05～0.5$ m/s，蒸汽干度：入口 $x_1 = 0.04～0.25$，出口 $x_2 = 0.9～1.0$ 时，可按下式进行计算：

$q \leqslant 4000$ W/m² 时

$$\left.\begin{array}{ll} \text{R-12：} & h=1600 v_0^{0.42} \\ \text{R-22：} & h=2470 v_0^{0.47} \end{array}\right\} \quad (3\text{-}18a)$$

$q > 0.6～25$ kW/m²，$v_m = 50～600$ kg/(m²·s) 时

$$h = A q^{0.6} v_m^{0.2} d_i^{-0.2} \quad (3\text{-}18b)$$

式中 v_m——制冷剂的质量流速，kg/(m²·s)；

A——系数 [$W^{0.4} \cdot s^{0.2}/(m^{0.2} \cdot kg^{0.2} \cdot K)$]，它与制冷剂的性质和蒸发温度有关，见表3-4。

系 数 A 表　　　　　　　　　　　表3-4

制 冷 剂	蒸 发 温 度 t_0（℃）				
	-30	-10	0	10	30
R-11	0.3297	0.4755	0.5404	0.6054	0.7893
R-22	0.9494	1.1697	1.3202	1.4708	1.8543
R-12	0.8500	1.0444	1.1395	1.2300	1.4708
R-142	0.5896	0.7306	0.8146	0.9002	1.1253

国外对氟利昂在水平管内的沸腾放热进行了大量的实验研究，研究指出：公式 (3-18b) 中的 A 值是由实验求得的，而对于没有进行实验研究的制冷剂，A 值是未知数。而且仅仅可以推广到完全蒸发（$x_2 = 1.0$）时的平均放热系数，当蒸发器运行在不同的区域（如沫态沸腾区或两相流对流区等），其放热系数与公式 (3-18) 计算值相比有较大的误差，因而提出了分段计算沸腾放热系数的方法。Chawla 把制冷剂在管内蒸发时的传热分成两个换热区——沫态放热和对流换热。管子入口段，蒸汽干度比较低，因而制冷剂的流速较小，而相应以内表面为基准的热流密度 q 较大，外部传入的热量，能使管壁上产生大量气泡，形成制冷剂的大量沸腾，此时的放热系数 h 主要取决于热流密度 q，而与制冷剂质量流速 v_m 的关系很小。随着管道壁面受热流的作用，蒸汽干度 x 增加，制冷剂的

流速增大，从某一值开始，制冷剂的质量流速 v_m（kg/m²·s）决定放热强度，此时 h 取决于 v_m 和干度 x，而与热流密度 q 无关，这种热交换称之为"对流换热"。B·Slipcevic 按照 Chawla 的资料，整理出相应于不同换热区域 h 的计算公式：

对流换热区

$$h = y \frac{v_m^{1.4}}{d_i^{0.5}} \tag{3-19}$$

$$y = \frac{0.0115(k')(\rho')^{0.06}}{g^{0.3}(\rho'')^{0.66}(\mu')^{0.575}(\mu'')^{0.225}} \tag{3-20}$$

用"'"表示制冷剂的饱和液相值，"″"表示其饱和气相值，根据式（3-20）计算出物性系数 y，不同制冷剂在不同蒸发温度 t_0 下的 y 值由表 3-5 查得。

沫态换热区

$$h = \frac{B v_m^{0.1} q^{0.7}}{\varphi^{0.7} d_i^{0.5}} \tag{3-21}$$

式中，B 为管内沫态沸腾时制冷剂的物性系数，不同制冷剂在不同蒸发温度 t_0 下的 B 值见表 3-5；φ 值为管子内外表面积之比。

上面两个换热区的分界，视质量流速 v_m 与热流密度 q 的关系而定。当 $v_m > (B/y)^{0.769} q^{0.538}$ 时，按对流换热（公式（3-19））计算，当 $v_m < (B/y)^{0.769} q^{0.538}$ 时，应按沫态沸腾换热（公式（3-21））计算。令 $C = (B/y)^{0.769}$，不同制冷剂在不同蒸发温度 t_0 下的 C 值，也可由表 3-5 中查得。

氟利昂制冷剂的物性参数　　　　　表 3-5

蒸发温度 t_0（℃）		-50	-40	-30	-20	-10	0	10
$C = (B/y)^{0.769}$	R-12	0.290	0.376	0.476	0.569	0.731	0.890	1.072
	R-22	0.271	0.354	0.460	0.580	0.723	0.908	1.110
y	R-12	0.525	0.399	0.310	0.256	0.194	0.156	0.126
(W·s$^{1.4}$·m$^{1.3}$·kg$^{1.40}$·℃$^{-1}$)	R-22	0.635	0.470	0.351	0.272	0.215	0.169	0.138
B	R-12	0.105	0.112	0.118	0.123	0.129	0.134	0.138
(W$^{0.3}$·m$^{0.1}$·s$^{0.1}$·kg$^{-0.1}$·℃)	R-22	0.116	0.122	0.128	0.134	0.141	0.149	0.158

近十几年来，制冷系统原来广泛使用的制冷剂 R-11、R-12、R-22 等因破坏大气臭氧层而被逐渐禁用，从而出现了一些替代制冷剂，如 R-134a、R-32、R-152a 等单质及 R-410A（50wt.%R-32，50wt.%R125）、R-407C 等混合物。Wang[15] 1998 年回顾了光管和强化管内 R-22、R-123、R-134a、R-410A 和 R-407C（23wt.% R-32，25wt.% R-125，52wt.%R-134a）的两相蒸发流动，指出 Cooper[11] 1984 年提出的关系式（3-8）与实验数据误差在 21.5% 之内。Gorenflo[16] 1993 的关系式比 Cooper 的关系式与实验数据更为符合，其误差在 13.3% 以内。

$$h = h_{ref} F_{PF} \left(\frac{q}{q_{ref}}\right)^{nf} \left(\frac{R_p}{R_{po}}\right)^{0.133} \tag{3-22}$$

式中，$F_{PF} = 1.2 p_r^{0.27} + 2.5 p_r + \dfrac{p_r}{1-p_r}$，$p_r$-reduced pressure（$p/p_c$，$p_c$—临界压力），

$nf = 0.9 - 0.3 p_r^{0.3}$,h_{ref}是在 $p_r = 0.1$,$q_{ref} = 20000$ W/m² 试验条件下做出的,参考数据对于制冷剂 R-22、R-134a 和 R-123,其值分别为:$h_{ref,R-22} = 3900$ W/m²,$h_{ref,R-134a} = 4500$ W/m²,$h_{ref,R-123} = 2600$ W/m²。

对于混合物管内强迫两相蒸发流动,Kattan[17]1998 指出修正的 Cooper 关系式较为适用:

$$h = \text{Fc} \cdot 55 \, q^{0.67} M^{-0.5} p_r^{0.12} (-\log_{10} p_r)^{-0.55} \tag{3-23}$$

其中 $\text{Fc} = \left\{ 1 + (h_{id}/q) \, \Delta t_{bp} \left[1 - \exp\left(\frac{-B_0 q}{p_L r \beta_L}\right) \right] \right\}^{-1}$,$\Delta t_{bp}$—混合物的沸、露点温差,$\beta_L$—液体传质系数,为 0.0003 m/s,$p_r$、M 分别为混合物的 reduced pressure 和分子量 (kg/kmol),h_{id}—当 Fc = 1 时的理想传热系数 W/(m²·K),B_0 为换算系数 (scaling factor) = 1.0,p_L—液体压力 (Pa),r—蒸发潜热 (J/kg)。

3.1.3 影响沸腾换热的因素[3]

沸腾换热是我们所讨论过的换热现象中影响因素最多、最复杂的换热过程,实验关联式与实验点之间的离散度、不同实验关联式之间的偏差也相当大。本节中仅就影响大容器沸腾换热的主要因素展开讨论,着重介绍如何从表面结构对沸腾换热影响的角度来设计强化沸腾换热的表面。

(1) 不凝结气体

与膜状凝结不同,溶解于液体中的不凝结气体会使沸腾换热得到某种强化。这是因为,随着工作液体温度的升高,不凝结气体会从液体中逸出,使壁面附近的微小凹坑得以活化,成为气泡的胚芽,从而使 $q \sim \Delta t$ 沸腾曲线向着 Δt 减小的方向移动,即在相同的 Δt 下产生更高的热流密度,强化了换热。但对处于稳定运行下的沸腾换热设备来说,除非不断地向工作液体注入不凝结气体,否则它们一经逸出,也就起不到强化作用了。

(2) 过冷度

如果在大容器沸腾中流体主要部分的温度低于相应压力下的饱和温度,则这种沸腾称为过冷沸腾。对于大容器沸腾,除了在核态沸腾起始点附近区域外,过冷度对沸腾换热的强度并无影响。在核态沸腾起始段,自然对流还占相当大的比例,而自然对流时 $h \sim \Delta t^{1/4}$,即 $\Delta t \sim (t_w - t_f)^{1/4}$,因而过冷会使该区域的换热有所增强。

(3) 液位高度

在大容器沸腾中,当传热表面上的液位足够高时,沸腾换热表面传热系数与液位高度无关,本章以前介绍的计算式都属于这种形式。但当液位降低到一定值时,沸腾换热的表面传热系数会明显地随液位的降低而升高[18,19]。这一特定的液位值称为临界液位。对于常压下的水,其值约为 5mm。低液位沸腾在热管及电子器件冷却中有重要的应用。图 3-6 中给出了文献 [18] 中的三条实验曲线,实验介质为一个大气压下的水。

(4) 重力加速度

随着航空航天技术的发展,超重力及微重力情况下的传热规律的研究近几十年中得到很大发展。关于重力场对沸腾换热的影响,现有的研究成果表明,在很大的变化范围内重力加速度几乎对核态沸腾的换热规律没有影响(从重力加速度为 0.10m/s² 一直到 100×9.8m/s²)[1,20]。但重力加速度对液体自然对流则有显著的影响(自然对流随加速度的增

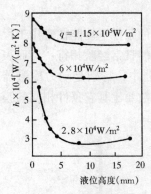

图 3-6 液位高度的影响

加而强化)。在零重力场(或接近于零重力场)的情况下,沸腾换热的规律还研究得不够。

(5) 沸腾表面的结构

前已指出,沸腾表面上的微小凹坑最容易产生汽化核心,近几十年来强化沸腾换热的研究主要是按照这一思路进行的。现已经开发出两类增加表面凹坑的方法:① 用烧结、钎焊、火焰喷涂、电离沉积等物理与化学的方法在换热表面上造成一层多孔结构;② 采用机械加工方法在换热管表面上造成多孔结构,图 3-7 中示出了几种典型的结构。这种强化表面的换热强度与光滑管相比,常常要高一个数量级,已经在制冷、化工等部门得到广泛应用,有兴趣的读者可参见文献 [1, 21, 22]。

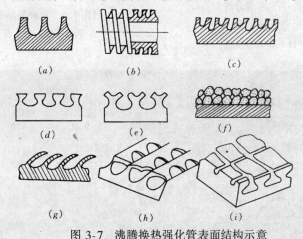

图 3-7 沸腾换热强化管表面结构示意

(a) 整体肋;(b) GEWA-T管;(c) 内扩槽结构管;(d) W-TX管 (1);(e) W-TX管 (2);(f) 多孔管;(g) 弯肋;(h) 日立 E 管;(i) T_u-B 管

3.2 凝结换热

3.2.1 凝结换热现象及分析[3]

蒸汽与低于其饱和温度的壁面接触时有两种不同的凝结形式。如果凝结液体能很好地润湿壁面,它就在壁面上铺展成膜。这种凝结形式称为膜状凝结。膜状凝结时,壁面总是被一层液膜覆盖着,凝结放出的相变热(潜热)必须穿过液膜才能传到冷却壁面上去。这时,液膜层就成为换热的主要热阻。当凝结液体不能很好地润湿壁面时,凝结液体在壁面上形成一个个小液珠,称为珠状凝结。图 3-8 示出了在不同的润湿能力下汽液分界面对壁面形成边角 θ 的形状。θ 小则液体润湿能力强。

图 3-9 为膜状凝结与珠状凝结的示意图。产生珠状凝结时,形成的液珠不断长大,在非水平的壁面上,因受重力作用,液珠长大到一定尺寸后就沿壁面滚下。在滚下的过程中,一方面会合相遇的液珠,合并成更大的液滴,另一方面也扫清了沿途的液珠,使壁面重复液珠的形成和成长过程。图 3-10 是珠状凝结的照片,从中可清楚地看出珠状凝结时

壁面上不同大小液滴的存在情况。

实验查明,几乎所有的常用蒸汽,包括水蒸气在内,在纯净的条件下均能在常用工程材料的洁净表面上得到膜状凝结。这种情况与我们清洗实验器皿的日常经验相符:器皿表面上能形成一层液膜被认为是洗净的标志。在大多数工业冷凝器中,特别是动力冷凝器上,实际上都得到膜状凝结。至于珠状凝结,虽然其表面传热系数要比其它条件相同的膜

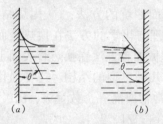
图 3-8 不同润湿条件下汽液分界面
对壁面形成的边角 θ 的形状
(a) 润湿能力强;(b) 润湿能力差

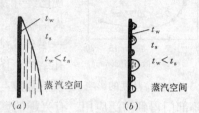
图 3-9 两种凝结形式
(a) 膜状凝结;(b) 珠状凝结

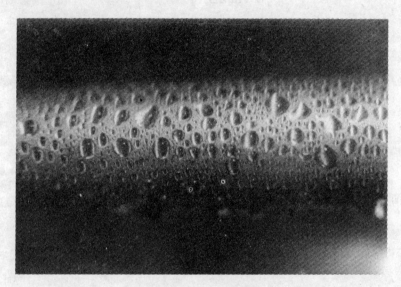
图 3-10 珠状凝结照片[3]
(由大连理工大学马学虎博士提供)

状凝结大几倍甚至一个数量级,但难以长久保持。近几十年来珠状凝结的研究工作取得不少进展[23-26]。特别值得一提是,我国学者不用在蒸汽中加油类的传统办法,另辟蹊径,对紫铜管进行表面改性技术处理后,能在实验室条件下连续运行 3 800 小时,而一直保持很好的珠状凝结,取得了可喜的成果[27]。然而,要在工业冷凝器中实现珠状凝结,尚有待做更多的工作。鉴于实际工业应用上一般都只能实现膜状凝结,所以从设计的观点出发,为保证凝结效果,只能用膜状凝结的计算式作为设计的依据。以下的讨论亦限于膜状凝结的分析和计算。

3.2.2 膜状凝结分析解及实验关联式

(1) 纯净蒸汽层流膜状凝结分析解

1916年，努谢尔特首先提出了竖壁上纯净蒸汽层流膜状凝结的分析解[28]。他抓住了液体膜层的导热热阻是凝结过程主要热阻这一点，忽略次要因素，从理论上揭示了有关物理参数对凝结换热的影响，长期来被公认为是运用理论分析求解换热问题的一个典范。

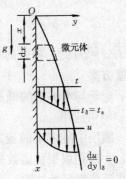

图 3-11 努谢尔特理论分析的坐标系与边界条件

在分析中，努谢尔特作了若干合理的简化假定以忽略次要因素。除在标题中已明确的纯净蒸汽层流液膜的假定外，还有：（1）常物性；（2）蒸汽是静止的，汽液界面上无对液膜的粘滞应力；（3）液膜的惯性力可以忽略；（4）汽液界面上无温差，界面上液膜温度等于饱和温度；（5）膜内温度分布是线性的，即认为液膜内的热量转移只有导热，而无对流作用；（6）液膜的过冷度可以忽略；（7）$\rho_v \ll \rho_l$，ρ_v 相对于 ρ_l 可忽略不计；（8）液膜表面平整无波动。

在做出上述假定后以一小段液膜为微元体、列出质量、动量，能量三个平衡关系式导出微分方程并求解。把坐标 x 取为重力方向，见图 3-11。在稳态情况下，解得：

$$\delta = \left[\frac{4\mu_l \lambda_e (t_s - t_w) x}{g \rho_l^2 r}\right]^{1/4} \tag{3-24}$$

局部表面传热系数

$$h_x = \left[\frac{g r \rho_l^2 \lambda_l^3}{4 \mu_l (t_s - t_w) x}\right]^{1/4} \tag{3-25}$$

注意到，在高为 l 的整个竖壁上牛顿冷却公式中的温差 $\Delta t = t_s - t_w$ 为常数，因而整个竖壁的平均表面传热系数为

$$h_V = \frac{1}{l}\int_0^l h_x dx = \frac{4}{3} h_{x=l}$$

$$= 0.943 \left[\frac{g r \rho_l^2 \lambda_l^3}{\mu_l l (t_s - t_w)}\right]^{1/4} \tag{3-26}$$

式（3-26）就是液膜层流时竖壁膜状凝结努谢尔特的理论解，其中下标 "V" 表示竖壁。

努谢尔特的理论分析可推广到水平圆管及球表面上的层流膜状凝结，平均表面传热系数的计算式为[29,30]

$$h_H = 0.729 \left[\frac{g r \rho_l^2 \lambda_l^3}{\mu_l d (t_s - t_w)}\right]^{1/4} \tag{3-27}$$

$$h_S = 0.826 \left[\frac{g r \rho_l^2 \lambda_l^3}{\mu_l d (t_s - t_w)}\right]^{1/4} \tag{3-28}$$

式中，下标 "H" 表示水平管，"S" 表示球；d 为水平管或球的直径。以下在不至于误解时，这些角码均略去。

式（3-26）~（3-28）中，除相变热按蒸汽饱和温度 t_s 确定外，其他物性均取膜层平均温度 $t_m = (t_s + t_w)/2$ 为定性温度。

横管和竖壁的平均表面传热系数的计算式有二点不同：特征长度横管用 d，而竖壁用 l；两式系数不同。在其他条件相同时，横管平均表面传热系数 h_H 与竖壁平均表面传热系数 h_V 的比值为

$$\frac{h_\text{H}}{h_\text{V}} = 0.77\left(\frac{l}{d}\right)^{1/4} \tag{3-29}$$

在 $l/d = 50$ 时，横管的平均表面传热系数是竖管的 2 倍，所以冷凝器通常都采用横管的布置方案。

对于与水平轴的倾斜角为 φ（$\varphi>0$）的倾斜壁，只需将式（3-26）中的 g 改为 $g\cdot\sin\varphi$ 就可应用。

膜层中凝结液的流态也有层流与湍流之分。为了判别流态，需要采用膜层雷诺数（Re）。所谓膜层雷诺数是根据液膜的特点取当量直径为特征长度的雷诺数。以竖壁为例，在离开液膜起始处为 $x=l$ 处的膜层雷诺数为

$$\text{Re} = \frac{d_e\rho u_l}{\mu} \tag{3-30}$$

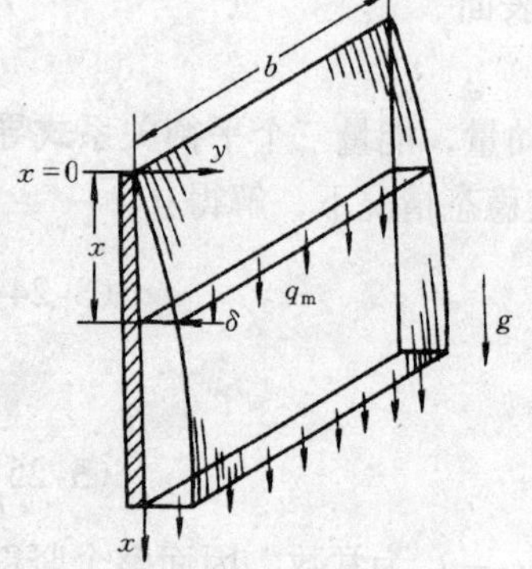

式中，u_l 为壁底部 $x=l$ 处液膜层的平均流速，d_e 为该截面处液膜层的当量直径。参看图 3-12，当液膜宽为 b 时，润湿周边 $P\approx b$，截面积 $A_c = b\cdot\delta$，于是 $d_e = 4A_c/P = 4\delta$。代入式（3-30）得

$$\text{Re} = \frac{4\delta\rho u_l}{\mu} = \frac{4q_{ml}}{\mu} \tag{3-31}$$

式中，$q_{ml} = \delta\rho u_l$ 是 $x=l$ 处宽为 1m 的截面上凝结液的质量流量，$\text{kg}/(\text{m}\cdot\text{s})$。$q_{ml}$ 乘上汽化潜热 r 就等于高 l、宽 1m 的整个竖壁的换热量，故有

$$h(t_s - t_w)l = rq_{ml}$$

图 3-12 竖壁上层流液膜的质量流量

将此关系式中的 q_{ml} 代入式（3-31）得

$$\text{Re} = \frac{4hl(t_s - t_w)}{\mu r} \tag{3-32}$$

值得指出，式（3-30）～（3-32）中的物性参数都是指液膜的，为书写简单略去了角码。对于水平管只要用 πd 代替上式中的 l，即为其膜层雷诺数。

实验证实，横管的实验数据与式（3-27）满意地相符，所以式（3-27）亦是横管凝结的实验计算式。对于竖壁，水蒸气的实验是有代表性的，参看图 3-13[31]。图上实验数据与理论式的比较表明（图中的 $\text{Nu} = \frac{hl}{\lambda}$），$\text{Re}<20$ 时，实验结果与理论式满意地相符；$\text{Re}>20$ 时，实验值越来越高于理论值，以至到层流湍流转折点时偏高约 20%。已经查明，这种偏离主要是膜层表面有波动的结果。因此，工程上使用把理论式系数增加 20% 的实验公式，即

$$h = 1.13\left[\frac{g\rho^2\lambda^3 r}{\mu(t_s - t_w)l}\right]^{1/4} \tag{3-33}$$

除了上述考虑表面波动影响的修正以外，努谢尔特理论解中的其他一些假设，如不考虑惯性力项［假设（3）］，不考虑液膜的过冷度［假设（6）］等，均有研究者作了关于舍弃这些假设对解的影响的研究。结果表明，对于 Pr 数接近于 1 或大于 1 的流体，只要无量纲参数 $\dfrac{r}{c_p(t_s - t_w)}\gg 1$［这一比值称为雅各布（Jakob）数，记为 Ja。大多数工业应用

场合 $Ja \gg 1$], 惯性力项及液膜过冷度的影响均可略而不计, 有兴趣的读者可参阅文献 [5]。下一节中还要介绍一些如何考虑某些因素影响的方法。同时, 现有的实验测定结果还表明[32-34], 水平单管外纯净蒸汽凝结的努谢尔特分析解与多种流体(包括水及多种制冷剂)的实测值的偏差一般在 ±10% 以内, 最多达 15%。因而, 实验室研究中常常用对单管凝结换热的实验测定结果是否与式 (3-27) 基本一致作为考核测试系统准确性的一种方式。

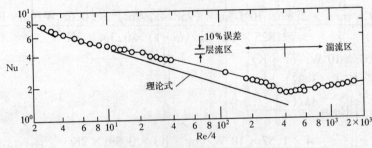

图 3-13 横管的实验数据

实验表明, 液膜由层流转变为湍流的临界雷诺数 Re_c 可定为 1600[35]。图 3-13 亦表明了这一点。横管因直径较小, 实际上均在层流范围。

(2) 湍流膜状凝结换热

对于 $Re>1600$ 的湍流液膜, 热量的传递除了靠近壁面的极薄的层流底层仍依靠导热方式外, 其它区域以湍流传递为主, 换热比层流时大为增强。图 3-13 上的实验数据亦表明了这一点。对于底部已达到湍流状态的竖壁凝结换热, 其沿整个壁面的平均表面传热系数可按下式计算:

$$h = h_l \frac{x_c}{l} + h_t \left(1 - \frac{x_c}{l}\right) \tag{3-34}$$

式中, h_l 为层流段的平均表面传热系数; h_t 为湍流段的平均表面传热系数; x_c 为层流转变为湍流时转折点的高度; l 为壁的总高度。文献 [36] 中按上述原则整理的以下实验关联式, 可供计算整个壁面的平均表面传热系数之用:

$$Nu = Ga^{1/3} \frac{Re}{58 Pr_s^{-1/2} \left(\frac{Pr_w}{Pr_s}\right)^{1/4} (Re^{3/4} - 253) + 9200} \tag{3-35}$$

式中, $Nu = hl/\lambda$; $Ga = gl^3/\nu^2$, 称伽里略 (Galileo) 数。除 Pr_w 用壁温 t_w 计算外, 其余物理量的定性温度均为 t_s, 且物性参数均是指凝结液的。

【例 3-4】 压力为 1.013×10^5 Pa 的水蒸气在方形竖壁上凝结。壁的尺寸为 30cm×30cm, 壁温保持 98℃。试计算每小时的换热量及凝结蒸汽量。

【解】 应首先计算 Re 数, 判断液膜是层流还是湍流, 然后选取相应的公式计算。由式 (3-32) 可知, Re 本身取决于平均表面传热系数 h, 因此问题就变得难以直接求解。我们可先假设液膜的流态, 根据假设的流态选取相应的公式计算出 h, 然后用求得的 h 重新核算 Re 数, 直到与初始假设相比认为满意为止。

先假设液膜为层流。

根据 $t_s = 100℃$，可查得 $r = 2257$ kJ/kg。其他物性按液膜平均温度 $t_m =$ （100℃ + 98℃）/2 = 99℃ 从物性表中查取，得：$\rho = 958.4$ kg/m³；$\mu = 2.825 \times 10^{-4}$ kg/(m·s)；$\lambda = 0.68$ W/(m·K)。

选用层流液膜平均表面传热系数计算式（3-33）计算：

$$h = 1.13\left[\frac{gr\rho^2\lambda^3}{\mu l(t_s - t_w)}\right]^{1/4} = 1.13 \times$$

$$\left\{\frac{9.8 \text{ m/s}^2 \times 2257 \times 10^3 \text{J/kg} \times (958.4\text{kg/m}^3)^2 \times [0.68 \text{ W/(m·K)}]^3}{2.825 \times 10^{-4}\text{kg/(m·s)} \times 0.3\text{m} \times 2\text{K}}\right\}^{1/4}$$

$$= 1.57 \times 10^4 \text{W/(m}^2\text{·K)}$$

核算 Re 准则。按式（3-32）

$$\text{Re} = \frac{4hl(t_s - t_w)}{r\mu}$$

$$= \frac{4 \times 1.57 \times 10^4 \text{W/(m}^2\text{·K)} \times 0.3\text{m} \times 2\text{K}}{2.257 \times 10^6 \text{J/kg} \times 2.825 \times 10^{-4}\text{kg/(m·s)}} = 59.1$$

说明原来假设液膜为层流成立。换热量可按牛顿冷却公式计算：

$$Q = hA(t_s - t_w) = 1.57 \times 10^4 \text{W/(m}^2\text{·K)} \times (0.3\text{m})^2 \times 2\text{K}$$

$$= 2.83 \times 10^3 \text{W}$$

凝结蒸汽量为

$$m_v = \frac{Q}{r} = \frac{2.83 \times 10^3 \text{W}}{2.257 \times 10^6 \text{J/kg}} = 1.25 \times 10^{-3} \text{ kg/s} = 4.50 \text{ kg/h}$$

讨论 在我们已学习过的热量传递方式中，自然对流与凝结换热这两种方式的表面传热系数计算式都含有换热温差：自然对流层流时 $h \sim \Delta t^{1/4}$，而凝结液膜为层流时 $h \sim \Delta t^{-1/4}$。又由于凝结换热表面传热系数一般都很大，因而换热温差均比较小。这样，尽可能准确地确定温差对提高实验或计算结果的准确度都有重要意义。本例中如 t_w 改为 99℃，则换热强度要提高 41%。

(3) 影响膜状凝结的因素

上面我们介绍了在一些比较理想的条件下饱和蒸汽膜状凝结换热的计算式。工程实际中所发生的膜状凝结过程往往更为复杂，例如蒸汽中可能有不凝结的成分，在竖直方向上水平管可能是叠层布置的，等等。这些因素对膜状凝结换热有什么影响呢？本节就讨论这些问题。这也是研究复杂传热问题的一种有效方法：先从比较简单的典型情况入手，设法获得这种情况下的关联式，然后再逐一考虑其他因素，引入一些修正。

1) 不凝结气体

蒸汽中含有不凝气体，如空气，即使含量极微，也会对凝结换热产生十分有害的影响。例如，水蒸气中质量含量占 1% 的空气能使表面传热系数降低 60%，后果是很严重的。对此现象可作如下分析。在靠近液膜表面的蒸汽侧，随着蒸汽的凝结，蒸汽分压力减小而不凝结气体的分压力增大。蒸汽在抵达液膜表面进行凝结前，必须以扩散方式穿过聚积在界面附近的不凝结气体层。因此，不凝结气体层的存在增加了传递过程的阻力。同时蒸汽分压力的下降，使相应的饱和温度下降，减小了凝结的驱动力 Δt，也使凝结过程削弱。因此，在冷凝器的工作中，排除不凝结气体成为保证设计能力的关键。

2) 蒸汽流速

努谢尔特的理论分析忽略了蒸汽流速的影响,因此只适用于流速较低的场合,如电站冷凝器等。蒸汽流速高时(对于水蒸气,流速大于10m/s时),蒸汽流对液膜表面会产生明显的粘滞应力。其影响又随蒸汽流向与重力场同向或异向、流速大小以及是否撕破液膜等而不同。一般来说,当蒸汽流动方向与液膜向下的流动同方向时,使液膜拉薄,h 增大;反方向时则会阻滞液膜的流动使其增厚,从而使 h 减小。对蒸汽流速影响凝结换热的进一步讨论可参阅文献 [37]。

3) 过热度

前面的讨论都是针对饱和蒸汽的凝结而言的。对于过热蒸汽,实验证实,只要把计算式中的潜热改用过热蒸汽与饱和液的焓差,亦可用前述饱和蒸汽的实验关联式计算过热蒸汽的凝结换热。过热度越大,凝结换热系数越小。

4) 液膜过冷度及温度分布的非线性

努谢尔特的理论分析忽略了液膜的过冷度的影响,并假定液膜中温度呈线性分布。分析表明,只要用 r' 代替计算公式中的 r,就可以照顾到这两个因素的影响:

$$r' = r + 0.68 c_p (t_s - t_w) \tag{3-36}$$

液膜过冷度越大,凝结速率越高。

5) 管子排数

前面推导的横管凝结换热的公式只适用于单根横管。对于沿液流方向由 n 排横管组成的管束的换热,理论上只要将式(3-27)中的特征长度 d 换成 nd 即可计算。实际上,这是过分保守的估计,因为上排凝结液并不是平静地落在下排管上,而在落下时要产生飞溅以及对液膜的冲击扰动。飞溅和扰动的程度取决于管束的几何布置、流体物性等,情况比较复杂。设计时最好参考适合设计条件的实验资料。有关动力冷凝器的总结性资料可参阅文献 [38]。

6) 管内冷凝

在不少工业冷凝器(如冰箱中的制冷剂蒸气冷凝器)中,蒸汽在压差作用下流经管子内部,同时产生凝结,此时换热的情形与蒸汽的流速有很大关系。以水平管中的凝结为例,当蒸汽流速低时,凝结液主要积聚在管子的底部,蒸汽则位于管子上半部,其截面形状如图3-14(a)所示。如果蒸汽流速比较高,则形成所谓环状流动,凝结液较均匀地展布在管子四周,而中心则为蒸汽核。随着流动的进行,液膜厚度不断增厚以致凝结完时占据了整个截面。管内凝结换热的计算式比较复杂,有兴趣的读者可参见文献 [39,40]。

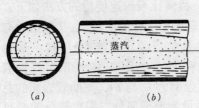

图 3-14 管内凝结情况下液膜与蒸汽核示意图
(a) 横截面;(b) 纵截面

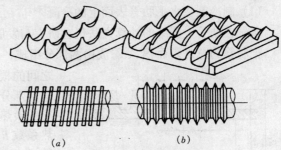

图 3-15 强化凝结换热表面
(a) 锯齿管;(b) 低肋管

7）凝结表面的几何形状

在动力冷凝器中，如果系统密封良好，由于纯净水蒸汽膜状凝结换热表面传热系数很大，凝结侧热阻不占主导地位。但实际运行中凝汽器的泄漏是不可避免的，空气的漏入使冷凝器平均表面传热系数明显下降。实践表明，采用强化措施可以收到实际效益[41]。在制冷剂的冷凝器中，主要热阻在凝结一侧，凝结换热的强化就有更大现实意义。强化膜状凝结换热的基本原则是尽量减薄粘滞在换热表面上的液膜厚度，实现的方法包括用各种带有尖锋的表面使在其上冷凝的液膜减薄，以及使已凝结的液体尽快从换热表面上排泄掉。对于水平管外凝结，已经开发出两种有效方法：一种是采用低肋管或各种类型锯齿管的高效冷凝表面，它利用冷凝液的表面张力把肋顶或沟槽脊背的凝结液膜拉薄，从而增强换热。图 3-15 中给出了这类强化表面的示意图，它们在制冷工质的冷凝器中已得到广泛的应用。其中锯齿管表面的换热性能更优于低肋管。如果以制造强化换热管的坯管（光管）面积作为计算面积，则其凝结换热表面传热系数可比光管高一个数量级，而低肋管一般可达 2~4 倍。另一种方法是使液膜在下流过程中分段排泄或采用其他加速排泄的方法，图 3-16 示出了一种这样的沟槽管。为了强化制冷剂的管内凝结，近年来广泛采用微肋管，这是在直径为 4~16mm 的铜管内壁上轧制出形状呈三角形的微型肋的强化换热管，如图 3-17 所示。在其他条件相同的情形下，其凝结换热表面传热系数是光管的 3 倍左右。关于凝结换热强化表面性能预测等内容可参见文献 [1，42]。

图 3-16 沟槽管　　图 3-17 微肋管

3.2.3 制冷剂的冷凝放热

制冷设备中发生的一般为膜状凝结，液膜层的热阻是冷凝放热的主要热阻。

制冷剂的冷凝问题可分为以下几类：1）制冷剂在管壁与平板壁上的冷凝放热，2）水平管束上的冷凝放热，3）蒸汽在水平肋管表面上的冷凝，4）制冷剂在水平管内的冷凝。前两者前面已做介绍，不再赘述，下面对 3)、4) 作一简单介绍。

（1）制冷剂在水平肋管表面上的冷凝[14]

蒸气在肋管上凝结的计算方法仍在研究与发展中，目前比较普遍使用的方法如下：

把肋管的总外表面积 A 看成由两部分组成，其一是水平部分的面积 A_p（包括肋与肋之间的根部以及肋顶的环状端面）；其二是肋的垂直部分的面积 A_f，如图 3-18 所示。若它们相应的换热系数分别为 h_p 与 h_f，则肋管表面的总换热系数 h_t 可表示为水平部分与垂直部分的换热系数（h_H、h_V）的加权平均值，即：

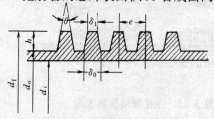

图 3-18 肋管示意图

$$h_t = h_H \cdot \frac{A_p}{A} + h_V \cdot \frac{A_f \eta_f}{A} \quad (3-37)$$

h_H和h_V的表达式见公式（3-27）、（3-26）。值得注意的是公式（3-26）中的高度l应采用肋片的当量高度（即把肋片的环形侧面积视作竖壁计算的折合高度）和肋片效率η_f的乘积，

$$l_d = \frac{\pi}{4} \cdot \frac{d_f^2 - d_o^2}{d_f} \eta_f \tag{3-38}$$

将式（3-38）、（3-27）、（3-26）代入式（3-37）得：

$$h_t = \left[1.3\eta_f \cdot \frac{A_f}{A} \cdot \left(\frac{d_o}{l_d}\right)^{0.25} + \frac{A_p}{A}\right] \cdot h_H = \varepsilon_f h_H \tag{3-39}$$

式中，ε_f为肋管的修正参数。

由式（3-39）可知，在其它条件相同时，肋管的换热系数是光管的ε_f倍，一般低肋片管的ε_f约在1.2~1.4之间，显然ε_f越大则冷凝换热系数越大。

(2) 制冷剂在水平管内的冷凝

实验证明，当气流速度不大时，管内冷凝放热仍可按管外冷凝放热计算；当气流速度较高（如小管径，大蒸气流量）时，由于气流的冲刷作用，液膜减薄，冷凝放热系数将有所增加[14]。

当蒸气在水平管内冷凝时，如果蒸气流速很低，蒸气与管底部的冷凝液呈分层流动，随积液增多，淹没一部分换热面积，相对于管内表面积的冷凝放热系数会逐渐降低，当蒸气流速增加，过渡到波状流动，此时冷凝液沿管壁呈环状流动，而蒸气在管中心流动。比较一致的看法，环状流动时，努谢尔特模型已不适用。制冷装置中冷凝器的运行一般呈气液分层流动。对于氟利昂，相对于整个管内表面面积的平均放热系数按下式计算[14]：

$$h_H = 0.555\left[\frac{\beta}{(t_c - t_w)d_i}\right]^{0.25} = 0.455\left(\frac{\beta}{d_i}\right)^{1/3} \tag{3-40}$$

式中，$\beta = \frac{\lambda^3 \rho^2 gr}{\mu}$。这个公式仅适用于下述低蒸汽雷诺数Re时：

$$Re = \frac{\rho'' v d_i}{\mu''} < 3500$$

其中物性参数是按管的进口蒸气状态计算的。若气流速度较大，制冷剂为氟利昂时，仍可按公式（3-27）计算。

对于氨制冷剂，管内冷凝时的放热系数可按下式计算：

$$h_H = 2116(t_c - t_w)^{-0.167}d_i^{-0.25} = 86.88\ q^{0.2}d_i^{-0.33} \tag{3-41}$$

式中，t_c、t_w与q分别为冷凝温度（℃），管内壁面温度（℃）与管内表面的热流密度（W/m²）。

对于制冷剂蒸气在水平蛇形管内冷凝时，其放热系数h_t可表示如下：

$$h_t = \varepsilon_c h_h = 0.25\ q^{0.15}h_H \tag{3-42}$$

式中，ε_c为蛇形管修正系数，q是相对于蛇管内表面的热流密度（W/m²）。

对于新型环保制冷剂的管内冷凝两相流动，Dobson[43] 1998年回顾了近年来的研究成果，指出：对于低速流动，Chato[44]的关系式对R-12、R-22、R-134a、R-32/R-125（50%/50%）、R-32/R-125（60%/40%）的实验结果的平均误差在12.8%之内；对于环状高速流，目前有Shab[45]关系式、Cavallini et al.[46]关系式，Chen et al.[47]关系式和Traviss et al.[48]关系式。其中Shab[45]关系式较为常用，一般误差小于9.1%。

$$\mathrm{Nu} = 0.023\mathrm{Re}_l^{0.8}\mathrm{Pr}_l^{0.4}\left[1+\frac{3.8}{p_r^{0.38}}\left(\frac{x}{1-x}\right)^{0.76}\right] \quad (3\text{-}43)$$

式中 $\mathrm{Re}_l = G \cdot D \cdot (1-x)/\mu_l$——液相雷诺数；

$\mathrm{Pr}_l = \mu_l c_{p,l}/\lambda_l$——液相 Prandtl 数；

$p_r = p/p_{\mathrm{critical}}$——reduced pressure 即折合压力；

x——干度。

Dobson[43]提出一个更为符合实验结果的新关系式

$$\mathrm{Nu} = 0.023\mathrm{Re}_l^{0.8}\mathrm{Pr}_l^{0.4}\left[1+\frac{2.22}{x_{\mathrm{tt}}^{0.89}}\right] \quad (3\text{-}44)$$

式中，$x_{\mathrm{tt}} = \left(\frac{1-x}{x}\right)^{0.9}\left(\frac{\rho_v}{\rho_l}\right)^{0.5}\left(\frac{\mu_l}{\mu_v}\right)^{0.1}$，$\mathrm{Re}_L$ 为液相雷诺数，Pr_l 为液相普朗特数，ρ_v、ρ_L 分别为气相和液相密度，μ_r 和 μ_l 分别为气相和液相的动力粘度。

3.3 固液相变传热

利用相变材料贮能在建筑节能和暖通空调领域有重要应用。在实行峰谷电价的地区，蓄冰空调可利用夜间廉价电运行，不仅可缓解电网负荷峰谷差，而且可节约运行费用，在世界不少发达国家和我国的许多地区已经被广为采用。同样，蓄热采暖也正在受到重视。此外，在建筑围护结构中采用相变材料，可以减小外界温度波动造成的室内温度波动，减少空调、采暖能耗，提高室内环境热舒适度，其应用也正在受到关注[49]。

在上述相变贮能应用中，了解固-液相变传热规律和相变传热的分析方法，了解相变储能换热器热性能分析方法，对贮能系统的性能设计和运行优化有指导意义。

本节内容分三部分，首先介绍常见的一维凝固和融解问题及其分析方法，其次介绍接触融化问题及其分析方法，最后介绍相变贮能系统热性能分析的理论模型。

3.3.1 一维凝固和融解问题及其分析方法[49]

一些相变潜热贮能系统（Latent heat thermal energy storage，简称 LHTES）中的传热问题在周边热损和液相自然对流可忽略的情况下可作简化处理，即可视为一维相变传热问题。人类对相变传热问题的研究最初就是从一维问题着手的（1891 年 Stefan 研究了北极冰层厚度，以后关于相变传热的移动边界问题就被称为 Stefan 问题）。本节对几种常见的一维相变传热问题及一些常见的分析方法加以简要介绍。

(1) 常见一维相变传热问题

问题 1 一维半无限大物体的相变传热问题。一半无限大相变材料 PCM (phase change material) 液体初始处于均匀温度 T_i，时间 $t>0$ 时，边界 $x=0$ 处被突然冷却并一直保持一低于 PCM 熔点 T_m 的温度 T_w。假定凝固过程中固相与液相的物性与温度无关，两相密度相同，相界面位置为 $s(t)$。求两相区内温度分布和 $s(t)$ 的变化规律。见图 3-19。

问题 2 考虑在轴对称无限大区域内由一线热汇所引起的凝固过程。如图 3-20 所示。一条强度为 Q 的线热汇置于均匀温度 T_i（$T_i>T_m$）的液体之中，于 $t=0$ 开始作用。液体出现凝固，固—液界面向 r 正方向移动，为简化起见，忽略相变前后的密度差。求温度分布和相变边界移动规律。

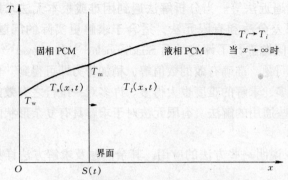

图 3-19 半无限大平板凝固过程示意图

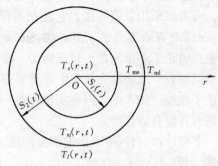

图 3-20 轴对称情况下相变发生在一个温度区间示意图

问题 3 有限大平板的凝固问题。

如图 3-21 所示,温度为 T_i 的液体被限制在一定宽度的空间内($0 \leqslant x \leqslant b$),$T_i > T_m$。当时间 $t > 0$ 时,$x = 0$ 边界施加并维持一恒定温度 T_w,$T_w < T_m$,$x = b$ 的边界维持绝热。凝固过程从 $x = 0$ 的面开始,固—液界面向 x 的正方向移动。

问题 4 圆柱体内的凝固问题。

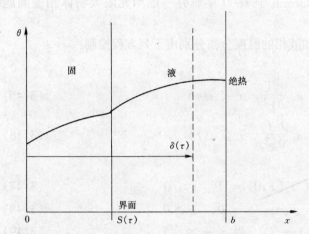

图 3-21 有限大平板凝固过程示意图

半径为 R 的无穷长圆管内充满温度为熔点温度 T_m 的液体,当 $t > 0$ 时,圆管被突然置于温度 $T_h < T_m$ 的环境中,因对流冷却而凝固,表面换热系数 h 为常数。这是一种比较真实的情况。见图 3-22。

问题 5 圆球内的凝固问题。

(2)求解方法及举例

各种求解方法可作如下分类:

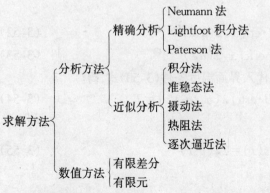

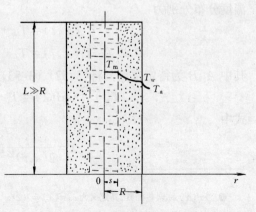

图 3-22 圆管凝固过程示意图

精确分析以 Neumann 和推广的 Neumann 问题为主。近似分析方法很多,主要有积分法、准稳态法、热阻法、摄动法、逐次逼近法等。当分析解法遇到困难或根本无法求解时，可考虑采用数值解法，它包括有限差分法和有限元法，适合于求解更实际的问题。Cryer[50]对有限差分法求解一维 Stefen 问题进行了评述，而 Shamsunelar[51]和 Meyer[52]，则重点讨论了多维问题。目前对于一维问题，准确有效的数值解，稍加努力即可得到。而多维问题较一维问题在技术上要重要得多，求解的难度也大得多。许多对一维行之有效的方法不能推广到多维。但确实也存在一些通用的解法。有限元法对于求解具有复杂形状的问题有其特有的优势。

下面针对（1）中列出的部分问题，说明一些方法的应用，其余问题及求解方法详见文献［49］。

1) Neumann 方法及问题 1 的求解

最基本的精确解法是由 Franz Neumann 于 1860 年研究一维半无限大物体相变问题（所谓"移动边界问题"）时得到的。

问题 1 是一个双区域问题，固相和液相的温度分布分别由下列方程控制：

$$\frac{\partial T_s}{\partial t} = a_s \frac{\partial^2 T_s}{\partial x^2} \quad x < s(t) \tag{3-45}$$

$$\frac{\partial T_l}{\partial t} = a_l \frac{\partial^2 T_l}{\partial x^2} \quad x > s(t) \tag{3-46}$$

初始和边界条件为

$$T_s(x,0) = T_l(x,0) = T_i \quad t \leqslant 0 \tag{3-47}$$

$$T_s(0,x) = T_w \quad x = 0, \quad t > 0 \tag{3-48}$$

$$T_l(x,t) \to T_i \quad 当\ x \to \infty \tag{3-49}$$

界面 $s(t)$ 的条件可定为

$$T_s(s,t) = T_l(s,t) = T_m \quad x = s(t) \tag{3-50}$$

和

$$\rho_s H_m \frac{dS}{dt} = \lambda_s \frac{\partial T_s}{\partial x}\bigg|_{x=s} - \lambda_l \frac{\partial T_l}{\partial x}\bigg|_{x=s} \quad x = s(t) \tag{3-51}$$

由满足 (3-45)—(3-49) 式无相变半无限大平板热传导问题的解可构造出固相和液相的温度分布分别为

$$T_s(x,t) = T_w + A \cdot \text{erf}[x/2(a_s t)^{1/2}]❶ \tag{3-52}$$

$$T_l(x,t) = T_i + B \cdot \text{erfc}[x/2(a_l t)^{1/2}]❷ \tag{3-53}$$

其中 A、B 为待定常数。将(3-52)、(3-53)式代入界面温度条件(3-50)式，得

$$T_w + A \cdot \text{erf}(\lambda) = T_i + B \cdot \text{erfc}[\lambda(a_s/a_l)^{1/2}] = T_m \tag{3-54}$$

式中

$$\lambda = \frac{s(t)}{2(a_s t)^{1/2}} 或\ s(t) = 2\lambda(a_s t)^{1/2} \tag{3-55}$$

---

❶ $\text{erf}(x)$ 称误差函数,其定义为：$\text{erf}(x) = (2/\pi^{1/2})\int_0^x \exp(-u^2)du$。

❷ $\text{erfc}(x) = 1 - \text{erf}(x)$。

由 (3-54) 式，λ 应为常数。得

$$A = \frac{T_m - T_w}{\text{erf}(\lambda)} \qquad B = \frac{T_m - T_i}{\text{erfc}[\lambda(a_s/a_l)^{1/2}]} \qquad (3\text{-}56)$$

将其代入 (3-52)、(3-53) 式得

$$\frac{T_s - T_w}{T_m - T_w} = \frac{\text{erf}[x/2(a_s t)^{1/2}]}{\text{erf}(\lambda)} \qquad x < s(t) \qquad (3\text{-}57)$$

$$\frac{T_l - T_w}{T_m - T_i} = \frac{\text{erfc}[x/2(a_l t)^{1/2}]}{\text{erfc}[\lambda(a_s/a_l)^{1/2}]} \qquad x > s(t) \qquad (3\text{-}58)$$

将 (3-57)、(3-58) 式代入界面能量守恒条件 (3-51) 式，可得 λ 满足

$$\frac{\text{Ste}}{\sqrt{\pi}\lambda}\left[\frac{\exp(-\lambda^2)}{\text{erf}(\lambda)} - \frac{\Gamma\Phi\exp(-\lambda^2 a_s/a_l)}{\text{erfc}[\lambda(a_s/a_l)^{1/2}]}\right] = 1 \qquad (3\text{-}59)$$

其中

$$\text{Ste} = \frac{c_s(T_m - T_w)}{H_m}, \Gamma = \frac{\lambda_l}{\lambda_s}\left(\frac{a_s}{a_l}\right)^{\frac{1}{2}}, \Phi = \frac{T_i - T_m}{T_m - T_w}$$

由于是超越方程，λ 一般只能用作图或迭代的方法求出。但当 Ste 以及 $\Gamma\Phi$Ste 很小时，通过级数展开由 (3-59) 式可得

$$\lambda \approx \frac{1}{2}\{[2\text{Ste} + (\Gamma\Phi\text{Ste})^2]^{\frac{1}{2}} - \Gamma\Phi\text{Ste}\} \qquad (3\text{-}60)$$

表面热流密度

$$q = \lambda_s \frac{\partial T_s}{\partial x}\bigg|_{x=0} = -\frac{\lambda_s(T_w - T_i)}{(\pi a_s t)^{1/2}\text{erf}(\lambda)} \qquad (3\text{-}61)$$

穿过面积 A 从 $t=0$ 到 $t=\tau$ 的总传热量为

$$Q = A\int_0^\tau q\,\text{d}t \qquad (3\text{-}62)$$

上述相变过程的逆过程即面体的熔解，在液相自然对流可忽略的情况下解法完全相同。此时

$$S(t) = 2\lambda(a_l t)^{1/2} \qquad (3\text{-}63)$$

常数 λ 仍可由方程 (3-59) 确定。只需将固、液相的热物性参数互换，温度比 $(T_i - T_m)/(T_m - T_w)$ 换成 $(T_m - T_w)/(T_i - T_m)$，Ste 数写成 Ste$= c_l (T_w - T_m)/H_m$ 即可。

上述问题的一个重要特例是液体初始处于熔点温度 $T_i = T_m$ 的单相纯凝固问题。此时方程 (3-59) 简化为

$$\sqrt{\pi}\lambda\exp(\lambda^2)\text{erf}(\lambda) = \text{Ste}$$

$$(3\text{-}64)$$

对小的 Ste

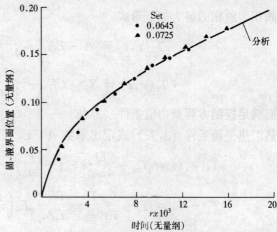

图 3-23 预测（Neumann 模型）与测试的固—液界面位置的比较

$$\lambda \approx (\mathrm{Ste}/2)^{\frac{1}{2}} \tag{3-65}$$

为检验 Neumann 模型，对相变材料 n-octadecane（十八烷）从下部冷却这样一种稳定凝固的情况进行了实验[53]，模型预测的界面位置与实际测试值吻合得很好。见图 3-23。

从图中也可看出，当 Ste 很小时，界面位置与 Ste 数无关。

对于实际有限宽度的大平板，Neumann 模型对于其初期的相变过程也能给出很好的预测。

从上述分析可以得出以下两点结论：①一维半无限大平板相变问题的精确解含有误差函数 $\mathrm{erf}\left(\dfrac{x}{2\sqrt{at}}\right)$ 的形式，以其为核心构造解；②对于定壁温导热型的相变过程，界面位移与 $t^{\frac{1}{2}}$ 成正比，即相变区按时间的平方根增长。

2）Paterson 法和问题 2 的求解

这是一个双区域问题，其数学描述为固相：

$$\frac{1}{r}\frac{\partial}{\partial r}\left(r\frac{\partial T_s}{\partial r}\right) = \frac{1}{a_s}\frac{\partial T_s(r,t)}{\partial t} \quad 0 < r < s(t), t > 0 \tag{3-66}$$

液相：

$$\frac{1}{r}\frac{\partial}{\partial r}\left(r\frac{\partial T_l}{\partial r}\right) = \frac{1}{a_s}\frac{\partial T_l(r,t)}{\partial t} \quad s(t) < r < \infty \tag{3-67}$$

边界条件为：
$$T_l(r,t) \to T_i \quad r \to \infty \tag{3-68}$$

初始条件为：
$$T_l(r,t) \to T_i \quad t = 0 \tag{3-69}$$

相界面
$$T_s(r,t) = T_l(r,t) = T_m \tag{3-70}$$

$$\lambda_s \frac{\partial T_s}{\partial r} - \lambda_l \frac{\partial T_l}{\partial r} = \rho H_m \frac{\mathrm{d}s(t)}{\mathrm{d}t}, r = s(t), t > 0 \tag{3-71}$$

中心线
$$\lim_{r \to 0}\left(2\pi r \lambda_s \frac{\partial T_s}{\partial r}\right) = Q \tag{3-72}$$

取固相与液相的解为如下形式

$$T_s(r,t) = A - B E_i\left(-\frac{r^2}{4 a_s t}\right) \quad 0 < r < s(t) \tag{3-73}$$

$$T_l(r,t) = T_i - C E_i\left(-\frac{r^2}{4 a_l t}\right) \quad s(t) < r < \infty \tag{3-74}$$

它们满足控制方程及边值条件（3-66）—（3-69）式。由相界面温度条件（3-70）式和中心热汇热平衡条件（3-72）式定出系数 A、B、C，可得温度分布为

$$T_s(r,t) = T_m + \frac{Q}{4\pi\lambda_s}\left[E_i\left(-\frac{r^2}{4 a_s t}\right) - E_i(-\lambda^2)\right] \quad 0 < r < s(t) \tag{3-75}$$

$$T_l(r,t) = T_i - \frac{T_i - T_m}{E_i(-x^2 a_s/a_l)} E_i\left(-\frac{r^2}{4 a_l t}\right) \tag{3-76}$$

界面位置
$$s(t) = 2\lambda \sqrt{a_s t} \tag{3-77}$$

将（3-75）—（3-77）式代入界面能量平衡条件（3-71）式即可得 λ 满足的超越方程为

$$\frac{Q}{4\pi}e^{-\lambda^2} + \frac{\lambda_l(T_i - T_m)}{E_i(-\lambda^2 a_s/a_l)}e^{-\lambda^2 a_s/a_l} = \lambda^2 a_s \rho H_m \quad (3-78)$$

上述解法同样也适用于圆球。

由于相变贮能器中相变单元不乏圆柱形、球形，因而对这类相变问题的分析就显得十分重要。当然，上述问题与实际问题还有一定的距离，因实际问题中，线热汇是不可能实现的，而是采用在细长圆管内通冷却剂流体的方法将热量带走。对于这种边界半径有限的相变问题，因指数积分函数不满足边界条件故尚无精确解。但作为一种极端情况，上述问题的解决对实际问题中相变传热的估算以及获得一些相变过程感性认识还是有一定作用的。

3）积分法及问题 3 的求解

由以上的分析可以看出，只有极少数情况才能得到精确分析解，对于一般的相变传热问题，常常不得不求其次，采用近似分析法。

近似法中首推积分法。用积分法解偏微分方程可追溯到冯·卡门与波尔豪森，他们用该近似分析法求解了流体力学中的动量边界层方程与能量边界层方程。Goodmen 将它用来求解了几个典型的一维相变问题。

下面以有限大平板凝固问题为例说明该种方法。

考虑到该相变问题与 Neumann 问题相似，只是液相范围有差异，下面采用精确解法与积分法相结合的方法求解。

这是一个双区域问题，用无量纲形式写出其数学表达式

固相

$$\frac{\partial \theta_s}{\partial X^2} = \frac{\partial \theta_s(X,\tau)}{\partial \tau} \quad 0 < X < S_l(\tau), \tau > 0 \quad (3-79)$$

边界条件为：
$$\theta_s(X,\tau) = 0 \quad X = 0, \tau > 0 \quad (3-80)$$

液相

$$\frac{\partial^2 \theta_l}{\partial X} = \frac{a_s}{a_l}\frac{\partial \theta_l(X,\tau)}{\partial \tau} \quad S(\tau) < X < 1, \tau > 0 \quad (3-81)$$

边界条件为：
$$\frac{\partial \theta_l}{\partial X} = 0 \quad X = 1, \tau > 0 \quad (3-82)$$

初始条件为：
$$\theta_l = 1 \quad \tau = 0, 0 < X < 1 \quad (3-83)$$

相界面

$$\theta_s(X,t) = \theta_l(X,t) = \theta_m \quad X = S(\tau), \tau > 0 \quad (3-84)$$

$$\frac{\partial \theta_s}{\partial X} - \frac{\lambda_l}{\lambda_s}\frac{\partial \theta_l}{\partial X} = \frac{H_m}{c_s(T_l - T_m)}\frac{dS(\tau)}{d\tau} \quad X = S(\tau), \tau > 0 \quad (3-85)$$

式中无量纲量的定义为

$$\theta_j = \frac{T_j - T_w}{T_i - T_w} \quad j = s, l, m$$

$$X = \frac{x}{b}, S = \frac{s}{b}, \tau = \frac{a_s t}{b^2}$$

对固相内的温度剖面,采用前面已求得的半无限大平板凝固问题的精确解

$$\frac{\theta_s(X,\tau)}{\theta_m} = \frac{\mathrm{erf}(X/2\sqrt{\tau})}{\mathrm{erf}(\lambda)} \tag{3-86}$$

假定固—液界面 $S(\tau)$ 的位置为如下形式

$$S(\tau) = 2\lambda\sqrt{\tau} \quad (\text{参数 }\lambda\text{ 待定}) \tag{3-87}$$

用积分法求液相温度分布 $\theta_l(x,\tau)$。选择传热已影响到的区域即热层,如图 3-20 所示。按热层的定义,$X = \delta(\tau)$ 的边界条件取为

$$\theta_l(X,\tau) = 1 \tag{3-88}$$

$$\frac{\partial \theta_l(X,\tau)}{\partial X} = 0, X = \delta(\tau) \tag{3-89}$$

对液相方程 (3-81) 从 $X = S(x)$ 到 $X = \delta(\tau)$ 进行积分,并利用边界条件 (3-84)、(3-88)、(3-89) 得

$$-\frac{a_l}{a_s}\frac{\partial \theta_l}{\partial X}\bigg|_{X=S(\tau)} + \frac{\mathrm{d}\delta}{\mathrm{d}\tau} - \theta_m\frac{\mathrm{d}S}{\mathrm{d}\tau} = \frac{\mathrm{d}}{\mathrm{d}\tau}\bigg[\int_{S(\tau)}^{\theta(\tau)} \theta_l(X,\tau)\mathrm{d}X\bigg] \tag{3-90}$$

此式为本问题的能量积分方程,为求解该方程,需要对 $\theta_l(X,\tau)$ 选一个合适的函数形式,若取 $\theta_l(X,\tau)$ 为如下形式

$$\theta_l(X,\tau) = 1 - (1-\theta_m)\left(\frac{\delta-X}{\delta-S}\right)^n \quad n \geqslant 2 \tag{3-91}$$

则该函数满足边界条件 (3-84)、(3-88)、(3-89) 式。式中 n 是给定的无量纲指数。此外假定

$$\delta(\tau) = 2\beta\sqrt{\tau} \quad (\text{参数 }\beta\text{ 待定}) \tag{3-92}$$

将温度函数 (3-91) 式代入能量积分方程 (3-90) 式并利用 (3-92) 式,可得

$$\beta - \lambda = \frac{n+1}{2}\bigg[-\lambda + \sqrt{\lambda^2 + \frac{2n}{n+1}\frac{a_l}{a_s}}\bigg] \tag{3-93}$$

将 (3-86)、(3-91) 式的 θ_s、θ_l 温度函数代入 (3-85) 界面能量平衡方程,并考虑到 (3-92)、(3-87) 式,简要运算后可得确定 λ 的超越方程:

$$\frac{\mathrm{Ste}}{\lambda\sqrt{\pi}}\bigg[\frac{\mathrm{e}^{-\lambda^2}}{\mathrm{erf}(\lambda)} = \varGamma\varPhi\frac{1}{Z_n}\bigg] = 1 \tag{3-94}$$

式中

$$Z_n = \frac{n+1}{n\sqrt{\pi}}\bigg(-\nu + \sqrt{\nu^2 + \frac{2n}{n+1}}\bigg) \quad \nu = \lambda\bigg(\frac{a_s}{a_l}\bigg)^{\frac{1}{2}} \tag{3-95}$$

由 (3-94) 式求得 λ 代入 (3-93) 式可得 β,因而界面位移 $S(\tau)$ 与热层厚度 $\delta(\tau)$ 以及固、液温度分布 $\theta_s(X,\tau),\theta_l(X,\tau)$ 均可求得。

上述分析只适用于 $\delta(\tau)\leqslant 1$,即热层尚未到达另一壁之前的情形。

令 $\delta(\tau_1) = 1$,得:$\tau_1 = \dfrac{1}{4\beta^2}$

令 $S(\tau_2)=1$，得：$\tau_2 = \dfrac{1}{4\lambda^2}$

当时间 $\tau > \tau_2$，液相区域不复存在。

将上述平板问题与半空间 Neumann 问题的超越方程加以比较，可见它们具有相同的形式，只是平板问题中的 Z_n 项由（3-95）式表示，而半空间的 Neumann 问题 Z_∞ 由 $Z_\infty = e^{\nu^2}\mathrm{erfc}(\nu)$ 表示。从对比中看到，除了 λ 值很小的情形，一般 Z_n 值大于 Z_∞，这意味着平板问题的 λ 值较大，因此，可以预料，当 $x=0$ 处有相同的边界条件时，平板的冻结（或熔解）要比半空间的快。

4) 准稳态法及问题 4、问题 5 的求解

如前所述，Ste 数表明了显热相对于潜热的比重。若 Ste 数很小，则材料内部热量传播时，物体显热量的变化对相变过程中界面上热量的释放与吸收的影响很小。在与热能贮存有关的相变问题中，因温差不大，相应的 Ste 数一般很小。当 Ste≪1，那么忽略显热时的分析解——准稳态解对许多相变问题不仅简单易得，而且也不失为一个很好的近似。

下面以问题 4 为例对这一方法进行说明。参见图 3-21。

本问题的数学描述为：

$$\frac{1}{r}\frac{\partial}{\partial r}\left(r\frac{\partial T}{\partial r}\right) = \frac{1}{a}\frac{\partial T}{\partial t} \qquad s < r < R \tag{3-96}$$

边界条件为：
$$\lambda \frac{\partial T}{\partial r} = h(T_a - T) \qquad r = R, t > 0 \tag{3-97}$$

初始条件为：
$$T = T_m \qquad s = R, t = 0 \tag{3-98}$$

固—液界面上有：
$$T = T_m$$
$$\lambda \frac{\partial T}{\partial r} = \rho H_m \frac{ds}{dt} \qquad r = s \tag{3-99}$$

引入下列无量纲量。

$$\theta = \frac{T - T_m}{T_m - T_a}, X = \frac{r}{R}, \mathrm{Bi} = \frac{hR}{\lambda}, S = \frac{s}{R},$$

$$\tau = \frac{c_s(T_m - T_a)}{H_m}\frac{at}{R^2} = \mathrm{Ste} \cdot \mathrm{Fo}$$

代入（3-96）—（3-99）式可得其无量纲形式的方程

$$\frac{\partial^2 \theta}{\partial x^2} + \frac{1}{X}\frac{\partial \theta}{\partial X} = \mathrm{Ste}\frac{\partial \theta}{\partial X} \qquad S < x < 1, \tau > 0 \tag{3-100}$$

边界条件为：
$$\frac{\partial \theta}{\partial X} = -\mathrm{Bi}(\theta + 1) \qquad X = 1 \tag{3-101}$$

初始条件为：
$$\theta = 0, S = 1, \tau = 0 \tag{3-102}$$

相界面上有：
$$\theta = 0, \quad X = S \tag{3-103}$$

$$\frac{\partial \theta}{\partial x} = \frac{dS}{d\tau}, X = S \tag{3-104}$$

因准稳态假设 Ste≪1,(3-100)式右项忽略,成为

$$\frac{\partial^2 \theta}{\partial X^2} + \frac{1}{X}\frac{\partial \theta}{\partial X} = 0 \qquad (3\text{-}105)$$

联立(3-101)、(3-103)、(3-105)式解得温度分布

$$\theta = -\frac{1}{1/\text{Bi} + \ln(1/S)} \ln \frac{X}{S} \qquad (3\text{-}106)$$

将(3-106)式代入(3-104)式解得界面移动关系式

$$\tau = \frac{1}{4} + \frac{1}{2\text{Bi}} - S^2\left(\frac{1}{4} + \frac{1}{2\text{Bi}}\right) + \frac{S^2 \ln S}{2} \qquad (3\text{-}107)$$

凝固终了 $S = 0$,

$$\tau_f = \frac{1}{4} + \frac{1}{2\text{Bi}} \qquad (3\text{-}108)$$

表 3-6 列出了一些常见形状物体在第二、第三类边界条件下的准稳态解。

对问题 5 也可用相同方法求解,结果见表 3-6。

此外,还有摄动法、热阻法、逐次逼近法和一些数值方法,由于篇幅所限,不再一一介绍,感兴趣的读者请参阅文献 [49]。

Ste→0 时的准稳态解　　　　　　　　　　　　　　　　　　　　　　表 3-6

$\theta = (T - T_a)/(T_m - T_a), \text{Ste} = c_s(T_m - T_a)/H_m, \text{Fo} = a_s t/x_0^2,$
$X = x/x_0, S = s/x_0, \hat{q} = q x_0/\lambda_s(T_m - T_a)$

几何形状	常热流	对流冷却
平板	$\theta = 1 + \hat{q}(X - S)$	$\theta = \dfrac{1/\text{Bi} + X - 1}{1/\text{Bi} + S - 1} - 1$
	$\tau = \dfrac{qt}{\rho_s H_m x_0} = 1 - X$	$\tau = \text{SteFo} = (S-1)^2/2 + (S-1)/\text{Bi}$
圆柱	$\theta = 1 + \hat{q}\ln\dfrac{X}{S}$	$\theta = \dfrac{1/\text{Bi} + \ln X}{1/\text{Bi} + \ln S} - 1$
	$\tau = (S^2 - 1)/2$	$\tau = (S^2 \ln S)/2 + (1 - 2/\text{Bi})(1 - S^2)/4$
球	$\theta = 1 + \hat{q}(1/S - 1/X)$	$\theta = \dfrac{1/\text{Bi} + 1 - 1/X}{1/\text{Bi} + 1 - 1/S} - 1$
	$\tau = (S^3 - 1)/3$	$\tau = (1 - S^2)/2 - (1 + 1/\text{Bi})(1 - S^3)/3$

注:$S > 1$ 时,Bi 和 $\hat{q}$ 两者都为正;$S < 1$ 时,Bi 和 $\hat{q}$ 两者改为 $-\text{Bi}$ 和 $-\hat{q}$。对定热流边界条件,$\text{Ste}_q = \dfrac{c_s(q_w x_0/\lambda_s)}{H_m}$。

3.3.2 多维相变传热问题

实际的潜热贮能装置(LHTES)中的相变传热问题多数都是二维或三维问题。相变传热问题的多维、固—液界面条件的非线性外加物性的变化以及可能的形状不规则使得封闭形式的分析解几无可能,很少的几个分析解和半分析解[56-61]应用范围也极为有限且其最终

结果也得靠数值计算。因此,对多维相变问题主要靠数值分析。数值方法是处理这类实际问题最重要的手段。感兴趣的读者请参阅文献[49]。

3.3.3 考虑固、液密度差的简单区域中的相变传热

前面对腔体内 PCM 相变过程的分析没有考虑固、液两相间的密度差。若假定固相密度大于液相密度,在向内融化时,固体将向底部沉降,固相的运动则会在液相中产生一个流场;在因壁面对流冷却而凝固时,则会在顶部形成一个收缩空腔[62],其中密度比和 Ste 数的影响在凝固过程接近完成时最为显著,而 Bi 数的影响则在整个过程都很大。由于这类问题的分析较复杂,这里不再介绍,感兴趣的读者可参阅文献[49,68—73,79,80]。

3.3.4 相变蓄热系统(LHTES)的理论模型和热性能分析

为便于 LHTES 的热性能设计,已发展了一些 PCM 组件以及整个贮能装置热性能的计算方法。这里主要介绍那些计算工作流体温度沿装置即流动方向变化的模型。这类模型已被开发和应用于 LHTES 系统的模拟。大多数模型忽略液相自然对流并假定 PCM 是处在融点温度。有了后一种假设就无需 PCM 的热扩散方程,并能使用简单的热阻概念,容器中的显热贮能也被忽略。为简单起见,这里只讨论一种用得最广的模型。

一种板式 LHTES 装置的示意图见图 3-24。假定 PCM 被封装在扁平容器中,周围是传热流体。贮能装置在流动方向的长度为 L。LHTES 装置有三种工作模式:充热(冷)、释热(冷)和隔离。

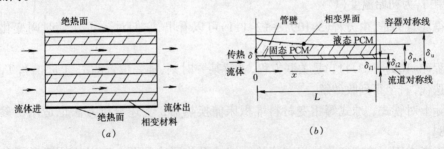

图 3-24 一种相变贮能(LHTES)装置示意图
(a)装置;(b)储换热单元

充冷时,温度低于相变材料凝固点的冷流体通过平板流道,使平板中的相变材料不断凝固,将冷量以潜热的形式储存于相变材料中;放冷时,流道中通过温度高于相变材料融点的热流体,使平板中相变材料不断融化,将蓄积的冷量放出。其储换热单元如图 3-24(b)所示。

为使问题合理简化,假设:1)忽略相变材料固液态的密度差,其固液态物性视为常物性;2)忽略相变材料和传热流体的轴向导热;3)忽略流动和传热的进口段效应;4)对融化问题,忽略相变材料的自然对流;5)相变材料的初始温度为相变温度;6)相变材料和容器的显热同相变材料的潜热相比可忽略;7)忽略相变材料的过冷效应;8)对环境的热损可忽略。

假设 1)对凝固过程的传热分析,基本不引入误差,由于融化过程中密度变化引起的自然对流对热输送的影响较大,对融化过程,给出的是储传热速率的下限(实际系统设计时对此无需再考虑保险系数);对 $L/\delta_{il} \gg 1$ 的情况,假设 2),3)是合理的;当相变过程中 Ste=

$c_{p,p} \cdot (T_m - T_{in})/H_m$ 较小时,假设 6)引入的误差很小;考虑到充放热过程均发生在相变温度附近,根据假设 4)得到的结果是一种保守估计;由于在大多数实际应用中,要求采用基本不过冷的相变材料,因此假设 7)成立;良好的保温措施可以实现假设 8)。

理论模型由以下方程构成,对图 3-24(b)中所示的单位长度的储换热单元[74]

$$c_{p,f} m_f(t) \frac{\partial T_f(x,t)}{\partial x} = h_f b (T_s(x,t) - T_f(x,t)) \tag{3-109}$$

$$\frac{T_s(x,t) - T_f(x,t)}{T_m - T_f(x,t)} = \frac{R_c}{R_c + R_t + R_{p,s}(x,t)} \tag{3-110}$$

$$\rho_p H_m \cdot \frac{\partial \delta_{p,s}(x,t)}{\partial t} = h_f(x,t)(T_s(x,t) - T_f(x,t)) \tag{3-111}$$

式中,$c_{p,f}$ 为传热流体的定压比热,m_f 为传热流体质量流量,T_f、T_s 和 T_m 分别为流体、板式相变容器外壁、相变材料融点温度,h_f 为流体对流换热系数,b 为板宽,R_c、R_t、$R_{p,s}$(见下式)分别为传热流体与单位面积相变材料容器壁间的对流换热热阻、单位面积平板壁的导热热阻、单位面积固态相变材料层的导热热阻,ρ 为密度,H_m 为相变材料融解热,$\delta_{p,s}$ 为相变材料固液态界面的半厚度,t 为时间。

$$R_c = \frac{1}{h_f}, \quad R_t = \frac{\delta_{i2} - \delta_{i1}}{\lambda_t}, R_{p,s}(x,t) = \frac{\delta_{p,s}(x,t) - \delta_{i2}}{\lambda_{p,s}}$$

式中,λ 为导热系数,下标 t 和 p,s 分别表示流道壁和固态相变材料。

边界条件:$T_f(x=0,t) = T_{in}(t)$。初始条件:$\delta_{p,s}(x,t=0) = \delta_{i2}, T_f(x,t=0) = T_i = T_m$,其中 T_i 为初始温度(℃)。

值得注意的是,由方程(3-109)~(3-111)可以看出,它们对 $m_f(t)$ 随时间变化的情况也适用。

方程(3-109)—(3-111)是关联方程,求解某一时刻、某一位置的 $\delta_{p,s}(x_i,t_j), T_f(x_i,t_j)$ 需相互迭代,直至得到收敛解。

实际上对管式、球式等相变材料堆积床储换热器,上述分析方法也适用,参见文献[75~78]。

对于考虑固、液密度差的相变蓄热系统的融化释冷问题,感兴趣的读者可参考文献[80]。

第4章 空气热质处理方法

为满足空调房间送风参数的要求,在空调系统中必须有相应的热质处理设备,以便能对空气进行各种热质处理,使之达到所要求的送风状态。本章将专门介绍对空气进行热质处理的原理和方法,主要包括空气与水表面和与固体表面之间的热质交换,还有利用吸收剂和吸附材料处理空气的机理和方法及其应用系统。

4.1 空气热质处理的途径

4.1.1 空气热质处理的各种方案

由 $i\text{-}d$ 图分析可见,在空调系统中,为得到同一送风状态点,可能有不同的处理途径。以完全使用室外新风的空调系统(直流式系统)为例,一般夏季需对室外空气进行冷却减湿处理,而冬季则需加热加湿,然而具体到将夏、冬季分别为 W、W' 点的室外空气如何处理到送风状态点 O,则可能有如图 4-1 所示的各种空气处理方案。表 4-1 是对这些空气处理方案的简要说明。

表 4-1 中列举的各种空气处理途径都是一些简单空气处理过程的组合。由此可见,可以通过不同的途径,即采用不同的空气处理方案,得到同一种送风状态。至于究竟采用哪种途径,则须结合冷源、热源、材料、设备等条件,经过技术经济分析比较才能最后确定。

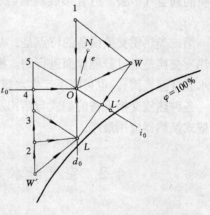

图 4-1 空气处理的各种途径

空气处理各种途径的方案说明　　　　表 4-1

季 节	空气处理途径	处理方案说明
夏 季	(1) $W \to L \to O$ (2) $W \to 1 \to O$ (3) $W \to O$	(1) 喷淋室喷冷水(或用表面冷却器)冷却减湿 → 加热器再热 (2) 固体吸湿剂减湿 → 表面冷却器等湿冷却 (3) 液体吸湿剂减湿冷却
冬 季	(1) $W' \to 2 \to L \to O$ (2) $W' \to 3 \to L \to O$ (3) $W' \to 4 \to O$ (4) $W' \to L \to O$ (5) $W' \to 5 \to L' \to O$	(1) 加热器预热 → 喷蒸汽加湿 → 加热器再热 (2) 加热器预热 → 喷淋室绝热加湿 → 加热器再热 (3) 加热器预热 → 喷蒸汽加湿 (4) 喷淋室喷热水加湿 → 加热器再热 (5) 加热器预热 → 一部分喷淋室绝热加湿 → 与另一部分未加湿的空气混合

81

4.1.2 空气热质处理及设备

在空调工程中，实现不同的空气处理过程需要不同的空气处理设备，如空气的加热、冷却、加湿、减湿设备等。有时，一种空气处理设备能同时实现空气的加热加湿、冷却干燥或者升温干燥等过程。

尽管空气的热质处理设备名目繁多，构造多样，然而它们大多是使空气与其它介质进行热、质交换的设备。

经常被用来与空气进行热质交换的介质有，水、水蒸气、冰、各种盐类及其水溶液、制冷剂及其它物质。

根据各种热质交换设备的特点不同可将它们分成两大类：混合式热质交换设备和间壁式热质交换设备。前者包括喷淋室、蒸汽加湿器、局部补充加湿装置以及使用液体吸湿剂的装置等；后者包括光管式和肋管式空气加热器及空气冷却器等。有的空气处理设备如喷水式表面冷却器则兼有这两类设备的特点。

第一类热质交换设备的特点是，与空气进行热质交换的介质直接与空气接触，通常是使被处理的空气流过热质交换介质表面，通过含有热质交换介质的填料层或将热质交换介质喷洒到空气中去。后者形成具有各种分散度液滴的空间，使液滴与流过的空气直接接触。

第二类热质交换设备的特点是，与空气进行热质交换的介质不与空气接触，二者之间的热质交换是通过分隔壁面进行的。根据热质交换介质的温度不同，壁面的空气侧可能产生水膜（湿表面），也可能不产生水膜（干表面）。分隔壁面有平表面和带肋表面两种。

各种热质交换设备的型式与结构及其热工计算方法可详见第六章，其中尤以喷淋室和间壁式换热器应用最广。

4.2 空气与水/固体表面之间的热质交换

4.2.1 湿空气在冷表面上的冷却降湿

空调工程中，常用表面式空气冷却器来冷却、干燥空气。如图 4-2 所示，湿空气进入冷却器内，当冷却器表面温度低于湿空气的露点温度，水蒸气就要凝结，从而在冷却器表面形成一层流动的水膜。紧靠水膜处为湿空气的边界层，这时可以认为与水膜相邻的饱和空气层的温度与冷却器表面上的水膜温度近似相等。因此，空气的主体部分与冷却器表面的热交换是由于空气的主流与凝结水膜之间的温差（$t - t_i$）而产生的，质交换则是由于空气主流与凝结水膜相邻的饱和空气层中的水蒸气的分压力差，即含湿量差（$H - H_i$）而引起的。下面介绍根据麦凯尔（Merkel）方程的计算方法。

如图 4-2 所示，湿空气的水膜在无限小的微元面积 dA 上的热、质交换量可用下列两方程来表示为：

$$Gc_p dt = h (t - t_i) dA \tag{1}$$

$$Gc_p dH = h (H - H_i) dA \tag{2}$$

式中 G——湿空气的质量流量，kg/s；

H、H_i——湿空气主流和紧靠水膜饱和空气的含湿量，kg/kg；

t、t_i——湿空气主流和凝结水膜的温度，℃；

h——湿空气侧的换热系数，W/(m²·K)。

假定水膜和金属表面的热阻可不计，则单位面积上冷却剂的传热量为：

$$h_w(t_i - t_w) = Wc_w \frac{dt_w}{dA} \tag{3}$$

式中，h_w 为冷却剂侧的放热系数；t_w 为冷却剂侧的主流温度；c_w 为冷却剂的比热；W 为冷却剂的质量流量。

根据热平衡，可得

$$h_w(t_i - t_w) = h(t - t_i) + h_m(H - H_i) \cdot r$$
$$= h_m \left[\frac{h \cdot c_p (t - t_i)}{h_m c_p} + (H - H_i)r \right]$$

对于水-空气系统，根据刘伊斯关系式 $\frac{h}{h_m c_p} = 1$，上式改写为：

$$h_w(t_i - t_w) = h_m [c_p(t - t_i) + (H - H_i)r] \tag{4-1}$$
$$= h_m(i - i_i)$$

上式通常称为麦凯尔方程式，它清楚地说明湿空气在冷却表面进行冷却降湿过程中，湿空气主流与紧靠水膜饱和空气的焓差是热、质交换的推动势，其在单位时间内、单位面积上的总传热量可近似的用传质系数 h_m 与焓差驱动力 Δi 的乘积来表示。

根据热平衡，对于空气侧，有

$$Gdi = h_m(i - i_i)dA \tag{4}$$

将式（4）除以式（1），得到：

$$\frac{di}{dt} = \frac{i - i_i}{t - t_i} \tag{4-2}$$

这就是湿空气在冷却降湿过程中的过程线斜率（见表4-2）。

由式（4-2）可得

$$\frac{i_i - i}{t_i - t_w} = -\frac{h_w}{h_m} = -\frac{Uc_p}{h} \tag{4-3}$$

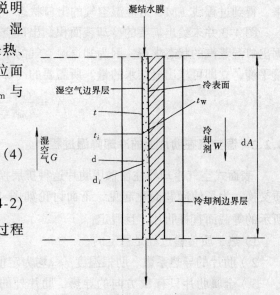

图 4-2 湿空气的冷却与降湿

这就是连接点 (i, t_w) 与 (i_i, t_i) 的连接线斜率。此式说明当空气冷却器结构确定后，已知空气和冷却剂流速，$-h_w/h_m$ 就为定值，显然当 t_w 一定时，表面温度 t_i 仅与空气进口的焓有关。

由式（3）与式（4）得

$$\frac{di}{dt_w} = \frac{Wc_w}{G} \tag{4-4}$$

这是表示 i 与 t_w 之间关系的工作线斜率。

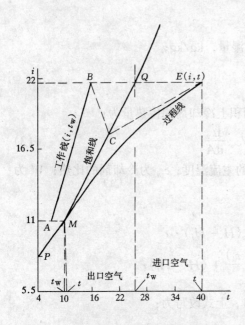

图 4-3 麦凯尔方程所表示的湿空气冷却降湿过程

式 (4-2)、(4-3) 与 (4-4) 使我们能很快地在 i-t 图上，做出湿空气在空气冷却器冷却降湿过程中的温度与焓的变化曲线。

图 4-3 是一个典型的水-空气系统的 i-t 图。PQ 为饱和线，表示冷表面上饱和空气的状态，E 点的坐标为 (i, t)，为湿空气进口的状态点，点 M 为湿空气出空气冷却器的状态点，则曲线 EM 即为湿空气在冷却降湿过程中的过程线。图中 B 点的坐标为 (i, t_w)，因此当空冷器有关参数和湿空气进口状态确定后，B 点亦就确定了，过 B 点作斜率为 $WC_{P,w}$ 的工作线，再过 B 点作斜率为 $-U/k'_c$ 的直线，交饱和线 PQ 于点 C，则 C 点的坐标为 (i_i, t_i)，BC 线称为连接线。连接 E、C 两点，由式 (4-2) 可知，直线 EC 就是过程线在初始点 E 上的切线。然后在切线上，离开 E 点很小一段距离找出新的工作点 F，重复上述过程，最后把所有的工作点连接起来，得到过程线 EM，对应湿空气的出口状态一般很接近饱和状态。

图 4-3 并未给出需要的冷却表面积、出口空气的含湿量及凝结水的量，但这些值可根据出口湿蒸汽的状态求得。因为知道湿空气的干、湿球温度就可求得其含湿量，再通过质量平衡，立即可求出凝结水的量。所需要的冷却面积可从式 (4) 求得

$$A = \frac{G}{h_m} \int \frac{\mathrm{d}i}{i - i_i} \tag{4-5}$$

4.2.2 湿空气在肋片上的冷却降湿过程

表面式空气冷却器往往采用肋片这种扩展换热面的形式来强化冷却降湿过程中的热、质交换。为了使问题简化起见，下面讨论如图 4-4 所示的等截面直杆肋片，且假定：

1) 热、质传递过程是稳定的；
2) 肋片的导热系数、肋根温度 $t_{F,B}$ 均为定值；
3) 金属肋片只有 x 方向的导热，肋片外的水膜只有 y 方向的导热。

对于离肋根 x 处分割出的长度为 $\mathrm{d}x$ 的微元体，金属肋片在 x 方向的导热量为：

$$q_F = 2\lambda_F y_F \frac{\mathrm{d}t_F}{\mathrm{d}x} \tag{1}$$

式中，λ_F、$2y_F$ 分别为肋片的导热系数与肋片厚度，而下标 F 表示金属肋片。

在 $\mathrm{d}x$ 的微元体上，凝结水膜与肋片的传热量

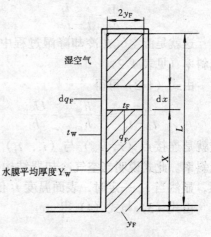

图 4-4 湿空气在肋片上的冷却降湿过程

为:
$$dq_F = -2\frac{\lambda_w}{y_w}(t_w - t_F)\,dx \tag{2}$$

式中，λ_w、y_w 分别为水膜的导热系数与水膜厚度，而下标 w 表示水膜。

在空调温度范围内，为了简化计算过程，饱和空气的焓可近似用下式表示为：
$$i_w = a_w + b_w t_w \tag{3}$$

将式（3）代入式（2），可得：
$$dq_F = -\frac{2\lambda_w}{b_w y_w}(i_w - i_F)\,dx \tag{4}$$

在 dx 的微元体上，湿空气和水膜的总传热量为：
$$dq_F = -2h_m(i - i_w)\,dx = \frac{-2h}{c_p}(i - i_w)\,dx \tag{5}$$

式中，h_m 为传质系数；h 为湿空气侧的换热系数。

由式（4）、（5）得
$$i_w - i_F = \frac{-dq_F}{dx}\frac{b_w y_w}{2\lambda_w} \tag{6}$$

$$i - i_w = \frac{-dq_F}{dx}\frac{c_p}{2h} \tag{7}$$

式（6）与（7）相加，得
$$i - i_F = -\frac{b_w dq_F}{2dx}\left(\frac{y_w}{\lambda_w} + \frac{c_p}{b_w h}\right)$$

令 $\left(\frac{y_w}{\lambda_w} + \frac{c_p}{b_w h}\right) = 1/h_D$，上式可变为：

$$dq_F = -\frac{2h_D}{b_w}\cdot(i - i_F)\cdot dx = -\frac{2h_D}{b_w}\cdot\Delta i_F\cdot dx \tag{8}$$

由式（1）可得
$$q_F = \frac{2\lambda_F y_F}{b_w}\frac{di_F}{dx} = \frac{-2\lambda_F y_F}{b_w}\cdot\frac{d\Delta i_F}{dx} \tag{9}$$

由式（9）与（8）可得：
$$\frac{d^2\Delta i_F}{dx^2} = \frac{h_D}{\lambda_F y_F}\cdot\Delta i_F \tag{10}$$

上式的边界条件为：$x = 0$，$\Delta i_F = \Delta i_{F,B}$

$$x = L,\ \frac{d\Delta i_F}{dx} = 0$$

如果湿肋的肋斜率为：
$$\Phi_w = \frac{i - i_{F,m}}{i - i_{F,B}} = \frac{\Delta i_{F,m}}{\Delta i_{F,B}} \tag{4-6}$$

式中，$i_{F,m}$、$i_{F,B}$ 分别为温度为肋片平均温度 $t_{F,m}$ 与肋根温度 $t_{F,B}$ 所对应的饱和湿空气的焓。由式（10）的解可得：

$$\Phi_w = \frac{\tanh pL}{pL} \tag{4-7}$$

式中 $p = \sqrt{\dfrac{h_D}{\lambda_F y_F}}$

常压下饱和湿空气的焓值及其在饱和曲线上的斜率　　　　表 4-2

t (℃)	i (kJ/kg)	di/dt [kJ/(kg·℃)]	t (℃)	i (kJ/kg)	di/dt [kJ/(kg·℃)]
4.4	35.425	1.901	32.2	130.088	5.815
7.2	41.035	2.123	35.0	147.275	6.615
10.0	47.219	2.332	37.8	166.823	7.545
12.8	54.010	2.579	40.6	189.189	8.629
15.6	61.420	2.864	43.3	214.174	9.898
18.3	69.920	3.195	46.1	244.170	11.39
21.1	79.290	3.580	48.9	278.037	13.15
23.9	85.151	4.019	51.7	317.251	15.24
26.7	101.619	4.530	54.4	362.606	17.79
29.4	114.970	5.125			

通过上述的分析计算，可以发现湿肋的肋效率与干肋的肋效率具有完全相同的形式，因此在计算湿肋的肋效率时，就可借鉴干肋的肋效率的有关数值与图表，所不同的是要用 h_m 来代替 h。

4.2.3　空气与水直接接触时的热湿交换

4.2.3.1　热湿交换原理

空气与水直接接触时，根据水温不同，可能仅发生显热交换，也可能既有显热交换又有潜热交换，即发生热交换的同时伴有质交换（湿交换）。

显热交换是空气与水之间存在温差时，由导热、对流和辐射作用而引起的换热结果。潜热交换是空气中的水蒸气凝结（或蒸发）而放出（或吸收）汽化潜热的结果。总热交换是显热交换和潜热交换的代数和。

如图 4-5 所示，当空气与敞开水面或飞溅水滴表面接触时，由于水分子作不规则运动的结果，在贴近水表面处存在一个温度等于水表面温度的饱和空气边界层，而且边界层的水蒸气分压力取决于水表面温度。空气与水之间的热湿交换和远离边界层的空气（主体空气）与边界层内饱和空气间温差及水蒸气分压力差的大小有关。

如果边界层内空气温度高于主体空气温度，则由边界层向周围空气传热；反之，则由主体空气向边界层传热。

如果边界层内水蒸气分压力大于主体空气的水蒸气分压力，则水蒸气分子将由边界层

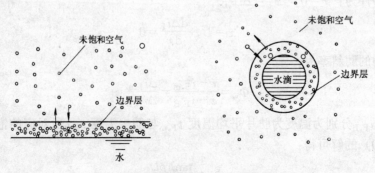

图 4-5　空气与水接触时的热湿交换

向主体空气迁移；反之，则水蒸气分子将由主体空气向边界层迁移。所谓"蒸发"与"凝结"现象就是这种水蒸气分子迁移的结果。在蒸发过程中，边界层中减少了的水蒸气分子又由水面跃出的水分子补充；在凝结过程中，边界层中过多的水蒸气分子将回到水面。

如上所述，温差是热交换的推动力，而水蒸气分压力差则是湿（质）交换的推动力。

当空气与水在一微元面积 dA（m²）上接触时，空气温度变化为 dt，含湿量变化为 $d(d)$，显热交换量将是：

$$dQ_x = dGc_p dt = h(t - t_b) dA \quad W \tag{4-8}$$

式中 dG——与水接触的空气量，kg/s；

h——空气与水表面间显热交换系数，W/(m²·℃)；

t、t_b——主体空气和边界层空气温度，℃。

湿交换量将是：

$$dW = dGd(d) = h_{mp}(P_q - P_{qb}) dA \quad kg/s \tag{4-9}$$

式中 h_{mp}——空气与水表面间按水蒸气分压力差计算的湿交换系数，kg/(N·s)；

P_q、P_{qb}——主体空气和边界层空气的水蒸气分压力，Pa。

由于水蒸气分压力差在比较小的温度范围内可以用具有不同湿交换系数的含湿量差代替，所以湿交换量也可写成：

$$dW = h_{md}(d - d_b) dA \quad kg/s \tag{4-10}$$

式中 h_{md}——空气与水表面间按含湿量差计算的湿交换系数，kg/(m²·s)；

d、d_b——主体空气和边界层空气的含湿量，kg/kg。

潜热交换量将是：

$$dQ_q = rdW = rh_{md}(d - d_b) dA \quad W \tag{4-11}$$

式中 r——温度为 t_b 时水的汽化潜热，J/kg。

因为总热交换量 $dQ_z = dQ_x + dQ_q$，于是，可以写出：

$$dQ_z = [h(t - t_b) + rh_{md}(d - d_b)] dA \quad W \tag{4-12}$$

通常把总热交换量与显热交换量之比称为换热扩大系数 ξ，即

$$\xi = \frac{dQ_z}{dQ_x} \tag{4-13}$$

由于空气与水之间的热湿交换，所以空气与水的状态都将发生变化。从水侧看，若水温变化为 dt_w，则总热交换量也可写成：

$$dQ_z = Wc_p dt_w \tag{4-14}$$

式中 W——与空气接触的水量，kg/s；

c_p——水的定压比热，kJ/(kg·℃)。

在稳定工况下，空气与水之间热交换量总是平衡的，即

$$dQ_x + dQ_q = Wc_p dt_w \tag{4-15}$$

所谓稳定工况是指在换热过程中，换热设备内任何一点的热力学状态参数都不随时间变化的工况。严格地说，空调设备中的换热过程都不是稳定工况。然而考虑到影响空调设备热质交换的许多因素变化(如室外空气参数的变化，工质的变化等)比空调设备本身过程进行得更为缓慢，所以在解决工程问题时可以将空调设备中的热湿交换过程看成稳定工况。

在稳定工况下，可将热交换系数和湿交换系数看成沿整个热交换面是不变的，并等于其平均值。这样，如能将式（4-8）、（4-11）、（4-12）沿整个接触面积分即可求出 Q_x、Q_q 及 Q_z。但在实际条件下接触面积有时很难确定。以空调工程中常用的喷淋室为例，水的表面积将是尺寸不同的所有水滴表面积之和，其大小与喷嘴构造、喷水压力等许多因素有关，因此难于计算。

随着科学技术的发展，利用激光衍射技术分析喷淋室中水滴直径及其分布情况，并得出具有某一平均直径的粒子总数已成为可能，从而为喷淋室热工计算的数值解提供了可能性。

4.2.3.2 空气与水直接接触时的状态变化过程

空气与水直接接触时，水表面形成的饱和空气边界层与主流空气之间通过分子扩散与紊流扩散，使边界层的饱和空气与主流空气不断混掺，从而使主流空气状态发生变化。因此，空气与水的热湿交换过程可以视为主体空气与边界层空气不断混合的过程。

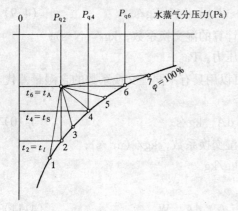

图 4-6 空气与水接触时的状态变化过程

为分析方便起见，假定与空气接触的水量无限大，接触时间无限长，即在所谓假想条件下，全部空气都能达到具有水温的饱和状态点。也就是说，此时空气的终状态点将位于 i-d 图的饱和曲线上，且空气终温将等于水温。与空气接触的水温不同，空气的状态变化过程也将不同。所以，在上述假想条件下，随着水温不同可以得到图 4-6 所示的七种典型空气状态变化过程。表 4-3 列举了这七种典型过程的特点。

在上述七种过程中，A-2 过程是空气增湿和减湿的分界线，A-4 过程是空气增焓和减焓的分界线，而 A-6 过程是空气升温和降温的分界线。下面用热湿交换理论简单分析上面列举的七种过程。

如图 4-6 所示，当水温低于空气露点温度时，发生 A-1 过程。此时由于 $t_w < t_l < t_A$ 和 $P_{ql} < P_{qA}$，所以空气被冷却和干燥。水蒸气凝结时放出的热亦被水带走。

空气与水直接接触时各种过程的特点　　　　　　　表 4-3

过程线	水温特点	t 或 Q_x	d 或 Q_s	i 或 Q_z	过程名称
A-1	$t_w < t_l$	减	减	减	减湿冷却
A-2	$t_w = t_l$	减	不变	减	等湿冷却
A-3	$t_l < t_w < t_s$	减	增	减	减焓加湿
A-4	$t_w = t_s$	减	增	不变	等焓加湿
A-5	$t_s < t_w < t_A$	减	增	增	增焓加湿
A-6	$t_w = t_A$	不变	增	增	等温加湿
A-7	$t_w > t_A$	增	增	增	增温加湿

当水温等于空气露点温度时，发生 A-2 过程。此时由于 $t_w < t_A$ 和 $P_{ql} = P_{qA}$，所以空气被等湿冷却。

当水温高于空气露点温度而低于空气湿球温度时，发生 A-3 过程。此时由于 $t_w < t_A$ 和 $P_{q3} > P_{qA}$，空气被冷却和加湿。

当水温等于空气湿球温度时，发生 A-4 过程。此时由于等湿球温度线与等焓线相近，可以认为空气状态沿等焓线变化而被加湿。在该过程中，由于总热交换量近似为零，而且 $t_w<t_A$，$P_{q4}>P_{qA}$，说明空气的显热量减少、潜热量增加，二者近似相等。实际上，水蒸发所需热量取自空气本身。

当水温高于空气湿球温度而低于空气干球温度时，发生 A-5 过程。此时由于 $t_w<t_A$ 和 $P_{q5}>P_{qA}$，空气被加湿和冷却。水蒸发所需热量部分来自空气，部分来自水。

当水温等于空气干球温度时，发生 A-6 过程。此时由于 $t_w=t_A$ 和 $P_{q6}>P_{qA}$，说明不发生显热交换，空气状态变化过程为等温加湿。水蒸发所需热量来自水本身。

当水温高于空气干球温度时，发生 A-7 过程。此时由于 $t_w>t_A$ 和 $P_{q7}>P_{qA}$，空气被加热和加湿。水蒸发所需热量及加热空气的热量均来自于水本身。以冷却水为目的的湿空气冷却塔内发生的便是这种过程。

和上述假想条件不同，如果在空气处理设备中空气与水的接触时间足够长，但水量是有限的，即所谓理想过程，则除 $t_w=t_s$ 的热湿交换过程外，水温都将发生变化，同时，空气状态变化过程也就不是一条直线。如在 i-d 图上将整个变化过程依次分段进行考察，则可大致看出曲线形状。

现以水初温低于空气露点温度，且水与空气的运动方向相同（顺流）的情况为例进行分析（图 4-7a）。在开始阶段，状态 A 的空气与具有初温 t_{w1} 的水接触，一小部分空气达到饱和状态，且温度等于 t_{w1}。这一小部分空气与其余空气混合达到状态点 1，点 1 位于点 A 与点 t_{w1} 的连线上。在第二阶段，水温已升高至 t_w，此时具有点 1 状态的空气与温度为 t_w 的水接触，又有一小部分空气达到饱和。这一小部分空气与其余空气混合达到状态点 2，点 2 位于点 1 和点 t_w 的连线上。依次类推，最后可得到一条表示空气状态变化过程的折线。间隔划分愈细，则所得过程线愈接近一条曲线，而且在热湿交换充分完善的条件下空气状态变化的终点将在饱和曲线上，温度将等于水终温。

对于逆流情况，用同样的方法分析可得到一条向另外方向弯曲的曲线，而且空气状态变化的终点在饱和曲线上，温度等于水初温（图 4-7b）。图 4-7c 是点 A 状态空气与初温 $t_{w1}>t_A$ 的水接触且呈逆流运动时，空气状态的变化情况。

实际上空气与水直接接触时，接触时间也是有限的，因此，空气状态的实际变化过程既不是直线，也难于达到与水的终温（顺流）或初温（逆流）相等的饱和状态。然而在工程中人们关心的只是空气处理的结果，而并不关心空气状态变化的轨迹，所以在已知空气终状态时仍可用连接空气初、终状态点的直线来表示空气状态的变化过程。

4.2.3.3 热湿交换的相互影响及同时进行的热湿传递过程

前已述及，在空调设备中空气处理过程常常伴有水分的蒸发和凝结，即常有同时进行的热湿传递过程。美国学者刘伊斯对绝热加湿过程热交换和湿交换的相互影响进行了研究，得出了重要结论。

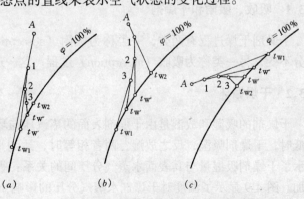

图 4-7 用喷淋室处理空气的理想过程

$$h_{md} = \frac{h}{c_p} \quad (2\text{-}99)$$

这就是著名的刘伊斯关系式,它表明对流热交换系数与对流质交换系数之比是一常数。根据刘伊斯关系式,可以由对流热交换系数求出对流质交换系数。

这一结论后来一度曾被推广到所有用水处理空气的过程。但是研究表明,热交换与质交换类比时,只有当质交换的施米特准则(Sc)与热交换的普朗特准则(Pr)数值相等,而且边界条件的数学表达式也完全相同时,反映对流质交换强度的舍伍德准则(Sh)和反映对流热交换强度的努谢尔特准则(Nu)才相等,只有此时热质交换系数之比才是常数。上述绝热加湿过程是符合这一条件的,然而并非所有用水处理空气的过程都符合这一条件。因此,热质交换系数之比等于常数的结论只适用于一部分空气处理过程。在图4-6所示的七种类型过程中,除绝热加湿过程外,冷却干燥过程,等温加湿过程,加热加湿过程以及用表冷器处理空气的过程也都符合刘伊斯关系式,这就为一些空调设备的热工计算方法打下了基础。

如果在空气与水的热湿交换过程中存在着刘伊斯关系式,则式(4-12)将变成:

$$dQ_z = h_m [c_p (t - t_b) + r (d - d_b)] dA \quad (4\text{-}16)$$

上式为近似式,因为它没有考虑水分蒸发或水蒸气凝结时液体热的转移。以水蒸气的焓代替式中的汽化潜热,同时将湿空气的比热用(1.01+1.84d)代替。这样,上式就变成:

$$dQ_z = h_m [(1.01 + 1.84d)(t - t_b) + (2500 + 1.84t_b)(d - d_b)] dA$$

或 $dQ_z = h_m \{[1.01t + (2500 + 1.84t)d] - [1.01t_b + (2500 + 1.84t_b)d_b]\} dA$

即

$$dQ_z = h_m (i - i_b) dA \quad (4\text{-}17)$$

式中 i、i_b——主体空气和边界层饱和空气的焓,kJ/kg。

公式(4-17)即为著名麦凯尔方程。它表明在热质交换同时进行时,如果符合刘伊斯关系式的条件存在,则推动总热交换的动力是空气的焓差。

4.3 吸收、吸附法处理空气的基本知识[4]

4.3.1 吸收、吸附和干燥剂

干燥剂干燥过程有两类,一类称为吸附(adsorption)过程,这一过程中干燥剂化学成分不变,另一类称为吸收(absorption)过程,这一过程中干燥剂化学成分改变。

4.3.2 干燥循环

干燥剂的吸湿和放湿是由干燥剂表面的蒸汽压与环境空气的蒸汽压差造成的:当前者较低时,干燥剂吸湿,反之放湿,两者相等时,达到平衡,既不吸湿,也不放湿,图4-8显示了干燥剂吸湿量与其表面水蒸气分压间的关系:吸湿量增加,表面水蒸气分压也随之增加。图4-9显示了温度对干燥剂水蒸气分压的影响。当表面水蒸气分压超过周围空气的水蒸气分压时,干燥剂脱湿,这一过程称为再生过程。干燥剂加热干燥后,它的蒸汽压仍然很高，吸湿能力较差。冷却干燥剂、降低其表面水蒸气分压使之可重新吸湿。图 4-10 显示了这一完整的循环过程。

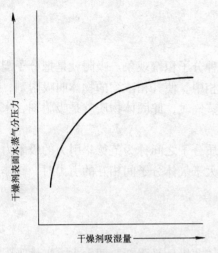

图 4-8　干燥剂表面水蒸气分压与
其吸湿量的关系

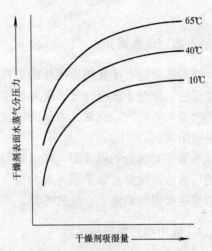

图 4-9　干燥剂吸湿量与水蒸气
分压及温度的关系

4.3.3　吸收、吸附法处理空气的优点

利用吸附或吸收材料降低空气中的含湿量，是一种常用的除湿方法，具有一些其它除湿方式（如低温露点除湿、加压除湿）没有的优点：吸附除湿既不需要对空气进行冷却也不需要对空气进行压缩。另外吸附除湿噪声低且可以得到很低的露点温度。

空调领域大量采用表冷器除湿，这种除湿法虽有其独特的优点，但也有一些缺点：仅为降低空气温度，冷媒温度无需很低，但为了除湿，冷媒温度须较低，一般为 7～12℃，从而降低了制冷机的 COP，而且由于除湿后的空气温度过低，往往还需将空气加热到适宜的送风状态；由于冷媒温度较低，使一些直接利用自然冷源的空调方式无法应用（如利用深井水作冷源，其温度在 15℃ 左右）。这些缺点使其不仅浪费了能源，还增加了对环境的污染。此外，传统空调系统中表冷器产生的冷凝水易产生霉菌、会影响室内空气质量。因此，国际空调界近年来流行一种除湿概念——独立除湿（Independent dehumidification），即对空气的降温与除湿分开独立处理，除湿不依赖于降温方式实现。这一领域目前是空调研究中较为活跃的领域。典型的独立除湿方式主要采用吸收或吸附方式。这样所要求的冷源只需将空气温度降低到送风温度即可，可以克服传统空调方式的上述缺点。

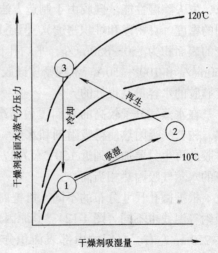

图 4-10　干燥循环示意图

下面分别对吸附法和吸收法处理空气作一简单介绍。

4.4 吸附材料处理空气的机理和方法

4.4.1 吸附现象简介

吸附现象是产生在相异两相的边界面上的一种分子积聚现象。吸附就是把分子配列程度较低的气相分子浓缩到分子配列程度较高的固相中。使气相浓缩的物体叫吸附剂，被浓缩的物质叫吸附质。例如，当某固体物质吸附水蒸气时，此固体物质就是吸附剂，水蒸气就是吸附质。

本节主要讨论物理吸附，即由吸附剂和吸附质分子之间称为范德华引力的吸附力所引起的可逆吸附现象。如果固体表面对气体的引力大于气体分子间相互的引力时，气体就会被浓缩在吸附剂表面上，反之亦然。

4.4.2 吸附剂的类型和性能

常用的固体吸附剂可分为"极性吸附剂"和"非极性吸附剂"两大类。极性吸附剂具有"亲水性"，属于极性吸附剂的有硅胶、多孔活性铝、沸石等铝硅酸盐（aluminosilicate）类吸附剂。而非极性吸附剂则具有"憎水性"，属于非极性吸附剂的有活性碳吸附剂等，这些吸附剂对油的亲和性比水强。目前，还发现了许多高分子材料对水蒸气具有良好的吸附性，这类高分子材料通常称为"高分子胶"（polymer gel）。

硅胶是传统的吸附除湿剂，因为具有较大的表面积和优异的表面性质，所以在较宽的相对湿度范围内对水蒸气有较好的吸附特性。缺点是如果暴露在水滴中会很快裂解成粉末，失去除湿性能。硅胶由于制造方法不同，可以得到两种类型的硅胶，虽然它们具有相同的密度（真密度和堆积密度），但还是被称为常规密度硅胶和低密度硅胶。常规密度硅胶的表面积为 $750 \sim 850 m^2/g$，平均孔径为 $22 \sim 26 Å$，而低密度硅胶的相应值分别为 $300 \sim 350 m^2/g$ 和 $100 \sim 150 Å$。常规密度硅胶在 25℃ 下的水蒸气平衡吸附曲线见图 4-11，而低密度硅胶的水容量是很低的[2]。

在水蒸气分子较高的表面覆盖情况下，硅胶对水蒸气的吸附热接近水蒸气的汽化潜热。较低的吸附热使得吸附剂和水蒸气分子的结合比较弱，这对吸附剂的再生是有利的。硅胶的再生只要加热到近 150℃ 就可以实现，而沸石的再生温度则为 300℃，这是因为沸石的水蒸气吸附热相当高。

根据微孔尺寸分布的不同，可把商业上常见的硅胶分为 A、B 两种，它们对水蒸气的吸附等温线也不同（图 4-12）。其原因是 A 型的微孔控制在 2.0/3.0nm 之间，而 B 型控制在 7.0nm 左右。它们的内部表面积分别为 $650 m^2/g$、$450 m^2/g$。硅胶在加热到 350℃ 时，每克含有 $0.04 \sim 0.06 g$ 的化合水（combined water），如果失去了这些水，它就不再是亲水性的了，也就失去了对水的吸附能力。A 型硅胶适用于普通干燥除湿，B 型则更适合于空气相对湿度大于 50% 时的除湿[3]。

活性氧化铝具有几种晶型，用作吸附剂的活性铝主要是 γ—氧化铝。单位质量的比表面积在 $150 m^2/g$ 到 $500 m^2/g$ 之间，微孔半径在 1.5/6.0nm（15~60 埃）之间，这主要取决于活性铝的制备过程。孔隙率在 0.4 到 0.76 之间，颗粒的密度为 0.8 到 $1.8 g/cm^3$。活性铝对水蒸气的吸附等温线参见图 4-12。与硅胶相比，活性铝吸湿能力稍差，但更耐用且成本降低一半。

沸石具有四边形晶状结构，中心是硅原子，四周包围有四个氧原子。这种规则的晶状结构使得沸石具有独特的吸附特性。由于沸石具有非常一致的微孔尺寸，因而可以根据分子大小有选择地吸收或排斥分子，故而称作"分子筛沸石"。目前商业上常用的作为吸附剂的合成沸石有 A 型和 X 型。4A 型沸石允许透过小于 4Å 的分子；而 3A 型沸石则只透过 H_2O 和 NH_3 分子。X 型沸石具有更大的透过通道，由 12 个成员环（membered rings）包围组成，通常称为 13X 沸石。沸石分子筛与硅胶对水蒸气的平衡吸附曲线见图 4-13[4]。

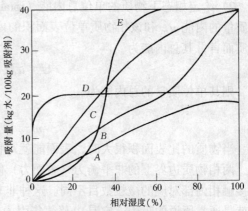

图 4-11 不同吸附剂在 25℃下对常压空气中水蒸气的平衡吸附曲线
A—氧化铝粒状；B—氧化铝球状；C—硅胶；D—5A 沸石；E—活性炭

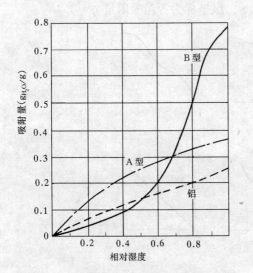

图 4-12 水蒸气在 A 型和 B 型硅胶及活性铝中的典型吸附等温线

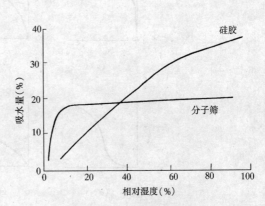

图 4-13 硅胶及沸石分子筛对水蒸气的典型吸附等温线

4.4.3 吸附剂处理空气的原理

范德华引力存在于所有物质的分子之间，只有当分子间的距离在几个纳米之内时才显露出来。在同相态物质中，分子间的吸引力是平衡的，而在两相物质的交界处，原子、离子或分子处于非平衡力作用之下，因而：

1）表面的分子或原子与同相的内部分子或原子相比，处于不同的能量状态。"表面能"（surface energy）系表面粒子的附加能，使得物质的表面区域具有和同相物质内部区域明显不同的特征。

2) 给定相态下物质的单位总内能（total internal energy）由两部分组成：该相物质单位质量的内能 u_m 和该相物质单位表面积的内能 u_s。因此对质量为 m，总表面积为 A 的物质而言，其总内能为

$$U = u_m \cdot m + u_s \cdot A \tag{4-18}$$

则其单位质量的总内能为

$$\frac{U}{m} = u_m + u_s \frac{A}{m} \tag{4-19}$$

当物质的比表面积很大时，表面能就对物质的性能产生很大的影响。

两相物质边界上的非平衡力（表面力）使得边界表面上的分子（原子、离子）数目与所接触相内部对应的微粒数目不同。这种非平衡力导致的物质微粒在表面上聚集程度的改变就是通常所说的吸附，它是由范德华引力、氢键（hydrogen bonding）起作用的物理过程，因此过程是可逆的，吸附热一般低于 10～15kcal/mol。吸附除湿剂对水蒸气的吸附多是通过空气中水蒸气的分气压与吸附除湿剂表面水蒸气压力平衡来完成的。

对于给定的水蒸气—吸附剂组合对，在平衡状态下的吸附量可直观地表示为

$$q = f(p, T) \tag{4-20}$$

式中 q 的单位可表示为 g/g。在固定温度下，q 仅是 p 的函数，这被称为吸附等温线。典型的吸附等温线如图 4-14 所示。横坐标为蒸汽压 p，纵坐标为等温吸附量 q[5]。

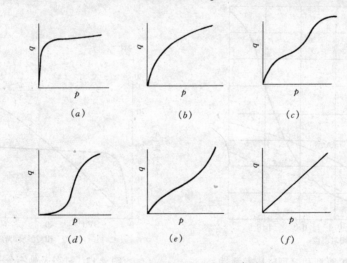

图 4-14 典型的等温吸附线

吸附等温线（a）多为合成沸石等吸附系的；（b）是硅胶的；（c）是活性铝等吸附系的，吸附等温线（d）是活性炭吸附水蒸气的，吸附等温线（e）是线性的吸附等温线。

兰米尔（Langmuir）、弗雷德里克（Freundlich）和 B.E.T 等公式是典型的等温吸附过程中的著名公式。

(1) 兰米尔（Langmuir）公式

$$q = \frac{abp}{1+ap} \tag{4-21}$$

式中　q——等温吸附量，g（吸附质）/g（吸附剂）；

a——常数；

b——单分子层的饱和吸附量，g（吸附质）/g（吸附剂）；

p——吸附质的蒸汽压，atm。

(2) 弗雷德里克（Freundlich）公式

$$q = kC^{1/n} \tag{4-22}$$

式中 q——等温吸附量，g（吸附质）/g（吸附剂）；

k, n——实验求出的常数；

C——吸附质浓度，g/mL 或 mol/mL。

(3) B.E.T 公式 [布鲁诺（Brunauer）、埃米特（Emmett）、泰勒（Teller）公式]

$$\frac{p}{v(p_0-p)} = \frac{1}{v_m k} + \frac{k-1}{v_m k} \cdot \frac{p}{p_0} \tag{4-23}$$

式中 v——吸附量，mL（标准温度和压力条件下）；

v_m——单分子层吸附量，mL（标准温度和压力条件下）；

k——常数；

p_0——饱和蒸汽压，atm。

兰米尔（Langmuir）公式和 B.E.T 公式是根据单分子层吸附的气体推导出的理论公式，弗雷德里克（Freundlich）公式是实验公式。

4.4.4 吸附时的传质及其主要影响因素

吸附剂最重要的特征是它的高孔隙率。因此，吸附剂的物理特性一般比化学特性更重要。影响吸附剂性能的主要物理特征是其表面特性，例如表面积、孔隙率、孔体积、孔径分布和吸附剂表面的极性等。

吸附剂大的比表面积有利于提高吸附能力，但对于有限的体积而言，大的比表面积意味着吸附表面间的小尺寸微孔的数目增多。微孔尺寸决定了吸附质分子到达吸附剂表面的难易程度，所以微孔尺寸分布是表征吸附剂吸附特性的一个重要指标。

此外，有些吸附剂还含有一些孔径为几微米的"大孔"，称作"传递孔"，通过它们吸附质分子从吸附剂颗粒外部到达吸附剂内部微孔。那些孔径更小的微孔（约几纳米）称为"吸附孔"。

吸附时的传质速度是决定装置尺寸的一个重要因素。吸附时的传质速度一般认为由下列因素决定：

1) 在吸附剂粒子外的流体边界层内的传质速度；

2) 吸附剂粒子内的被吸附分子的扩散速度；

3) 在吸附点的吸附反应速度。

(1) 在流体边界层内的传质

在固定层吸附操作中，当流体流经吸附剂粒子的表面时，在粒子外面就会产生一层流体边界层。对此边界层内粒子每单位外表面积的传质速度 N 可用式（4-24）表示。

$$N = h_F(\rho - \rho_s) = h_s(q_s - q) \tag{4-24}$$

式中 N——单位面积的传质速度，kg/(s·m^2)；

h_F——流体边界层的传质系数，m/s；

h_s——固体边界层的传质系数，kg/(s·m^2)；

ρ——吸附质的浓度，kg/m^3；

q——吸附量，g 吸附质/g 吸附剂。

可用卡巴来（Carbarry）公式计算 h_F

$$\frac{h_F d}{D} = 1.15 \left(\frac{d_p u \rho}{\mu \varepsilon}\right)^{0.5} Sc^{1/3} \tag{4-25}$$

式中 d_p——吸附剂的粒径，m；

D——扩散系数，m^2/s；

u——流体流速，m/s；

ρ——流体密度，kg/L；

μ——流体动力粘度，kg/(s·m)；

ε——填充粒子或固定层空隙率；

Sc——施密特数。

(2) 总传质容量系数

粒子外边界层传质质阻、粒子内扩散质阻和向吸附点的反应速度阻力之和是决定总传质速度的主要因素。在一般的物理吸附中，到达吸附点时被吸附的速度比粒子外边界扩散或者粒子内扩散来得快，因此可以忽略不计。

h_s 可用下式计算

$$\beta h_s a_v = \frac{60D(1-\varepsilon)}{d_p^2} \tag{4-26}$$

用 $K_F a_v$ 表示总传质容量系数，则可得到：

$$\frac{b}{K_F a_v} = \frac{1}{h_F a_v} + \frac{1}{h_s a_v} \tag{4-27}$$

上两式中

$K_F a_v$——总传质容量系数，1/s；

$h_F a_v$——流体边界层传质容量系数，1/s；

$h_s a_v$——粒子内传质容量系数，1/s；

a_v——吸附层单位容积内的粒子表面积，m^2/m^3；

b——修正系数，直线平衡时 $b=1$；

β——吸附系数。

(3) 吸附热

吸附热也是影响吸附的一个重要因素。在对水蒸气的吸附过程中，吸附热一般大于水蒸汽的凝结热，这是因为作用在吸附剂表面的力比与凝缩现象有关的分子间的力即范德华引力大的缘故。纯净的吸附剂，吸附吸附质时的吸附热最大。随着吸附量增大，吸附热减少。吸附热的最高值是凝结热的 2 倍。

无论是直接测定还是计算都能求出吸附热。如前所述，由于随着吸附量的增大，吸附热减小，所以这时的绝对吸附热（称之为积分吸附热 q_i）只不过表示一种平均值。把吸附过程分为许多微小的阶段，各个阶段中放出的吸附热即是微分吸附热 q_d。其关系如下

$$q_i = \frac{1}{b} \int_0^b q_d db \tag{4-28}$$

式中 b 表示吸附量，它的测定单位用什么都行。

可以采用与蒸发时使用的克拉贝龙—克劳修斯（Clapeyron—Clausius）公式相似的公式计算微分吸附热。

$$q_\mathrm{d}（等温线）= RT^2\left(\frac{\partial(\ln p)}{\partial T}\right)_b \tag{4-29}$$

微小温差下的微元吸附热可利用上式表示为

$$q_\mathrm{d}= RT^2\frac{\ln p_1-\ln p_2}{\Delta T} \tag{4-30}$$

式中 p_1、p_2 是与 ΔT 相对应的平衡压力。用这种方法计算出的吸附热与测定值非常一致。

4.4.5 静态吸附除湿和动态吸附除湿

在实际应用中，固体吸附除湿有静态除湿和动态除湿两种方式。

4.4.5.1 静态吸附除湿

所谓静态除湿，是指吸附剂和密闭空间内的静止空气接触时，吸附空气中水蒸气的方法，也可以说是间歇操作方法。设计的任务是选择合适的吸附剂以使密闭空间内的水分量达到要求的水分量，或计算出达到平衡的时间。

已知密闭空间的容积为 V（m³），容器内水蒸气的密度为 ρ_0（kg/m³）将 m（kg）吸附剂放入容器后，水蒸气密度变为 ρ，这时取吸附量为 q，若吸附剂最初完全没有吸附任何水分，则由质量平衡可得：

$$mq = V(\rho_0-\rho) \tag{4-31}$$

该式表示达到平衡时的 q 和水蒸气密度的关系。

若吸附剂和空间有足够大的接触面积，并且空间内的空气被充分搅拌时，则2～4h后

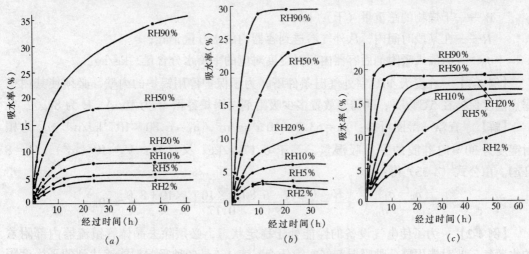

图 4-15 吸附剂的吸附平衡时间
(a) 铝胶；(b) 硅胶；(c) 合成沸石

即完全平衡。图 4-15 是接触空气处于不搅拌状态时各种吸附剂达到平衡的时间[5]。把吸附剂的粒子放在恒温槽内,当吸附室内空气中的水分时可得到如图所示的对应于不同相等湿度的吸附曲线。吸附量达到平衡的时间与粒子大小、有无粘结剂、细孔的分布等有关,相接触的空气流速等对它也有很大的影响。

图 4-16 干燥剂

实验室内经常使用的干燥器的形状如图 4-16 所示。在做铝胶和硅胶的吸水性能实验时,将在各种湿度下能够调节平衡的稀硫酸放入干燥器底部,被测的吸附剂放在密闭的干燥器内,这样吸附剂就不受室外空气湿度的影响。若每隔一段时间取出吸附剂并称重,即可得到如图 4-15 所示的吸水率曲线。

要使密闭容器内的水蒸气密度降为 ρ_1 (kg/m³),所需的吸附剂量 m (kg) 可从式 (4-32) 求出。

$$m = \frac{V(x_0 - x_1)}{q_0} \tag{4-32}$$

式中,若代入从吸附平衡曲线求出的与 ρ_1 相应的吸附量 q_0 后,就能求出必须的吸附剂量。而当存在外部渗透水分时,则可用下式计算 m。

$$m = \frac{(\rho_0 - \rho_1)(V - v) + (M_1 - M_2)W + R}{q_0} \tag{4-33}$$

式中 ρ_0——容器内的初始水蒸气密度,kg/m³;

x_1——放入吸附剂后的蒸气密度;

V——容器内容积,m³;

v——干燥物的容积,m³;

M_1——干燥物含水量,kg/kg;

M_2——干燥物要求的水分量,kg/kg;

W——干燥物的总重量(干),kg;

R——在某段时间内,从外气渗透到容器内的水分量,kg;

q_0——与放入吸附剂后容器内相对湿度对应的平衡水分含量,kg/kg。

【例 4-1】 在夏天 40℃室外气温条件下,为了保护停用锅炉的内壁,必须使其内壁露点温度保持在 5℃以下,问需要放置多少吸附剂(锅炉容积 V 为 10m³,R 为 8kg)?

【解】 查焓—湿图可得:$\rho_0 = 53.7 \times 10^{-3}$ kg/m³,$\rho_1 = 6.80 \times 10^{-3}$ kg/m³。q_0 为相对湿度为 30% 时硅胶的平衡吸湿量,等于 0.17kg/kg。又已知:$V = 10$ (m³),$R = 8$ (kg)。由公式 (4-33) 得:

$$m = \frac{(\rho_0 - \rho_1)V + R}{q_0} = \frac{(53.7 - 6.80) \times 10^{-3} \times 10 + 8.0}{0.17} \approx 50 \text{kg}$$

【例 4-2】 为了使电气设备的性能处于稳定状态,必须除去晶体管镇流器内部附着的水蒸气,此时选用哪一种吸湿剂好?为什么?表 4-4 是各种吸湿剂能够达到的干燥度限值。

干燥剂的性能比较 表 4-4

干燥剂	被干燥的空气中的残留水分（mg/L）	露点温度（℃）	干燥剂	被干燥的空气中的残留水分（mg/L）	露点温度（℃）
BaO	0.0006	-91	无水 $CaSiO_4$	0.005	-79
4A沸石	0.0008	-90	Al_2O_3	0.005	-79
P_2O_3	0.001	-89	矾土	0.005	-79
$Mg(ClO_4)_2$	0.002	-85	硅胶	0.030	-67
CaO	0.003	-84			

【解】 晶体管内部的水分是分子级的，如不把它除去，晶体管的性能就不稳定。干燥晶体管时要求干燥剂对金属无腐蚀，并且要求容易成型，吸湿后容易再生，因此使用分子筛（合成沸石）作为干燥剂为宜。

4.4.5.2 动态吸附除湿

动态吸附除湿法是让湿空气流经吸附剂的除湿方法。与静态吸附除湿法相比，动态吸附除湿所需的吸附剂量较少，设备占地面积也小，花费较少的运转费就能进行大空气流量的除湿。利用某些固体吸附剂可以制成固体除湿器，以控制空气的露点温度或相对湿度。

如前所述，一个完整的干燥循环由吸附过程、脱附过程或称再生过程以及冷却过程构成。吸附剂的再生方式分为以下四类：

(1) 加热再生方式（thermal swing system）：供给吸附质脱附所需的热量；

(2) 减压再生方式（pressure swing system）：用减压手段降低吸附分子的分压，改变吸附平衡，实现脱附；

(3) 使用清洗气体的再生方式（purge gas stripping system）：借通入一种很难被吸附的气体，降低吸附质的分压，实现脱附；

(4) 置换脱附再生方式（displacement stripping system）：用具有比吸附质更强的选择吸附性物质来置换而实现脱附。

实际应用中，(1)、(3) 方式组合的再生加热方式用得最多，(2)、(3) 组合的非加热再生方式用得也不少。但设计除湿设备时，只有当压力为 4～6 个大气压的空气除湿时才采用非加热再生法。

按照除湿的方式可分为冷却除湿和绝热除湿，冷却除湿是在除湿的同时通过冷却水或空气将吸附热带走，保持近似等温除湿；而绝热除湿则近似等焓过程，即被除湿的处理气流含湿量降低的同时，温度会升高，气流的焓值基本不变。

选择吸附剂的标准是要求空气压力损失小，具有适当的强度不致粉末化、具有足够大的吸附容量，还希望吸附剂粒水分的移动速度快，以便能尽快地达到平衡状态。反复加热再生后，吸附剂受热劣化，吸湿性能降低。此外，大气中的油分等附着在吸附剂粒表面上并且炭化，也是妨碍吸附的主要原因。因此在设计时预先要增加一些考虑劣化量的吸附剂填充量。

固体除湿器按工作方式不同，可分为固定式和旋转式。固定式如吸附塔采用周期性切换的方法，保证一部分吸附剂进行除湿过程，另一部分吸附剂同时进行再生过程。旋转式则是通过转轮的旋转，使被除湿的气流所流经的转轮除湿器的扇形部分对湿空气进行除湿，而再生气流流过的剩余扇形部分同时进行吸附剂的再生。被除湿的处理气流和再生气流一般逆流流动。转轮式除湿器可以连续工作、操作简便、结构紧凑、易于维护，所以在空调领域常被应用（图 4-17）。

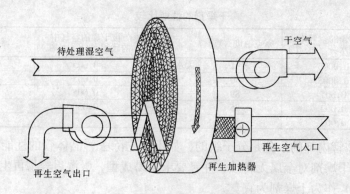

图 4-17 转轮除湿机示意图

除湿轮被加工成密集的蜂窝状孔道，湿交换面积很大（3000m² 吸湿面积/m³ 体积），因此当需要除湿的被处理空气通过除湿轮的除湿区时，能充分与吸湿剂接触，使空气中所含的水蒸气大部分被除湿轮中的吸湿剂吸收并放出吸附热。于是通过除湿轮吸湿区的被处理空气成为湿度降低温度升高的干燥空气从除湿轮的另一侧流出。

用作再生的空气经加热器加热到预定的温度，以和被处理空气相反的方向流入除湿轮，并从旋转着的除湿轮再生区的蜂窝状通道中通过，吸湿剂温度升高，从而使其所含水分汽化并被热的再生空气带走，从除湿轮的另一侧流出。

转轮式除湿器的内部结构按吸附除湿剂的安排可分为以下三种形式，见图 4-18。

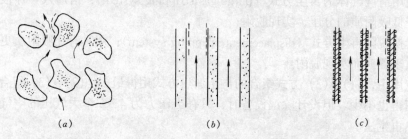

图 4-18 干除湿轮中吸附除湿剂的不同排列结构图
(a) 堆积床结构；(b) IIT 平板结构；(c) UCLA 覆盖层结构

早期的转轮除湿器内部结构设计采用"堆积床"（Packed bed）结构，即吸附除湿剂微粒堆积于除湿器中，这种结构因吸附除湿剂微粒间的水蒸气扩散而导致固体吸附除湿剂侧阻力较大。美国伊利诺伊工学院（IIT）研制的转轮除湿器所采取的"平板结构"结构为：含有 9μm 的硅胶微粒的 Teflon 网做成平板结构，处理气流从这些平板间通过。这种结构中水蒸气的传质阻力由三部分组成：气体侧阻力，Teflon 网板的阻力和吸附除湿剂微粒的阻力。对某平板结构的转轮除湿器（板厚 0.7mm，通道宽度 3.1mm）的测试表明：气体侧的传质阻力约为总阻力的一半，吸附除湿剂微粒的阻力很小。美国加州大学洛杉矶分校（UCLA）研制的转轮除湿器所采用的覆盖层平板结构为：气流通道壁上覆盖单层吸附除湿剂，使吸附除湿剂的传质阻力降低到与吸附除湿剂微粒尺寸相对应的、而不是与通道壁厚度相对应的量级，所以这种结构更好。

实际应用中固体转轮除湿器可以利用空—空换热器进行余热回收，以节约再生热量或电能消耗；如果与风冷或水冷冷凝器配合使用，则除湿器可用于不便排放热湿废气的场所。其流程分别如图 4-19、图 4-20 所示[4]。

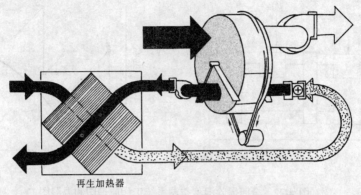

图 4-19 带回热的吸附除湿器流程图

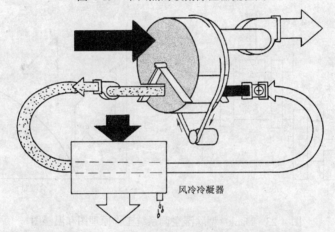

图 4-20 带水冷冷凝器的吸附除湿器流程图

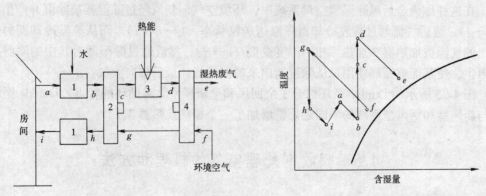

图 4-21 全新风除湿型空调系统工作原理图和温湿图
1—蒸发冷却器；2—热交换器；3—加热器；4—除湿器

4.4.6 吸附除湿型空调系统简介

常见的系统有全新风除湿型空调系统、全回风除湿型空调系统和 Dunkle 型除湿型空

101

调系统。各系统的结构流程图及对应的温湿图如图4-21、图4-22和图4-23所示。

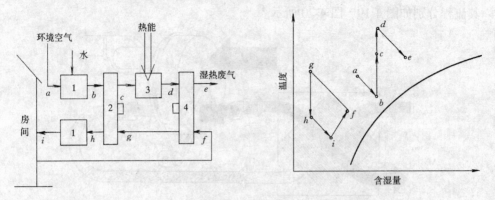

图4-22 全回风除湿型空调系统工作原理图和温湿图
1—蒸发冷却器；2—热交换器；3—加热器；4—除湿器

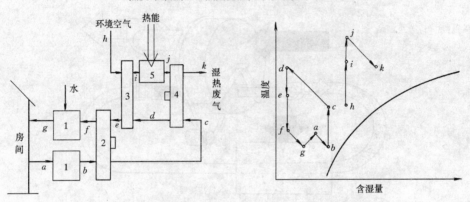

图4-23 Dunkle型除湿空调系统工作原理图和温湿图
1—水蒸发器；2—次级换热器；3—初级换热器；4—除湿器；5—加热器

在这种称为全新风除湿型空调系统中，环境空气即新风经过除湿器被除湿并产生温升（$f \rightarrow g$），然后气流通过蒸发冷却器降温达送风状态（$g \rightarrow h \rightarrow i$）。而从蒸发冷却器另一侧流出的气流被加热器3加热，相对湿度变低（$c \rightarrow d$），然后通过除湿器对其中的除湿剂干燥再生，使其能够循环使用，从除湿器出来的湿热气体最后排向大气（$d \rightarrow e$）。

图4-23所示的Dunkle循环综合了全回风和全新风型除湿循环的特点。Dunkle循环系统与新风型和回风型系统的不同之处是增加了一个显热换热器3。

4.5 吸收剂处理空气的机理和方法

4.5.1 吸收现象简介

气体吸收是用适当的液体吸收剂来吸收气体或气体混合物中的某种组分的一种操作。例如，用溴化锂水溶液来吸收水蒸气，用水来吸收氨气。这一类的吸收，一般认为化学反应并无明显的影响，可以当作单纯的物理过程，通常称为简单吸收或物理吸收。在物理吸收过程中，吸收所能达到的极限，决定于在吸收进行条件下的气液平衡关系。气体被吸收的程度，取决于气体的分压力。在实际应用中通过控制吸收液的温度、浓度来调整其吸湿能力。即使在完全干燥的环境中，一个氯化锂分子也能保持与2个水分子的紧密结合。当氯化锂溶液与湿度为90%的空气达到湿平衡时，一个氯化锂分子约能吸收26个水分子，这时氯化锂吸收的水量是其自身质量的1000余倍[1,5]。

利用吸收剂除湿，是空气处理中常采用的方法之一。大量吸收水分后，吸收液的浓度变稀，除湿能力也随之降低，为连续吸湿，需将稀溶液加热浓缩（再生）。水分蒸发，溶液浓缩后，重复使用。

4.5.2 常用吸收型除湿剂及其性能特点简介

作为除湿最常用的吸收液有氯化锂和三甘醇。表4-5示出了各种液体吸收剂的性能，但由于吸收液一般会腐蚀铁板等金属材料，使用时必须注意。该类除湿装置的特点是改变液体浓度即能任意调节出口空气相对湿度。由于冷却肋管被吸收液沾湿了，所以即使冷却部的温度降到0℃以下，析出的水分也不会结冰。

常用的液体吸收剂　　　　　　　　　　　　　　　　表4-5

吸收剂	常用露点（℃）	浓度（%）	毒性	腐蚀性	稳定性	主要用途	备注
氯化钙水溶液	$-3\sim-1$	40～50	无	中	稳定	城市煤气的除湿	
二甘醇	$-15\sim-10$	70～95	无	小	稳定	一般气体的除湿	沸点245℃，用简单的分馏装置就能再生，再生温度150℃，损失量很少
丙三醇溶液，无水	$(3\sim6)\sim-15$	$(70\sim80)\sim100$	无	小	高温下氧化分解	工业气体的干燥	在真空条件下蒸发再生，只需要很少的加热负荷。即使浓度为50%～60%，仍具有吸湿性
磷酸	$-15\sim-4$	80～85	有	强	稳定	实验室用吸湿剂	由于有毒性和腐蚀性，在工业上使用较少
苛性钠苛性钙	$-10\sim-4$		有	强	稳定	工业用压缩气体的除湿	必须高温加热，操作很麻烦。用于分离CO_2和H_2O
硫酸	$-15\sim-4$	60～70	有	强	稳定	化学装置的除湿	操作危险，用途有限，但效率极高
三甘醇	$-15\sim-10$	70～95	无	小	稳定	空调一般气体的除湿	沸点238℃，有挥发性，无腐蚀性，空调系统中有时采用它除湿
氯化锂水溶液	$-10\sim-4$	30～40	无	中	稳定	空调，杀菌低温干燥	沸点高，在低浓度时吸湿性大，再生容易，粘度小，使用范围最广

图4-24，图4-25分别为氯化锂溶液和三甘醇溶液的溶液浓度—蒸汽压曲线。

从图4-24上可知，在出口相对湿度为30%，溶液浓度约为10mol/L水的条件下，当温度在0～60℃的范围内时，出口相对湿度不受温度的影响，几乎是一个定值。这就是利用吸收液除湿的最大特征：只要吸收液浓度保持一定，入口温度对出口相对湿度几乎没有影响。三甘醇溶液也具有同样的性质。

图4-26为一些液体吸收剂吸湿量和空气相对湿度φ（%）的关系。

值得注意的是，氯化锂溶液再生侧温度高，腐蚀现象必须考虑。表4-6显示了氯化锂水溶液对不同材料的腐蚀程度以及加铬酸钠后对材料的防腐效果。

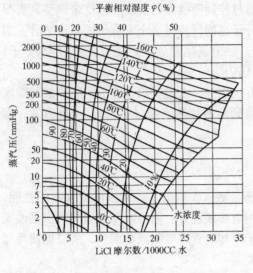

图 4-24 氯化锂溶液的平衡图

氯化锂水溶液对钛、酚醛树脂衬里材料的腐蚀性最小，其次是不锈钢（NAS175M, NAS144M）、不作焊接弯曲加工的 SUS 不锈钢材、聚氨酯树脂衬里材料。防腐性能较差的是镀镍材料、镀锌材料、铁、环氧树脂衬里材料。

氯化锂溶液吸收空气中的 CO_2 后变为碱性。已知随碱性的增强，腐蚀程度也有变化，因此必须调整溶液的 pH 值。

4.5.3 吸收除湿计算

图 4-27 为吸收剂干燥湿空气模型示意图。设空气流量为 G（kg/s），则可用下式表示转移的湿量 W（kg/s）。

$$W = G(d_1 - d_2) \quad (4-34)$$

式中，d_1、d_2 分别为入口和出口空气的含湿量（kg/kg）。

同时，W 又可表示为：

$$W = K_d A \Delta d_{lm} \quad (4-35)$$

式中，K_d 为总传质系数，A 为传质面积，Δd_{lm} 为对数平均含湿量差，可表示为：

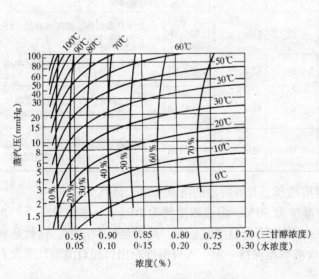

图 4-25 三甘醇溶液的平衡图

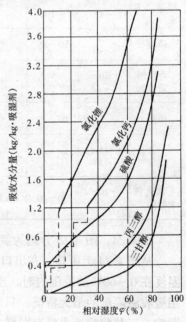

图 4-26 各种液体吸湿剂的等温线

$$\Delta d_{lm} = \frac{(d_1 - d_1^*) - (d_2 - d_2^*)}{\ln\dfrac{d_1 - d_1^*}{d_2 - d_2^*}} \quad (4-36)$$

式中，d_1^*、d_2^* 分别为入口和出口处吸收液对应的平衡蒸气压曲线上得到空气的"含湿量"。式（4-35）中的总传质系数可表示为：

$$1/K_d = 1/h_{m,g} + H/h_{m,l} \quad (4-37)$$

式中，$h_{m,g}$ 为气侧传质系数，$h_{m,l}$ 为液侧传质系数，H 为平衡曲线的斜率（亨利常数）。

一般说来，K_d 由实验确定，若没有实验数据，也可分别计算出 $h_{m,g}$ 和 $h_{m,l}$ 后由式（4-37）估算。

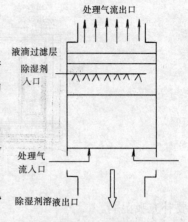

图 4-27 吸收剂干燥湿空气模型示意图

4.5.4 吸收型干燥系统及其应用简介

4.5.4.1 蜂窝式除湿机

蜂窝式除湿机是使用浸有氯化锂的石棉制转轮的旋转干式除湿机。图 4-28 是这种除湿机的外形，图 4-29 是除湿机内空气的流程图。转轮一般转速较低（每小时几转），其上部约 1/3 的部分是再生区。吸收了水分的转轮进入再生区后，与再生空气（加热空气）接触，放出氯化锂结晶中的水分而获得再生。

表 4-6 氯化锂水溶液对各种金属材料的腐蚀试验结果

试料	溶液种类	开始的重量(g)	1个月 重量(g)	1个月 减量(mg)	2个月 重量(g)	2个月 减量(mg)	3个月 重量(g)	3个月 减量(mg)	腐蚀速度(μm/年)
SS材	LiCl水溶液	7.182	7.1650	17.0	7.1500	32.0	7.1400	42.0	53.7
SS材	LiCl水溶液+铬酸钠	7.355	7.3540	1.0	7.3530	2.0	7.3520	3.0	3.84
US材	LiCl水溶液	3.806	3.8055	0.5	3.8045	1.5	3.8035	2.5	6.25
US材	LiCl水溶液+铬酸钠	3.723	3.7230	0	3.7227	0.3	3.7225	0.3	1.33
铝材	LiCl水溶液	3.7975	3.7925	5.0	3.7895	8.0	3.7885	9.0	23.20
铝材	LiCl水溶液+铬酸钠	3.773	3.7725	0.5	3.7720	1.0	3.7720	1.0	2.58
Bs材	LiCl水溶液	5.0115	5.0065	5.0	5.0015	10.0	5.0005	11.0	21.35
Bs材	LiCl水溶液+铬酸钠	5.152	5.1490	3.0	5.1475	4.5	5.1460	6.0	11.58
铜材	LiCl水溶液	7.802	7.7852	19.5	7.7745	27.5	7.7700	32.0	40.80
铜材	LiCl水溶液+铬酸钠	8.414	8.4085	5.5	8.4055	8.5	8.4040	10.0	11.60
溶液浓度		41.5	—		—		40.5~40.8		—

这种除湿机的特点为：

（1）没有吸湿剂的飞沫损失。

液体吸收式除湿机的最大缺点是飞沫带液损失，而这种除湿机完全没有飞沫，因此不

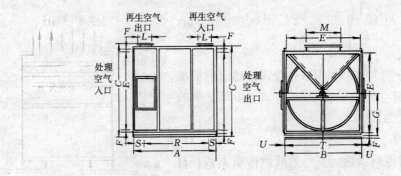

图 4-28 蜂窝式除湿机

需要补充吸湿剂。

(2) 能连续地获得低露点、低温度的干燥空气。

氯化锂的吸湿性能很好,即使吸收了水分,其化学性能也不会变化。而且只要通过加热就能简单地放出已经吸收的水分。由于具有这种特性的转轮是旋转的,除湿和再生连续进行,所以能保持出口空气的露点稳定。

(3) 构造简单、管理方便。

机体本身是由低速旋转的转轮、再生加热器、除湿用送风机和再生风机组成,构造非常简单,所以运转和维护都很方便。

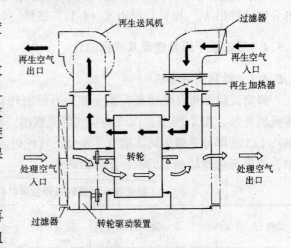

图 4-29 蜂窝式除湿机的流程图

4.5.4.2 氯化锂固定式除湿装置

图 4-30 是液体吸收剂与处理空气为逆流方式的除湿装置的系统图。装置分为吸湿部 A 和再生加热部 B,为增加气液接触面积,将波纹板(聚氯乙烯制)分别填充在 A、B

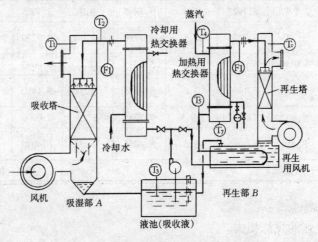

图 4-30 液体吸收式除湿装置的流程图

塔内。从设在聚氯乙烯波纹板填充部上方的集管均匀地供给作为除湿液的40%氯化锂水溶液。由于已对表面进行了不会产生飞沫的处理，所以液体沿着表面成膜状流下。在使用拉辛环和鲍尔环填充、气液逆流接触时，流速超过某临界值就会产生液阻现象，阻止液体往下流动并使它停留在填充物内。而填充波纹材料时，即使流速超过临界值也不会发生这种现象，这是该装置的特点。其实体结构见图4-31。

波纹填充材料的接触面积大，并且即使流速很大也不会发生液阻现象和飞沫现象。但在流下吸湿液的冷却和加热操作中都不能利用金属传热肋片增加传热效率。为此要分别进行气液之间的接触与传热，由于必须设置热交换器对液体进行预冷（除湿部）和加热（再生部），整个装置就显得大一些。

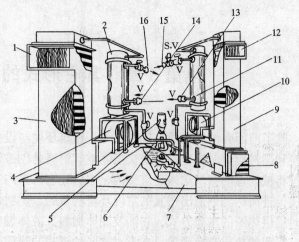

图4-31 液体吸收式除湿装置的组装图
1—处理空气出口；2—冷却器；3—吸湿塔；4—处理用送风机；5—液体循环泵；6—浓度调节器；7—液池；8—预热器；9—再生塔；10—再生用风机；11—加热器；12—再生排气口；13—凝结水出口；14—冷却水入口；15—蒸汽入口；16—冷却水出口；V—阀

液体吸收式除湿装置也可用于增湿，这是它的特点之一。例如使用能把空气相对湿度处理到60%的吸收液，当处理外气的湿度在此以上时就除湿；当外气相对湿度在50%以下时即增湿。今后的发展方向是使除湿装置小型化，为此必须对其构造和除湿液进行改革和作深入的研究。

第 5 章 其它形式的热质交换

除了前面介绍的热质交换形式外,建筑环境与设备工程专业还常涉及空气射流的热质交换和燃料燃烧时发生的热质交换。空气射流是创造建筑室内良好环境常用的方法,它是通过将被处理的空气送入建筑室内,然后让它与室内空气进行动量传递、热量传递和质量传递,进而达到创造出适宜的室内环境的目的。燃料燃烧是对送入建筑室内的空气进行处理时提供热源的主要方式,它涉及固体燃料、液体燃料和气体燃料的燃烧,在燃烧过程中伴有强烈的热质交换现象。本章对这两种形式的热质交换做一概略介绍。

5.1 空气射流的热质交换

不论是工业建筑还是民用建筑,实现对其室内环境控制的方法有很多,但常用的是将经过处理的空气送入被控制的区域、房间或空间,这些被处理的空气以一定的速度送入被控区域时,在与室内空气发生动量交换的同时,也发生能量交换和质量交换,从而保证被控区域的温度与湿度等参数满足所需要求,即达到空气调节的目的。送入被处理空气的状态参数和它在室内的分布不同,引起它与室内空气的热质交换的范围与程度也不同,进而直接影响房间的空调效果。

5.1.1 空气射流的种类及其热质交换原理

空气经喷嘴向周围气体的外射流动称为射流。进入室内的送风射流对室内空气分布具有重要影响作用。由流体力学[1]可知,按流态不同,射流可分为层流射流和紊流射流;按进入空间的大小,射流可分为自由射流和受限射流;按送风温度与室温的差异,射流可分为等温射流和非等温射流;按喷嘴形状不同,射流还可分为圆射流和扁射流等。在空调中,由于送风速度较大,同时送风温度与室内空气不同,所以射流均属于紊流非等温受限(或自由)射流。

5.1.1.1 等温自由射流

将等于室内空气温度的空气自喷嘴喷射到比射流体积大得多的房间中,射流可不受限制地扩大,此射流称为等温自由射流。由于送风温度与室温的差异为零,所以送风射流与室内空气发生动量交换的同时没有显热交换,但由于送风射流里水蒸气的含量与室内的可能不同,即送风射流里水蒸气分压力与室内空气水蒸气分压力可能不同,因此还会存在着与室内空气的质量交换及由此引起的能量交换。

图 5-1 所示为具有出口速度 v_0 的圆断面射流。由于紊流的横向脉动和涡流的出现,其射流边界与周围气体不断发生横向动量交换,卷吸周围空气,因而射流流量逐渐增加,断面不断扩大,整个射流呈锥体状。随着动量交换的进行,射流速度不断减少,首先从边界开始,逐渐扩至核心,而轴心速度未受影响。保持 v_0 不变的部分称为起始段,此后均

为主体段。在主体段内，轴心速度逐渐减小以致完全消失。在整个射程中，射流静压与周围空气静压相同，沿程动量不变。

起始段长度取决于喷嘴的形式，但一般均很短。空调中主要是应用主体段，其射流轴心速度的衰减公式为[2]：

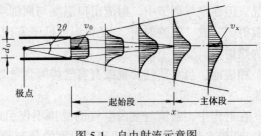

图 5-1 自由射流示意图

$$\frac{v_x}{v_0} = \frac{0.48}{\frac{ax}{d_0} + 0.145} \tag{5-1}$$

式中 v_x——射程 x 处的射流轴心速度，m/s；

v_0——射流出口速度，m/s；

x——射流断面至喷嘴的距离，m；

d_0——喷嘴直径，m；

a——喷嘴紊流系数。

公式中，喷嘴紊流系数 a 值是反映喷嘴断面上速度不均匀程度的因素，其值取决于喷嘴结构型式，a 值的实验数据见表 5-1。a 值的大小直接影响到射流扩散情况：a 值小，即气流横向脉动小，扩散角也就小；当 a 值一定时，射流按一定的扩散角扩展，射流几何形状也就一定了。对于图 5-1 所示的圆断面自由射流来说，实验得出的紊流系数 a 和扩散角 θ 存在如下关系：

$$\mathrm{tg}\theta = 3.4a$$

公式 (5-1) 说明：当喷嘴结构形式一定，即 a 为定值时，轴心速度 v_x 随着射程 x 的加大而减小，随着喷嘴直径 d_0 及出口速度 v_0 的增加而增加。v_x 大说明射流衰减慢、射程长。而 a 值增大时，$\frac{v_x}{v_0}$ 将变小，因而射流消失快。

喷嘴紊流系数 a 值[2]　　表 5-1

喷嘴形式		紊流系数 a
圆断面射流	收缩极好的喷嘴	0.066
	圆管	0.076
	扩散角 8°～12°	0.09
	矩形短管	0.1
	带有可动导向叶片的喷嘴	0.2
	活动百叶风格	0.16
平面射流	收缩极好的平面喷嘴	0.108
	平面壁上的锐缘斜缝	0.115
	具有导叶加工磨圆边口的通风管纵向缝	0.155

因此在实际应用中，如欲使射流射程长，则可减小喷嘴的 a 值（选择适宜的喷嘴结构形式或使喷嘴做得光滑些），加大喷嘴直径 d_0 或是提高初速 v_0。

顺便指出，公式 (5-1) 仅适用于圆射流，当喷嘴为方形或矩形时，可化为当量直径进行计算，但当喷嘴两邻边之比大于 10 时，射流扩散仅能在垂直于长边的平面内进行，此时就需按流体力学的平面射流（扁射流）公式进行计算。

平面射流的 a 值见表 5-1，$\mathrm{tg}\theta=2.44a$。其射流特征与圆射流相似，但由于运动的扩散被限定在垂直于长边的平面上，因此速度衰减、流量增加均较圆射流为慢。

5.1.1.2 非等温自由射流[1,2]

前面谈到的射流规律是指射流出口温度和周围空气温度相同，即属于"等温射流"的情况。但在空气调节中，射流出口温度与周围空气温度是不相同的，这样的射流称为"非等温射流"或"温差射流"。送风温度低于室内空气温度者为冷射流，高于室内空气温度者为热射流。

相应地，当水蒸气含量或有害气体等含量与周围空气的不相同时的射流，称为"浓差射流"。

在射程中，射流与室内空气的混掺不仅引起动量的交换（决定了流速的分布及其变化），还带来热量的交换（决定了温度的分布及其变化）和质量的交换（决定了浓度的分布及其变化）。而热量的交换较之动量快，即射流温度的扩散角大于速度扩散角，因此，温度边界层比速度边界层发展要快些、厚些，如图 5-2（a）所示。实线为速度边界层，虚线为温度边界层的内外界线。因而温度的衰减较速度快。

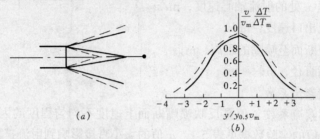

图 5-2 温度边界层与速度边界层的对比[1]

浓度扩散与温度相似。然而，在实际应用中，为了简化起见，可以认为，温度、浓度内外的边界与速度内外的边界相同。于是，像射流截面半径、流量、轴心速度等参数都可使用动量交换时推导得出的公式。而截面上温度分布、浓度分布与速度分布的关系由实验得出为：

$$\frac{\Delta T_x}{\Delta T_m} = \frac{\Delta c_x}{\Delta c_m} = \left(\frac{v_x}{v_m}\right)^{0.5} = 1 - \left(\frac{y}{R}\right)^{1.5} \tag{5-2}$$

式中 ΔT_x——主体段内，射流某横断面上轴心点与周围空气之温度差（轴心温差），K；

ΔT_m——射流轴心与周围空气之温度差，K；

Δc_x——主体段内，射流某横断面上轴心点与周围空气之浓度差（轴心浓差），kg/m³；

Δc_m——射流轴心与周围空气之浓度差，kg/m³；

y——射流任一截面处某点距轴心的距离，m；

R——同一截面上射流半径，m；

在送风温差不大时（空调基本属于此种情况），等温射流的速度变化规律仍可沿用，而轴心温度衰减式则为：

$$\frac{\Delta T_x}{\Delta T_0} = \frac{T_x - T_n}{T_0 - T_n} = \frac{0.35}{\frac{ax}{d_0} + 0.147} \tag{5-3}$$

式中 ΔT_0——出口射流与周围空气之温度差（送风温差），K；

T_x——射流某横断面上的轴心温度，K；

T_n——射流周围空气温度，K；

T_0——射流出口温度，K。

对于浓差射流，其规律与温差射流相同。所以温差射流公式完全适用于浓差射流。如轴心浓度衰减式为：

$$\frac{\Delta c_x}{\Delta c_0} = \frac{c_x - c_n}{c_0 - c_n} = \frac{0.35}{\frac{ax}{d_0} + 0.147} \tag{5-4}$$

式中　c_x——射流某横断面上的轴心浓度，kg/m³；

c_n——射流周围空气浓度，kg/m³；

非等温射流在其射程中，由于与周围空气密度不同，所受浮力与重力不相平衡而发生弯曲（图5-3），冷射流向下弯，热射流向上弯。但仍可视作以中心线为轴的对称射流。因此研究轴心轨迹即可知射流的弯曲程度。根据流体力学，轴心轨迹理论计算式经实验修正后为：

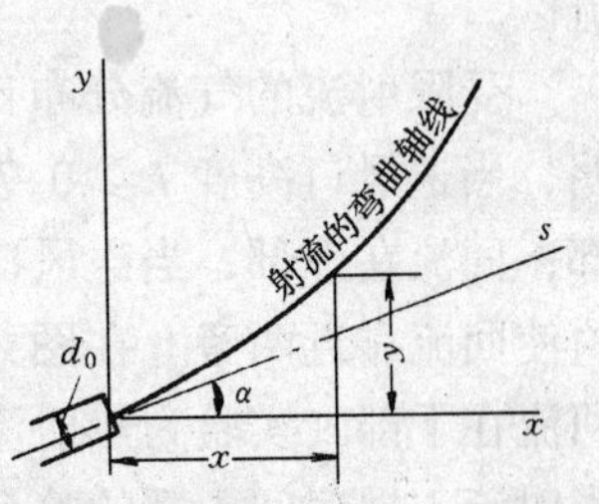

$$\frac{y}{d_0} = \frac{x}{d_0}\operatorname{tg}\alpha + \operatorname{Ar}\left(\frac{x}{d_0\cos\alpha}\right)^2\left(0.51\frac{ax}{d_0\cos\alpha} + 0.35\right) \tag{5-5}$$

图5-3　弯曲射流的轴线轨迹图

式中，Ar为阿基米德数，表征浮力和惯性力的无因次比值，计算式为：

$$\operatorname{Ar} = \frac{gd_0(t_0 - t_n)}{v_0^2 T_n} \tag{5-6}$$

式中，g 为重力加速度，单位为 m/s²。计算式（5-6）说明，阿基米德数随着送风温差的提高而加大，随着出口流速的增加而减小。

由式（5-5）可见，Ar是决定射流弯曲程度的主要因素。Ar值大，则随射程 x 变化的 y 值变化也大，即射流弯曲大。当 $|\operatorname{Ar}| < 0.001$ 时，可忽略射流的弯曲而按等温射流计算。

5.1.1.3　受限射流[2]

在空气调节中，还常遇到送风气流流动受到壁面限制的情况。如送风口贴近顶棚时，射流在顶棚处不能卷吸空气，因而流速大、静压小，而射流下部流速小、静压大，使得气流贴附于板面流动，这样的射流称为"贴附射流"。

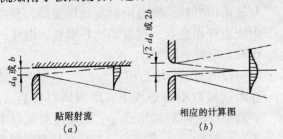

图5-4　贴附射流和计算图的对比

图5-4（a）说明，贴附射流可近似地视为完整射流的一半，其规律不变，因此可按风口断面加倍、出口流速不变的完整射流进行计算。也就是说，计算中只需将自由射流公式的送风口直径 d_0 代以 $\sqrt{2}d_0$；对于扁射流，可将风口宽度 b 代以 $2b$。

由于贴附射流仅一面卷吸室内空气，故其速度衰减较慢，同室内空气的热量交换和质量交换也需较长的时间才能充分进行，射程较同样喷口的自由射流长。此外，当射流为冷射流时，气流下弯，贴附长度将受影响。贴附长度与阿基米德数 Ar 有关，Ar 愈小则贴附长度愈长。

通常，空调房间对于送风射流大多不是无限空间，气流扩散不仅受着顶棚的限制，而且受着四周壁面的限制，出现与自由射流完全不同的特点，这种射流称为"受限射流"或"有限空间射流"（一般认为：送风射流的断面积与房间横断面之比小于1:5者为"受限射流"）。

受限射流分为贴附和非贴附两种情况。当送风口位于房间高度中部时（$h=0.5H$），射流为非贴附情况，射流区呈橄榄形，在其上下形成与射流流动方向相反的回流区。当送风口位于房间高度上部时（$h \geqslant 0.7H$），射流贴附于顶棚，房间上部为射流区，下部为回流区。

受限射流的气流分布比较复杂，且随模型尺寸而变化。图5-5中的模型实验结果表明，当送风口高度$h \geqslant 0.7H$、模型宽度$B \leqslant 3.5H$时，如图（a）所示，射流贴附于上部，回流在下部；当送风口高度不变而$B>4H$时，射流占据模型中间部分的整个高度，迫使回流靠近两旁。在图（b）中，当送风口高度$h=0.5H$，$B \leqslant 3H$时，射流在上部，回流在下部（实验为热射流）；当$B>4H$时，射流在中间，回流在两旁。在实际工程中，当射流占据房间中部的整个高度时，工作区流速就不应按转折面处的回流速度值来考虑，而应以射流平均速度考虑。

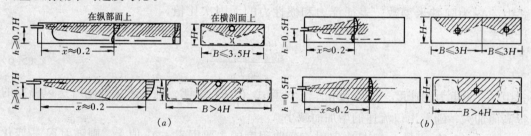

图5-5 在高度$h \geqslant 0.7H$（图a）和$h=0.5H$（图b）处送风时的气流分布图

5.1.1.4 平行射流[2]

在空调送风中常常会遇到多个送风口自同一平面沿平行轴线向同一方向送出的平行射流。由于平行射流间的相互作用，其流动规律不同于单独送出时的流动规律，由此引起不同的速度分布、温度分布和浓度分布。

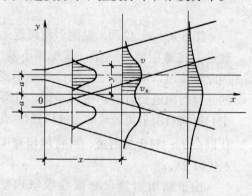

图5-6 平行射流

两个相同的平行射流，向同一方向流动，气流出口后开始按自由射流规律发展，到两射流边界相交后，互相干扰并重叠，形成一个双重射流（图5-6）。

设两送风口中心距离为$2a$，坐标原点选在两送风口中心连线上，距两风口各为a。x轴平行于两射流轴线，y轴通过两风口中心，z轴与x、y轴垂直。这样在任意空间点上，由两个射流相互作用形成的气流速度v用下式确定：

$$v^2 = v_1^2 + v_2^2 \tag{5-7}$$

式中，v_1，v_2为单独送出时，两个射流各自的流速。

一般情况下，平行射流的轴线速度比单独自由射流同一距离处的轴线速度大。距离愈大，差别愈显著。

5.1.1.5 回风口空气流动规律[2]

回风口与送风口的空气流动规律是完全不相同的。送风射流以一定的角度向外扩散，而回风气流则从四面八方流向回风口，流线向回风口集中形成点汇，等速面以此点汇为中心近似于球面（图5-7）。

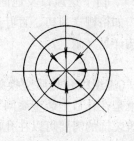

图 5-7　回风点汇图　　　　　图 5-8　回风口速度分布图

由于通过点汇作用范围内各球面的流量都相等，故有：

$$\frac{v_1}{v_2} = \frac{\dfrac{L}{4\pi r_1^2}}{\dfrac{L}{4\pi r_2^2}} = \frac{r_2^2}{r_1^2} \tag{5-8}$$

式中　L——流向点汇的流量，m^3/s；

　　　v_1, v_2——任意两个球面上的流速，m/s；

　　　r_1, r_2——这两球面距点汇的距离，m。

结果表明，在吸风气流作用区内，任意两点间的流速变化与距点汇的距离平方成反比。这就使点汇速度场的气流速度迅速下降，使吸风所影响的区域范围变得很小。

点汇处的空气流动规律可近似应用于实际的回风口，图5-8为回风不受限时的速度实测图。图中当 $\dfrac{v_1}{v_0}=50\%$ 时，从曲线查出 $\dfrac{x}{d_0}=0.22$，即回流速度为回风口速度的一半时，此点至回风口距离仅为 $0.22d_0$。和射流相比较，根据射流公式（5-1）得知，当 $v_x/v_0 = 0.5$ 时，$x \approx 11d_0$（d_0 指圆喷嘴直径），即射流速度衰减为出口速度的一半时，此点至送风口距离可以达到 $11d_0$。由此可见，送风射流较之回风气流的作用范围大得多，因而在空调房间中，气流流型及温度与浓度分布主要取决于送风射流。

5.1.2　风口型式与送风参数[2]

5.1.2.1　送风口型式

由前述可知，空调房间气流流型主要取决于送风射流。而送风口型式将直接影响气流的混合程度、出口方向及气流断面形状，进而对送风射流引起的室内热质交换产生重要作用。根据空调精度、气流形式、送风口安装位置以及建筑装修的艺术配合等方面的要求，可以选用不同形式的送风口。

送风口的种类繁多，按送出气流形式可分为四种类型：

1) 辐射形送风口：送出气流呈辐射状向四周扩散。如盘式散流器、片式散流器等；

2) 轴向送风口：气流沿送风口轴线方向送出。这类风口有格栅送风口、百叶送风口、喷口、条缝送风口等；

3) 线形送风口：气流从狭长的线状风口送出。如长宽比很大的条缝形送风口；

4) 面形送风口：气流从大面积的平面上均匀送出。如孔板送风口。

按送风口的安装位置分为：顶棚送风口、侧墙送风口、窗下送风口及地面送风口等。实际工程中常常将安装在侧墙上或风管侧壁上的送风口，如格栅送风口、百叶送风口、条缝送风口等，统称为侧送风口。常见送风口的型式与结构详见文献 [2]。

5.1.2.2 回风口型式

如前所述，吸风口附近气流速度急剧下降，对室内气流组织和热质交换效果影响不大，因而回风口构造比较简单，类型也不多。最简单的就是在孔口上装金属网，以防杂物被吸入。图 5-9 就是一种矩形网式回风口。为了适应建筑装饰的需要可以在孔口上装各种图案的格栅。为了在回风口上直接调节回风量，可以像百叶送风口那样装活动百叶。图 5-10 是活动箅板式回风口。双层箅板上开有长条形孔。内层箅板左右移动可以改变开口面积，以达到调节回风量的目的。

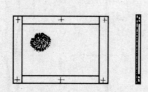
图 5-9 矩形网式回风口

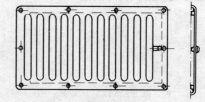
图 5-10 活动箅板式回风口

回风口的形状和位置根据气流组织要求而定。当设在房间下部时，为避免灰尘和杂物被吸入，风口下缘离地面至少为 0.15m。

在空调工程中，风口均应能进行风量调节，若风口上无调节装置，则应在支风管上加以考虑。

5.1.2.3 送风状态

影响房间气流组织及室内热质交换效果的因素，除了前面介绍的风口型式外，还有空气的送风状态或送风参数。室内空气温度与送风温度之差简称为送风温差。当反映室内热湿变化过程的热湿比线一定时，送风温差愈小，则送风状态点与室内状态点就愈近，在达到同一室内状态的情况下，室内送风量也就愈大，在风口数量和面积不变时，送风速度也就愈大，这时送风气流与室内空气的动量交换加剧；但由于送风温差较小，它们之间的热量交换并不剧烈，所以房间内温度分布的均匀性和稳定性都较好。然而，其结果将会使空气的处理设备和输送设备都较大，工程初投资及运行费用也将增大。反之，经济性好。但从室内空调效果看，当送风温差增大时，若室内条件保持不变，则夏季送风温度必然较低，送风气流会给人造成一种冷风感，且由于送风量减小还可能不满足室内换气量的要求，室内工作区温度分布的均匀性和稳定性都会变差，这在空调房间内一般是不允许的。因此，合理确定送风温差是空调设计不可忽视的重要问题，现行的采暖通风与空气调节设计规范中按空调室内温度允许波动范围规定了送风温差的选择范围，见表5-2。

送风温差的确定与送风方式关系很大，所以确定空调房间的送风温差时，必须和送风方式联系起来考虑，在满足舒适和工艺要求的前提下，应尽量选较大的送风温差。需要说明的是表 5-2 是工业性空调送风温差的选择范围。对于舒适性空调，为保证舒适效果，当送风高度小于或等于 5m 时，送风温差不宜大于 10℃，当送风高度大于 5m 时，送风温差不宜大于 15℃。确定了送风温差，室内温度减去送风温差即可求得送风温度。

送 风 温 差　　表 5-2

室温允许波动范围（℃）	送风温差（℃）
>±1.0	≤15
±1.0	6~10
±0.5	3~6
±0.1~0.2	2~3

注：生活区或工作区处于下送气流的扩散区时，送风温差应通过计算确定。

冬季空调房间的负荷常为热负荷（即需要向室内供热），即便空调房间需要冷负荷（对于内热源散热量大的房间，冬季仍需要供冷），其负荷值也小于夏季，而室内湿负荷则往往冬夏季相同，因此，冬季室内热湿比常为负值，所以，空调送风温度要高于室内温度，送风焓值也往往大于室内空气焓值。由于冬季一般是送热风，所以允许送风温差比较大，使得冬季送风量可以小于夏季，但此时温度分布不易均匀，而且必须是在满足室内气流组织及换气量要求的前提下才可以减小送风量。即便如此也要注意，送风温度一般不能高于 45℃。

5.2 燃料燃烧时的热质交换

在燃烧过程中伴有强烈的热质交换现象，它涉及固体燃料、液体燃料和气体燃料的燃烧。本节重点介绍与建筑环境与设备工程专业有关的几种典型燃烧方式下发生的热质交换。

5.2.1 燃料与燃烧过程

5.2.1.1 燃料及其种类

普通所指的燃料是指有空气或氧气存在下能持续地进行氧化反应而产生热量的单质或化合物以及它们的混合物。燃料不仅是国民经济各部门的动力原料，而且也是人们日常生活中不可缺少的能源。

燃料的种类通常分为气体、液体和固体三大类，而每一类中又可分为天然、人工及副产品三种，这些都是能与氧迅速反应而燃烧的物质，如表 5-3 所示。

普通燃料的分类表　　表 5-3

种类	天然燃料	人工燃料	副产品
固体	木柴 泥煤 褐煤 烟煤 无烟煤 油页岩 农禾	焦炭 半焦 煤饼 煤粉 木炭	选煤副产品 煤屑 木屑 植物皮壳
液体	石油	汽油 煤油 柴油	重油 渣油
气体	天然气 矿井气 石油伴生气	发生炉煤气 炭化炉煤气 油煤气（裂解气） 地下气化煤气 人工沼气	高炉煤气 液化石油气 煤焦副产煤气 化工尾气

5.2.1.2 燃料燃烧过程

一切强烈放热的快速反应,其中有基态和激发态的自由基以及原子、电子、离子存在,并伴有光辐射的都称为"燃烧",它是一个受多种物理和化学因素控制的复杂过程。由于燃烧科学技术的不断发展,要求燃烧过程越来越趋向于高温、高压、高速化,即要求燃烧过程不断强化和趋于高能量水平。然而,燃烧形成了对地球大气层的 CO_2 污染和热污染,燃烧过程常放出有害气体(CO、NO_x、硫化物、残余烃类)、烟尘及燃烧产生的噪声,故此如何精心控制燃烧过程,减少这些有害物,已成为当代燃烧技术研究的重要内容。

5.2.2 气体燃料的燃烧方法[3,4]

气体燃料的燃烧方法通常分为容器内燃烧和燃烧器燃烧两大类。容器内燃烧是指燃料与空气的混合物在密闭的容器内燃烧,如传播燃烧和爆炸等。本节重点介绍燃烧器燃烧的如下几种燃烧方法:

5.2.2.1 扩散式燃烧

(1) 扩散式燃烧的机理

气体燃料与空气不预先混合的燃烧称为扩散燃烧,其 $\alpha=0$(α 为燃气燃烧的过剩空气系数,即在燃烧过程中,实际供给的空气量 V 与理论空气需用量 V_0 的比值)。显然,燃烧过程是处于扩散区域内。此工况中,燃气与空气的混合过程要比燃烧反应过程慢得多,故此燃烧速度与燃烧完全度主要取决于燃气与空气的混合度与混合的完全程度。而燃气与空气的混合是靠燃气与空间的扩散作用来实现的。

在层流状态下,扩散燃烧依靠分子扩散作用使周围氧气进入燃烧区。由于分子扩散进行得比较缓慢,因此层流扩散燃烧的速度主要取决于氧的扩散速度,其火焰结构如图 5-11。在紊流状态下,则依靠紊流扩散作用来获得燃烧所需的氧气。由于由分子间的扩散变为分子团间涡流作用扩散使燃烧速度大大提高,相应的火焰长度缩短。

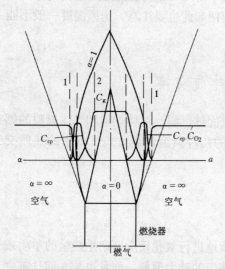

图 5-11 层流扩散火焰的结构
1—外侧混合区(燃烧产物+空气);2—内侧混合区(燃烧产物+空气);C_g—燃气浓度;
C_{cp}—燃烧产物浓度;C_{O_2}—氧气浓度

(2) 扩散式燃烧火焰长度

火焰长度与燃气流出火孔的速度有关,由图 5-12 可知:层流扩散燃烧时,火焰长度随燃气出口速度的增加而急剧上升;在过渡区内,由于出现了部分旋涡,增大了扩散速度,所以火焰长度逐渐降低;达到紊流扩散燃烧时,火焰长度随燃气出口速度增加而缓慢增长。

由于影响扩散燃烧火焰长度的因素很多,所以计算火焰长度的数学式由实验得出:

在空气中进行扩散燃烧的最大火焰长度为[5]:

$$L_{max} = 11.5(1 + V_0 \cdot S)d_0 \tag{5-9}$$

式中　L_{max}——最大火焰的长度，mm；
　　　d_0——火孔直径，mm；
　　　V_0——理论空气需用量，Nm^3/Nm^3；
　　　S——燃气的相对密度，且 $S = \gamma_g/\gamma_0$；
　　　γ_g——燃气的重力密度，g/Nm^3；
　　　γ_0——空气的重力密度，g/Nm^3。

由上式可看出：理论空气需要量多的燃气，火焰长度就长；火孔直径越大，火焰也越长。除此外，上式确定的最大火焰长度还受燃气出口速度、燃气温度、空气流速以及火孔间距等因素的影响。在同样出口孔径的条件下，燃气出口速度增大，火焰就要增长；在热负荷不变时，提高燃气温度，火焰相应要缩短；最大火焰长度是在空气不流动情况下确定的，随着空气与燃气流速比的增加，火焰的相对长度要缩短；当有两个以上的火焰并排时，火孔间距越小，火焰就越长。

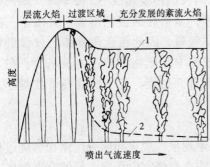

图 5-12　不同状态下的扩散火焰长度
1—火焰长度终端曲线；2—层流火焰终端曲线

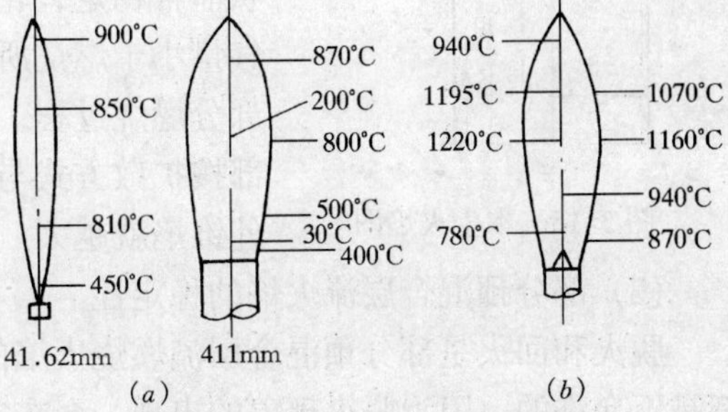

图 5-13　扩散火焰的温度分布[5]
(a) 层流扩散火焰；(b) 紊流扩散火焰

(3) 扩散式火焰的温度分布

扩散燃烧的火焰温度比较低。对于人工燃气的扩散火焰温度分布如图 5-13 所示。从图中看出，层流扩散火焰温度最高只有 900℃，紊流扩散火焰可达 1200℃ 左右。

(4) 扩散燃烧的稳定性

燃烧的稳定性是指燃烧过程不发生脱火和回火现象。火焰缩入火孔内部的现象叫做回火。火焰离开火孔，最后完全熄灭的现象叫做脱火。

扩散燃烧由于没有预先混合空气，所以火焰不可能缩入火孔内。但当燃气气流速度超过某一极限值，周围的空气供应不足或燃气过多的被空气冲淡时火焰便离开火孔，最后完全熄灭。如图 5-14 中表示天然气及焦炉煤气的扩散燃烧脱火极限曲线。曲线上为脱火区，以下为燃烧的稳定区。为了保证正常燃烧，防止脱火，必须控制燃气出口速度在脱火极限以下。

(5) 扩散式燃烧的特点

扩散燃烧的优点是燃烧稳定，不会发生回火现象，脱火极限值比较大，易于着火燃烧。而扩散燃

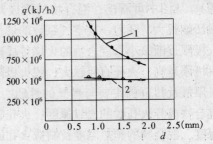

图 5-14　脱火极限曲线[5]
1—天然气；2—焦炉煤气

烧的缺点是燃烧速度慢，火焰温度低，常出现化学未完全燃烧产物。尤其在燃烧碳氢化合物含量高的燃气时，在高温下，由于氧气供应不足，致使碳氢化合物会分解出游离的碳粒及很难燃烧的重碳氢化合物。

5.2.2.2 部分预混式燃烧

（1）部分预混式燃烧的机理

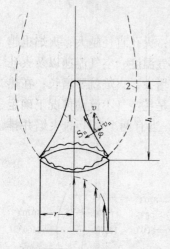

图5-15 本生火焰图

燃气与部分燃烧所需的空气量预先混合的燃烧称为部分预混式燃烧。且 $0<\alpha_1<1$。如图5-15所示的本生火焰就是部分预混层流火焰的一个典型例子。从图中看出，本生火焰由内锥和外锥组成。内锥由燃气与一次空气混合物的燃烧所形成，其燃烧过程处于动力区内。外锥是尚未燃烧的燃气从周围空气中获得氧气燃烧所形成，燃烧过程处于扩散区内。

当其内锥表面各点上的气流速度 V 在锥体母线的法线上的分量 V_n 与该点的法向火焰传播速度 S_n 相等时，则内锥形状非常稳定，轮廓清晰，呈明亮的蓝色锥体。又由于一次空气量小于燃烧所需的空气量，因此在蓝色锥体上仅仅进行一部分燃烧过程。所生成的中间产物将穿过内锥焰面，在其外部按扩散方式与空气混合而燃烧。且一次空气系数越小，则外锥焰就越大。

（2）部分预混合层流火焰的稳定性

脱火和回火是部分预混合层流燃烧火焰的不稳定现象。脱火和回火现象在燃烧过程中都是不允许的，因为脱火现象的出现，会在空气中或在燃烧室内积聚大量的有毒气体或爆炸性气体，容易发生事故；而回火现象的出现，会破坏一次空气的吸入和形成化学不完全燃烧，以及形成噪声和烧坏燃烧器。因此，研究燃烧火焰的稳定性，对防止脱火和回火具有十分重要的意义。

对于某一定组成的燃气—空气混合物，在燃烧时必定存在一个火焰稳定的上限，气流速度达到此上限值时便发生脱火现象，该上限称为脱火极限；另一方面，燃气—空气混合物还存在一个火焰稳定的下限，气流速度低于此下限值时便可发生回火现象，该下限称为回火极限。只有当燃气—空气混合物的速度在脱火极限和回火极限之间时，火焰才能稳定，如图5-16所示为天然气和空气混合物燃烧时的稳定范围（即不发生脱火、回火和光焰现象的燃烧范围）。从图中可看出，混合物的组成对脱火和回火极限影响很大。随着一次空气系数的增加，混合物的脱火极限逐渐减小；混合物的火焰传播速度越大，则脱火极限越高；火孔直径越大，脱火极限越高。而回火极限值及其范围主要与燃气的性质、一次空气系数、混合物离开火孔时的出口速度、火孔直径大小和火孔深度、混合物的预热温度及制造火孔的材料等因素有关。通常含氢量多的人工燃气比天然气或液化石油气容易回火；混合物的预热温度越高、火焰传播速度越

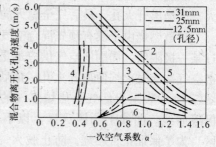

图5-16 天然气和空气的燃烧稳定范围[3]

1—光焰曲线；2—脱火曲线；3—回火曲线；
4—光焰区；5—脱火区；6—回火区

大，则越容易回火；火孔直径较小时，管壁散热作用增大，则回火可能性会减小。

火焰的稳定性除上述因素外，还要受火焰周围气流的速度和气流与火焰之间角度的影响。

(3) 部分预混合紊流火焰的稳定性

由于预混紊流火焰比层流火焰明显缩短，焰面由光滑变为皱曲，其火焰结构如图5-17所示。当紊动尺度很大时，焰面将强烈扰动，工作的稳定区可能全部消失，或者变得很窄。要使燃烧器正常工作只有采用人为的稳焰方法，常采用辅助火焰作点火源来防止脱火，如图5-18所示。当燃气—空气混合物从燃烧器的火孔1流出时，有部分混合物经小孔2流向环形缝3，在那里形成一圈稳定的火焰而不会发生脱火。还可用如图5-19所示的各种形状钝体来实现热烟气的回流而达到稳焰的目的。

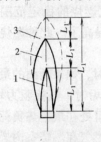

图5-17 紊流火焰的结构
1—焰核；2—焰面；3—燃烬区

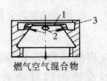

图5-18 用辅助火焰作点火源
1—燃烧器火孔；2—小孔；3—环形缝隙

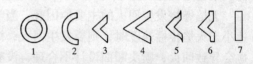

图5-19 各种形状的钝体稳焰器

(4) 部分预混式燃烧的特点

部分预混式燃烧由于预混了部分空气，所以燃烧温度和燃烧的完全程度有所提高；当选取适宜的一次空气系数时，燃烧过程仍属稳定，且一次空气系数越大，燃烧的稳定范围就越小。

5.2.2.3 完全预混式燃烧

完全预混式燃烧是在部分预混式燃烧的基础上发展起来的。它满足了燃烧过程的化学未完全燃烧及过剩空气量均为最小的理想燃烧工况。

(1) 完全预混式燃烧的机理

燃气和空气在着火前预先按化学当量比混合均匀，即 $\alpha = \alpha' = 1$，并有专门设置的火道，使燃烧区内保持稳定高温的一种燃烧方法。燃烧过程处于动力区内，火焰很短甚至看不见，所以又称为无焰燃烧。

图5-20为火道式无焰燃烧工作原理图。燃气与空气的混合物从喷头喷出进入火道内燃烧，高温的燃烧产物将火道壁面烧得赤热，同时混合物进入火道时，由于气流逐渐扩大，在转角处形成了漩涡区，使得高温的燃烧产物在漩涡里循环，这样，赤热的火道壁和高温的循环燃烧产物就成为继续燃烧的稳定的高温点火源。它提高了火焰的传播速度，使得进入火道的燃气和空气混合物在瞬间燃烧完毕。

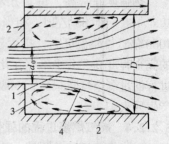

图5-20 无焰燃烧工作原理图[5]

1—混合物扩张区；2—火道边界；3—回流区；4—回流边界表面；d_0—喷口直径；D—火道直径

图5-21为天然气—空气混合物在火道燃烧过程中火道温度变化与燃气燃烬的关系曲线。图中实线表示火道轴线上各点的化学未完全燃烧情况，虚线是火道壁面温度变化曲

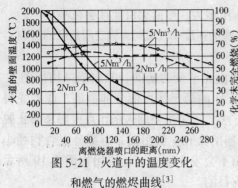

图 5-21 火道中的温度变化
和燃气的燃烬曲线[3]

（喷口直径 25mm；火道直径 65mm；
火道长度 311mm；$a=1.15$）

线。从图中可看出，在离喷口 290mm 处，燃烧最完全；热负荷大时，未完全燃烧曲线比热负荷小时略高些；火道壁面温度，中部部分最高，入口和出口处较低；热负荷越大，火道壁面温度也越高。可见，火道中热交换情况决定于火焰的长度与直径之比。因此，为了保证燃气的完全燃烧，火道长度 $L \leqslant 4.8D$ 或 $L \leqslant 12d_0$（$D = 2.5d_0$）。

(2) 完全预混式燃烧火焰的稳定性

由于 $\alpha = \alpha' = 1$，因此燃烧的稳定范围减小了，而燃烧的完全程度却提高了。此种燃烧方式的火焰稳定性主要要解决回火和脱火问题。

无焰燃烧发生回火的主要原因有：当气流的速度场分布不均匀时，如果断面的最小流速小于火焰传播速度时，则要发生回火；混合管内局部地方积存污垢时，气流阻力增大，也会导致回火；喷头断面设计不合理，没有按最小热负荷设计，一旦处在最小热负荷工作时，就会发生回火；如果气流在混合管内流动时，发生了振动，而燃气在燃烧室内燃烧时也发生了振动，当其二者振动频率相同而出现共振现象时，也要导致回火发生。

无焰燃烧防止回火常采取的措施有：保证混合物在火道入口的速度均匀分布，可将喷头制成收缩型，且加工光滑；燃烧含有杂质的燃气时，应设有清除污垢的装置；冷却燃烧器头部，减小该处的火焰传播速度；喷头应根据最小热负荷及正确选取出口速度来设计。

工业上提高热强度常采取增加燃气和空气混合物离开喷头的速度，但随之就易于产生脱火。为了防止脱火，通常采用各种稳焰器，其工作原理是：在气流中引入某种障碍物，阻止气流流动，并能保持高温燃烧产物在漩涡区循环，形成高温点火源，从而稳定了燃烧过程，如图 5-22 所示。

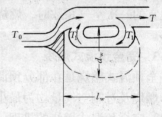

图 5-22 火焰稳定器工作原理图
d_w—回流区直径；l_w—回流区长度；T_0—初温；T—离开回流区的气体温度；T_1—进入回流区的气体温度

(3) 完全预混式燃烧的特点

热强度非常高，每立方米燃烧室容积每小时可达 $4.186 \sim 41.86$ 亿 kJ，相当于扩散燃烧法的 $100 \sim 1000$ 倍；燃烧温度高，接近于理论燃烧温度；燃烧的完全程度高，几乎不存在化学未完全燃烧；燃烧过程的过剩空气量很少，一般 $\alpha = 1.05$，故热效率非常高；燃烧火焰的稳定性较差，容易产生回火。

5.2.2.4 燃气燃烧过程的强化与完善

燃烧设备运行的强度，主要决定于燃气燃烧过程的燃烧速度，而燃烧速度又决定于混合速度和化学反应速度。混合速度由流体力学因素来确定；化学反应速度则由燃气性质、氧化剂性质和可燃混合物的浓度、温度、压力等因素来确定。在工程上，燃气燃烧通常在大气压下进行，故氧化剂为空气的性质和压力这两个因素可视为相对固定。因此，强化燃烧过程主要应提高温度和加强气流混合等方面来考虑。故常用的强化燃烧途径有：

(1) 预热燃气和空气

预热燃气和空气可以提高火焰传播速度,增加反应区内的反应速度,提高燃烧温度,从而燃烧强度增加。在实际工程中,通常利用烟气余热来预热空气,它既可使燃烧强化,又可提高燃烧设备的热效率。但是,由于化学反应的可逆性,当温度升高时,也伴随着燃烧产物的分解:

$$2CO_2 \rightleftharpoons 2CO + O_2 \tag{1}$$

$$2H_2O \rightleftharpoons 2H_2 + O_2 \tag{2}$$

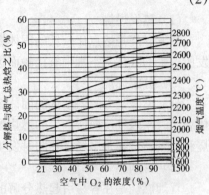

图 5-23 热分解的影响[3]

CO_2 和 H_2O 分解时要吸收一部分热量,而且使燃烧产物中 CO 和 H_2 的含量增加。如图 5-23 表示热分解消耗的热量与理论燃烧温度、空气中氧的浓度之间的关系。从图中可看出,燃烧温度应限制在 1800～2000℃以下,方可避免热分解带来的不良后果影响。

(2) 加强紊动

不论是大气式燃烧,还是扩散式燃烧,加强紊动都能提高燃烧强度。在实际工程中,在火焰稳定性允许的范围内常采用尽量提高炉子入口或燃烧室中的气流速度,并在入口处采用一些阻力较大的挡板来增加紊动尺度,如高速燃烧器就是利用增加紊动的原理来实现强化燃烧的。

(3) 烟气再循环

将燃气燃烧所产生的一部分高温烟气引向燃烧器内,使之与尚在着火的或正在燃烧的燃气—空气混合物相混合,可提高反应区的温度,从而增加燃烧强度。烟气再循环通常有炉膛内的内部再循环和炉膛外的外部再循环两种方式。但是烟气循环量不能太大,否则,由于惰性物质对燃烧混合物的稀释,燃烧速度反而会下降,甚至发生缺氧和不完全燃烧。

(4) 应用旋转气流

在气体从喷口喷出以前,使其产生旋转运动,导致气流的径向和轴向压力梯度的产生而影响流场。因此,在工程上常用旋转气流来改善混合过程,进而增加燃烧强度。通常产生旋转气流的方法有:使全部气流或一部分气流沿切向进入主通道、在轴向管道中设置导向叶片、采用转动叶片或转动管子等。如图 5-24 表示不同旋流数时的热强度变化。从图中可看出:随着旋流数的增大,热流强度迅速增加,燃烧过程得到强化。

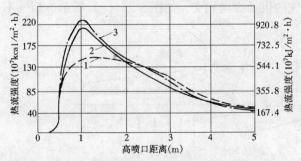

图 5-24 旋流数不同时热流强度的变化[3]
1—S=0;2—S=0.56;3—S=1.27

5.2.3 固体燃料的燃烧方法

5.2.3.1 燃烧方法按燃烧现象分类

(1) 表面燃烧

表面燃烧是在几乎不含有挥发分和易热分解组分而主要由碳组成的燃料中进行的,通常认为:碳分子和碳表面上吸附的氧发生反应,其燃烧产物可能同时有 CO_2 和 CO,CO_2 还可能与碳发生还原反应而生成 CO,其表面燃烧反应为：

$$\text{表面反应}\begin{cases}\text{正反应}\begin{cases}C+O_2\to CO_2 & (1)\\ 2C+O_2\to 2CO & (2)\end{cases}\\ \text{负反应}\ C+CO_2\to 2CO & (3)\end{cases}$$

此外，在碳表面附近的气体层内 CO 和氧可能发生气相反应而生成 CO_2，其反应为

$$CO + 0.5O_2 \to CO_2 \tag{4}$$

（2）蒸发燃烧

蒸发燃烧是熔点比较低的固体燃料在燃烧之前先熔融成液体状态，然后液体受热而蒸发所产生的气体与空气中氧接触而进行燃烧，如常见的蜡烛燃烧就属此类。

（3）分解燃烧

分解燃烧是分解温度低的固体燃料由于加热而产生热分解，它的易挥发的组分离开固体表面时与氧气反应所产生的燃烧现象。如木材、纸、煤等燃烧时会有这种现象。分解燃烧和蒸发燃烧在很多场合会同时发生。

（4）冒烟燃烧

冒烟燃烧是在容易引起热分解的不稳定物质中，由于热分解产生的挥发分温度低于其自发着火温度时，往往会引起带有大量浓烟的表面燃烧现象。如较润湿的纸和木材，热分解产物在较低温时可能产生表面燃烧的物质是容易引起冒烟燃烧的。冒烟燃烧时将有大量的可燃成分散失在烟雾之中。

5.2.3.2 燃烧方法按燃烧方式分类

（1）层燃式燃烧

1）层燃式燃烧类型及其原理　层燃式燃烧是将燃料块置于固定的或移动的炉算上面，让空气通过燃料层使其燃烧。根据燃料和空气供给方法不同，层燃式燃烧可分为逆流式、顺流式和交叉式三种。

逆流式是燃料的移动方向与一次空气的供给方向相反，如图 5-25（a）所示。新燃料颗粒靠燃烧气体进行准备（预热、干燥和析出挥发物），此种燃烧方式着火正确可靠，适用于劣质煤的燃烧。固定床煤气化炉的燃烧就属此类。

顺流式是燃料的移动方向与一次空气的供给方向相同，如图 5-25（b）所示。新燃料颗粒靠燃烧区的热传导和热辐射进行热准备。下饲式开水锅炉的燃烧就属此类。

交叉式是燃料的移动方向与一次空气的供给方向相交，如图 5-25（c）所示。烟气不

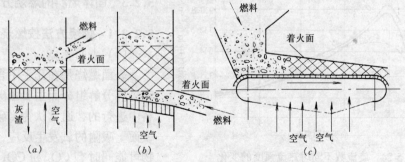

图 5-25　层燃式燃烧

直接穿过新燃料颗粒层,新燃料颗粒的热准备和着火燃烧是靠炉膛内的热烟气和炉壁的热辐射进行的。链条炉的燃烧就属此类。

2) 层燃式燃烧的主要特点　层燃式燃烧具有以下主要特点:

a. 能获得最大的热密度,即在单位体积的燃烧室内,同时存在于炉膛中的燃料量最大;

b. 在防止燃料粉末飞失的条件下,有可能大大增加鼓风;

c. 热惰性大,对燃料供给与鼓风之间协调性的偏离敏感性差,故所以燃烧过程比较稳定,而且炉子尺寸愈大和炉内燃料量愈多时愈稳定;

d. 逆流式对燃料的热准备过程比较有利,而顺流式的热准备过程就没有像逆流式那样进行得充分;

e. 层燃式燃烧在小型和中型动力装置中占有重要地位,但随着现代动力工业的发展,已不能适用于大型动力装置的机械化和自动化控制。

(2) 沸腾式燃烧

1) 沸腾式燃烧的原理　沸腾式燃烧如图 5-26 所示。用较高速度把氧化剂从下面吹入比较细的燃料粒子层中,当鼓风达到某一临界速度时,粒子层的全部颗粒就失去了稳定性,在燃料层中部的颗粒向上飘浮,而靠近炉壁的颗粒则向下降落,整个粒子层就好象液体沸腾那样,产生强烈的相对运动,故称为沸腾式燃烧,又叫流化床燃烧。流化床气化炉的燃烧就属此类。

2) 沸腾式燃烧的主要特点　沸腾式燃烧具有以下主要特点:

a. 可以在单位面积的炉算上获得很大的热负荷;

b. 由于燃料颗粒混合较好,使燃料层沿层高的温度比较均匀,对气化过程中 CO_2 的吸热还原反应提供了有利条件;

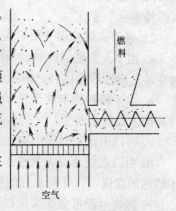

图 5-26　沸腾式燃烧

c. 燃料颗粒在不断的流体动力作用下混合,互相碰撞,有利于破坏颗粒的外层灰壳,阻碍燃料的粘结和结渣,可减轻熔渣产生的故障;

d. 它还可以低温燃烧,减少氮氧化物的发生量,有利于控制大气污染;

e. 此燃烧方式却有使灰分和未燃颗粒等与气体一起大量从炉中流出,造成机械未完全燃烧的缺陷,故需要将带出的未燃的细料用除尘器捕集下来,并返回到燃烧室中继续燃烧。

(3) 悬浮式燃烧

1) 悬浮式燃烧原理　悬浮式燃烧是先将固体燃料磨成细粉,然后随空气一同流向炉膛内呈悬浮状态进行燃烧。悬浮式有直流燃烧和涡流燃烧两种型式。如图 5-27 (a) 为悬浮式直流燃烧,又叫火炬式;图 5-27 (b) 为悬浮式涡流燃烧,又叫旋风式。

火炬式是将直径为 300~500μm 以下的燃料粉末与一次空气混合在一起后,通过燃烧器直接喷入炉膛内进行燃烧。气流与燃料粉末在炉膛内不旋转,故燃料在炉膛内的停留时间很短,通常只有 1~2 秒钟。因此,在操作时必须将加煤和送风量仔细调控好,否则会使燃烧中断。

旋风式是燃料粉末在炉膛中被高速气流携带着旋转,同时进行气化或燃烧。燃料在炉

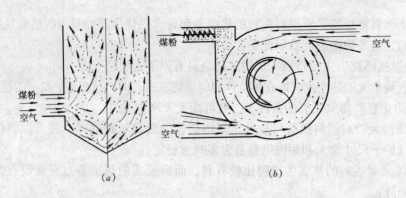

图 5-27 悬浮式燃烧
(a) 悬浮式直流燃烧；(b) 悬浮式涡流燃烧

膛内的停留时间比火炬式长，炉内的混合情况较好，故旋风式燃烧的燃烧过程要比火炬式强烈得多。

2) 悬浮式燃烧的主要特点　悬浮式燃烧有以下主要特点：

a. 用于大型燃烧炉时，与层燃式相比较具有不易结渣、设备费用增加不多、对负荷的变动适应性好等优点，所以可适用于大型动力装置；

b. 由于燃料粉末处于悬浮状态时反应表面积大，所以可得到比层燃式气化块状燃料时高得多的气化效率；

c. 可以用比层燃式小的空气比而得到较高的燃烧效率；

d. 可以燃烧含有大量粉末的劣质煤、水分多的煤和灰分多的煤，如泥煤、无烟煤屑、不结焦的瘦煤、含任何水分的褐煤、铲切泥煤或选煤副产品等；

e. 燃烧过程可全部实现机械化和自动化操作，可大大改善工人的操作环境；

f. 由于悬浮式燃烧时炉壁积灰多，故不适用于小型燃烧炉。

5.2.4 液体燃料的燃烧方式[4,6]

液体燃料燃烧时，一般不发生液相反应，它通常是蒸发成为燃料的蒸气，然后蒸气和氧气发生反应而实现燃烧。因此，根据蒸发方法不同而有如下的燃烧方式：

(1) 液面燃烧

液面燃烧是一种依靠热辐射和热对流原理从附近火焰传热到液面，使液体燃料蒸发，然后在液面的上部进行扩散式燃烧，如煤油的釜式燃烧图，5-28 就属此种方式。

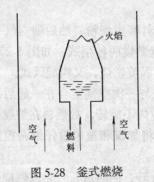

图 5-28　釜式燃烧

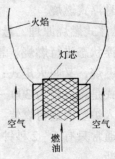

图 5-29　灯芯燃烧

(2) 灯芯燃烧

灯芯燃烧是一种依靠灯芯将燃料从下面的液体燃料贮藏器中吸到灯芯的顶部，并在灯芯的表面蒸发，然后进行扩散式燃烧，如常用的煤油灯燃烧和煤油炉燃烧就属此种燃烧方式（图5-29）。

(3) 蒸发燃烧

蒸发燃烧是一种利用一部分燃烧热量使液体燃料在蒸发管中受热而蒸发，然后象燃气一样和空气混合进行燃烧的方式。如燃气轮机的蒸发式燃烧器及加压式燃烧器的燃烧方式就属此类。图5-30为液体燃料的蒸发燃烧机理示意图。

(4) 喷雾燃烧

喷雾燃烧是用喷雾器把液体燃料雾化成无数的直径为几微米至几百微米的微小油滴，然后和空气或氧气混合进行燃烧。在燃烧过程中，它包含着液体燃料的雾化、喷雾和空气（或氧气）的混合、油滴的蒸发和燃烧等单元过程所组成。如柴油发动机和燃油锅炉的燃烧方式就属此类。图5-31为喷雾燃烧机理示意图。

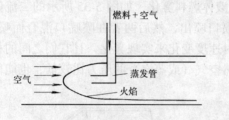

图5-30 蒸发燃烧

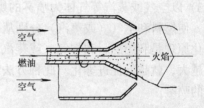

图5-31 喷雾燃烧

喷雾燃烧的燃烧工况与燃烧装置大小、所用燃料种类、雾化和混合的方法等有关，通常有以下四种燃烧工况：

1) 雾化好、油滴小、燃烧用的一次空气量多　由于油滴小、蒸发快，而且一开始就有充足的空气量混合进去，故有着和气体燃料预混合燃烧器相类似的燃烧过程。

2) 雾化好、一次空气量少　仅管油滴的蒸发是快的，但因一次空气量不足，故有着和气体燃料扩散式燃烧相类似的燃烧过程。

3) 雾化差、油滴大、一次空气量多　由于有充足的空气，整个燃烧过程主要取决于油滴的蒸发速度，而油滴的蒸发快慢除与油滴大小有关外，还取决于液体燃料的种类和特性。

4) 雾化差、一次空气量又少　此种情况中，油滴的蒸发速度以及从周围的空气的扩散这两个因素同时对燃烧过程起着支配作用。

从上述喷雾燃烧的四种常见工况看出，雾化过程是喷雾燃烧的最初的重要的阶段。而通常采用的雾化方法有下列几种：

1) 使液体燃料从喷嘴高速喷出　如图5-32所示的单孔喷射器，先给燃料加压，从喷嘴孔中以高速喷射出来。其雾化原理是由于液体喷流的力学不稳定现象以及喷流和空气之间的剪切作用，使液流粉碎成无数微小的液滴群。

2) 使燃料作回转运动时，然后从孔口以液膜状态喷出　如图5-33所示的涡旋喷射器，先使液体燃料以切线方向送入喷射器的回旋室中，由此燃料作

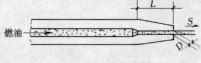

图5-32 单孔喷射器

回旋运动并以液膜状态喷出孔口。其雾化原理是当喷射压力小的时候，液膜的起始段上出现如图 5-34（a）所示缩腰现象，但当压力增加后，这种缩腰现象就会消失，并在喷嘴出口附近液膜就开始分裂成无数的细滴而实现雾化，如图 5-34（b）所示雾化现象。

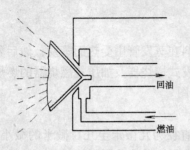

图 5-33 涡旋喷射器

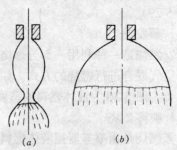

图 5-34 离心式喷射的雾化原理图
(a) 喷射压力小时；(b) 喷射压力大时

3) 以空气或蒸汽等气体为喷雾的媒介质将液体燃料雾化 如图 5-35 所示的二流体喷射器，使燃料和空气（或蒸汽）分别从不同的喷口喷出，然后两者在喷嘴口混合而喷出。其雾化原理是利用燃料和空气（或蒸汽）的相对速度变化来实现雾化，且它们之间的相对速度越大，就越能促进雾化。此种方法中，虽然空气（或蒸汽）的压力比较低，也能得到很细的喷雾。

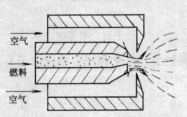

图 5-35 二流体喷射器

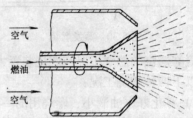

图 5-36 旋转喷射器

4) 从旋转的圆板或杯子的外周以离心力将液体燃料甩出和分散 如图 5-36 所示的旋转喷射器，设计中把风机的出风口和转杯设在同一轴线上。其雾化原理是燃料沿轴线靠转杯的旋转送出，并在转杯口附近形成液膜状，此液膜在风机的出风口借助风速风力将液膜粉碎而实现雾化。

除上述被广泛采用的液体燃料雾化方法外，还有如从旋转的喷孔以离心力将液体喷出的旋转离心喷射器的雾化、使液体之间相互对喷或者使喷液和固体壁面撞击的液体火箭的雾化、利用声波或超声波进行雾化或促进雾化的超声波雾化器、利用高压静电使液体燃料分裂的静电喷射器雾化等方法。

第6章 热质交换设备

在暖通空调等许多工程应用中，经常需要在系统和它的周围环境之间或在同一系统的不同部分之间传递热量和质量，这种以在两种流体之间传递热量和质量为基本目的的设备称为热质交换设备。在热质交换设备中，有时仅有热量的传递，有时是热量传递和质量传递同时发生。前面在绪论中，对建筑环境与设备工程专业中常见的热质交换设备的分类和简单的特点进行了介绍，本章将讨论各类热质交换设备的构造原理和热工计算的基本方法，并简要介绍其性能评价和优化设计等相关内容。

6.1 热质交换设备的型式与结构

本节主要介绍专业中常见的间壁式换热器、混合式换热器和典型的燃烧装置与器具的型式与结构。

6.1.1 间壁式换热器

间壁式换热器种类很多，从构造上主要可分为：管壳式、肋片管式、板式、板翅式、螺旋板式等，其中以前三种用得最为广泛。

不论是哪种型式的间壁式换热器，其结构在传热学教材中均有详细介绍。由于本课程主要涉及热质交换同时发生时的传递过程，所以传热学教材中仅牵涉到显热交换的一般换热器，此处不再介绍了，需要时可参考文献 [1, 2]。

需要说明的是，用于显热交换的间壁式换热器，也可用于既有显热交换又有潜热交换的场合，只是考虑到换热设备两端流体的不同，使用的间壁式换热器种类和型式有所不同。例如，空调工程中处理空气的表冷器，其两侧的流体通常是冷冻水或制冷剂和湿空气，由于两者的换热系数不同，所以根据换热器的强化方法，一般在空气侧加装各种形式的肋片，如图 6-1 所示。

图 6-1 (a) 所示是将铜带或钢带用绕片机紧紧地缠绕在管子上，制成了皱褶式绕片管。皱褶的存在既增加了肋片与管子间的接触面积，又增加了空气流过时的扰动性，因而能提高传热系数。但是，皱褶的存在也增加了空气阻力，而且容易积灰，不便清理；为了消除肋片与管子接触处的间隙，可将这种换热器浸镀锌、锡。浸镀锌、锡还能防止金属生锈。

有的绕片管不带皱褶，它们是用延展性好的铝带绕成，见图 6-1 (b) 所示。

将事先冲好管孔的肋片与管束连在一起，经过胀管之后制成的是串片管，见图 6-1 (c) 所示。

用轧片机在光滑的铜管或铝管的外表面上直接轧出肋片，便制成了轧片管，见图 6-1 (d) 所示。由于轧片管的肋片和管子是一个整体，没有缝隙，所以传热性能更好；但是，

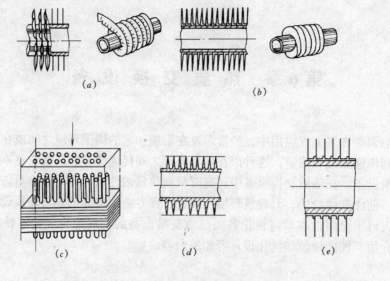

图 6-1 换热器用的各种肋片形式
(a) 皱褶绕片；(b) 光滑绕片；(c) 串片；(d) 轧片；(e) 二次翻边片

轧片管的肋片不能太高，管壁不能太薄。

除此之外，使用在多工位连续冲床上经多次冲压、拉伸、翻边、再翻边的方法，可得到二次翻边肋片，见图 6-1 (e) 所示。用这种肋片制成的换热器有更好的传热效果。

此外，为了进一步提高传热性能，增加气流的扰动性以提高外表面换热系数，近年来还发展了其它的肋片片型，如波纹型片、条缝型片、百叶缝型片和针刺型片等。研究表明，采用上述措施后，可使空调工程中所用的表冷器的传热系数提高 10%～70%。

6.1.2 混合式换热器

混合式热交换器是依靠冷、热流体直接接触而进行传热的，这种传热方式避免了传热间壁及其两侧的污垢热阻，只要流体间的接触情况良好，就有较大的传热速率。故凡允许流体相互混合的场合，都可以采用混合式热交换器，例如气体的洗涤与冷却、循环水的冷却、汽-水之间的混合加热、蒸汽的冷凝等等。它的应用遍及化工和冶金企业、动力工程、空气调节工程以及其它许多生产部门中。

6.1.2.1 混合式热交换器的种类

按照用途的不同，可将混合式热交换器分成以下几种不同的类型：

(1) 冷却塔（或称冷水塔）

在这种设备中，用自然通风或机械通风的方法，将生产中已经提高了温度的水进行冷却降温之后循环使用，以提高系统的经济效益。例如热力发电厂或核电站的循环水、合成氨生产中的冷却水等，经过水冷却塔降温之后再循环使用，这种方法在实际工程中得到了广泛的使用。

(2) 气体洗涤塔（或称洗涤塔）

在工业上用这种设备来洗涤气体有各种目的，例如用液体吸收气体混合物中的某些组分，除净气体中的灰尘，气体的增湿或干燥等。但其最广泛的用途是冷却气体，而冷却所用的液体以水居多。空调工程中广泛使用的喷淋室，可以认为是它的一种特殊形式。喷淋室不但可以像气体洗涤塔一样对空气进行冷却，而且还可对其进行加热处理。但是，它也有对水质要求高、占地面积大、水泵耗能多等缺点。所以，目前在一般建筑中，喷淋室已不常使用或仅作为加湿设备使用。但是，在以调节湿度为主要目的的纺织厂、卷烟厂等仍大量使用。

(3) 喷射式热交换器

在这种设备中，使压力较高的流体由喷管喷出，形成很高的速度，低压流体被引入混合室与射流直接接触进行传热传质，并一同进入扩散管，在扩散管的出口达到同一压力和温度后送给用户。

(4) 混合式冷凝器

这种设备一般是用水与蒸汽直接接触的方法使蒸汽冷凝，最后得到的是水与冷凝液的混合物。可以根据需要，或循环使用，或就地排放。

以上这些混合式热交换器的共同优点是结构简单，消耗材料少，接触面大，并因直接接触而有可能使得热量的利用比较完全。因此它的应用日渐广泛，对其传热传质机理的探讨和结构的改进等方面，也进行了较多的研究。但是应该说，混合热交换理论的研究水平，还远远不能与这类设备的广泛流行相适应。有关这类设备的热工计算问题的研究，还有大量工作可做。在这里，本节重点介绍喷淋室和冷却塔这两类混合式热交换器的类型与结构。

6.1.2.2 喷淋室的类型和构造[6]

(1) 喷淋室的构造

图 6-2 (a) 是应用比较广泛的单级、卧式、低速喷淋室，它由许多部件组成。前挡水板有挡住飞溅出来的水滴和使进风均匀流动的双重作用，因此有时也称它为均风板。被处理空气进入喷淋室后流经喷水管排，与喷嘴中喷出的水滴相接触进行热质交换，然后经后挡水板流走。后挡水板能将空气中夹带的水滴分离出来，防止水滴进入后面的系统。在喷淋室中通常设置一至三排喷嘴，最多四排喷嘴。喷水方向根据与空气流动方向相同与否分为顺喷、逆喷和对喷，从喷嘴喷出的水滴完成与空气的热质交换后，落入底池中。

底池和四种管道相通，它们是：

1) 循环水管：底池通过滤水器与循环水管相连，使落到底池的水能重复使用。滤水

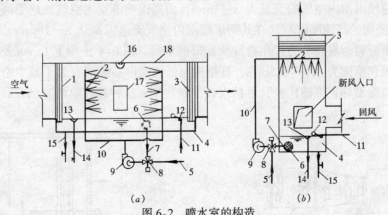

图 6-2 喷水室的构造

1—前挡水板；2—喷嘴与排管；3—后挡水板；4—底池；5—冷水管；6—滤水器；7—循环水管；8—三通混合阀；9—水泵；10—供水管；11—补水管；12—浮球阀；13—溢水器；14—溢水管；15—泄水管；16—防水灯；17—检查门；18—外壳

器的作用是清除水中杂物，以免喷嘴堵塞。

2）溢水管：底池通过溢水器与溢水管相连，以排除水池中维持一定水位后多余的水。在溢水器的喇叭口上有水封罩可将喷淋室内、外空气隔绝，防止喷淋室内产生异味。

3）补水管：当用循环水对空气进行绝热加湿时，底池中的水量将逐渐减少，由于泄漏等原因也可能引起水位降低。为了保持底池水面高度一定，且略低于溢水口，需设补水管并经浮球阀自动补水。

4）泄水管：为了检修、清洗和防冻等目的，在底池的底部需设有泄水管，以便在需要泄水时，将池内的水全部泄至下水道。

为了观察和检修的方便，喷淋室还设有防水照明灯和密闭检查门。

喷嘴是喷淋室的最重要部件。我国曾广泛使用 Y-l 型离心喷嘴，其构造与性能详见本章第三节。近年来，国内研制出了几种新型喷嘴，如 BTL-l 型、PY-1 型、FL 型、FKT 型等。由于使用 Y-l 型喷嘴的喷淋室实验数据较完整，故在后面本章的例题中仍加以引用。

挡水板是影响喷淋室处理空气效果的又一重要部件。它由多折的或波浪形的平行板组成。当夹带水滴的空气通过挡水板的曲折通道时，由于惯性作用，水滴就会与挡水板表面发生碰撞，并聚集在挡水板表面上形成水膜，然后沿挡水板下流到底池。

用镀锌钢板或玻璃条加工而成的多折形挡水板，由于其阻力较大、易损坏，现已较少使用。而用各种塑料板制成的波形和蛇形挡水板，阻力较小且挡水效果较好。

(2) 喷淋室的类型

喷淋室有卧式和立式；单级和双级；低速和高速之分。此外，在工程上还使用带旁通和带填料层的喷淋室。

如图 6-2（b）所示，立式喷淋室的特点是占地面积小，空气流动自下而上，喷水由上而下，因此空气与水的热湿交换效果更好，一般是在处理风量小或空调机房层高允许的地方采用。

双级喷淋室能够使水重复使用，因而水的温升大、水量小，在使空气得到较大焓降的同时节省了水量。因此，它更适宜于用在使用自然界冷水或空气焓降要求较大的地方。双级喷淋室的缺点是占地面积大，水系统复杂。

一般低速喷淋室内空气的流速为 2～3m/s，而高速喷淋室内空气流速更高。图 6-3 是美国 Carrier 公司的高速喷淋室。在其圆形断面内空气流速可高达 8～10m/s，挡水板在高速气流驱动下旋转，靠离心力作用排除所夹带的水滴。图 6-4 是瑞士 Luwa 公司的高速喷淋室，它的风速范围为 3.5～6.5m/s，其结构与低速喷淋室类似。为了减少空气阻力，它的均风板用流线型导流格栅代替，后挡水板为双波型。这种高速喷淋室已在我国纺织行业推广应用。

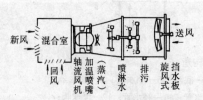

图 6-3 Carrier 公司高速喷淋室

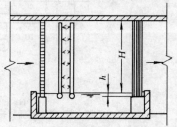

图 6-4 Luwa 公司高速喷淋室

带旁通的喷淋室是在喷淋室的上面或侧面增加一个旁通风道，它可使一部分空气不经过喷水处理而与经过喷水处理的空气混合，得到要求处理的空气终参数。

带填料层的喷淋室，是由分层布置的玻璃丝盒组成。在玻璃丝盒上均匀地喷水（图6-5），空气穿过玻璃丝层时与各玻璃丝表面上的水膜接触，进行热湿交换。这种喷淋室对空气的净化作用更好，它适用于空气加湿或蒸发式冷却，也可作为水的冷却装置。

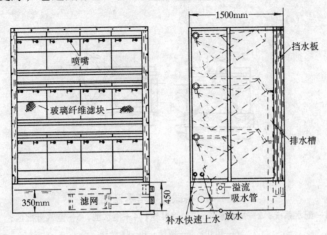

图6-5 玻璃丝盒喷淋室

6.1.2.3 冷却塔的类型与结构[7]

（1）冷却塔的类型

冷却塔有很多种类，根据循环水在塔内是否与水直接接触，可分成干式、湿式。干式冷却塔是把循环水通入安装于冷却塔中的散热器内被空气冷却，这种塔多用于水源奇缺而不允许水分散失或循环水有特殊污染的情况。湿式冷却塔则让水与空气直接接触，它是本章所要讨论的对象。

图6-6示出了湿式冷却塔的各种类型。在开放式冷却塔中，利用风力和空气的自然对流作用使空气进入冷却塔，其冷却效果要受到风力及风向的影响，水的散失比其它型式的冷却塔大。在风筒式自然通风冷却塔中，利用较大高度的风筒，形成空气的自然对流作用使空气流过塔内与水接触进行传热，其特点是冷却效果比较稳定。在机械通风冷却塔中，如图中的（c）是空气以鼓风机送入，而图中的（d）则显示的是以抽风机吸入的形式，所以机械通风冷却塔具有冷却效果好和稳定可靠的特点，它的淋水密度（指在单位时间内通过冷却塔的单位截面积的水量）可远高于自然通风冷却塔。

按照热质交换区段内水和空气流动方向的不同，还有逆流塔、横流塔之分，水和空气流动方向相反的为逆流塔，方向垂直交叉的为横流塔，如图6-6（e）所示。

（2）冷却塔的构造

各种型式的冷却塔，一般包括下面所述几个主要部分，这些部分的不同结构，可以构成不同形式的冷却塔。

1）淋水装置

淋水装置又称填料，其作用在于将进塔的热水尽可能形成细小的水滴或水膜，增加水和空气的接触面积，延长接触时间，以增进水气之间的热质交换。在选用淋水装置的型式

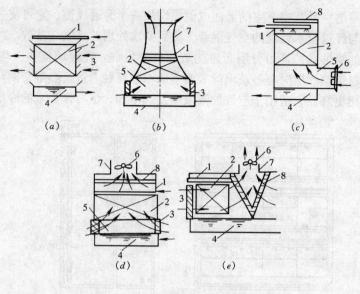

图 6-6 各式冷却塔示意图
1—配水系统；2—淋水装置；3—百叶窗；4—集水池；5—空气分配区；
6—风机；7—风筒；8—收水器
(a) 开放式冷却塔；(b) 风筒式冷却塔；(c) 鼓风逆流式冷却塔；
(d) 抽风逆流式冷却塔；(e) 抽风横流式冷却塔

时，要求它能提供较大的接触面积并具有良好的亲水性能，制造简单而又经久耐用，安装检修方便、价格便宜等。

淋水装置可根据水在其中所呈现的现状分为点滴式、薄膜式及点滴薄膜式三种。

a. 点滴式 这种淋水装置通常用水平的或倾斜布置的三角形或矩形板条按一定间距排列而成，如图 6-7 所示。在这里，水滴下落过程中水滴表面的散热以及在板条上溅散而成的许多小水滴表面的散热约占总散热量的 60%～75%，而沿板条形成的水膜的散热只占总散热量的 25%～30%。一般来说，减小板条之间的距离 S_1、S_2 可增大散热面积，但会增加空气阻力，减小溅散效果。通常取 S_1 为 150mm，S_2 为 300mm。风速的高低也对冷却效果产生影响，一般在点滴式机械通风冷却塔中可采用 1.3～2m/s，自然通风冷却塔中采用 0.5～1.5m/s。

b. 薄膜式 这种淋水装置的特点是利用间隔很小的平膜板或凹凸形波板、网格形膜板所组成的多层空心体，使水沿着其表面形成缓慢的水流，而冷空气则经多层空心体间的空隙，形成水气之间的接触面。水在其中的散热主要依靠表面水膜、格网间隙中的水滴表

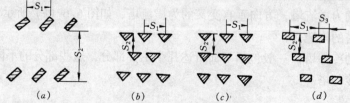

图 6-7 点滴式淋水装置板条布置方式
(a) 倾斜式；(b) 棋盘式；(c) 方格式；(d) 阶梯式

面和溅散而成的水滴的散热等三个部分,而水膜表面的散热居于主要地位。图 6-8 中示出了其中四种薄膜式淋水装置的结构。对于斜波交错填料,安装时可将斜波片正反叠置,水流在相邻两片的棱背接触点上均匀地向两边分散。其规格的表示方法为"波距×波高×倾角—填料总高",以 mm 为单位。蜂窝淋水填料是用浸渍绝缘纸制成毛坯在酚醛树脂溶液中浸胶烘干制成六角形管状蜂窝体构成,以多层连续放于支架上,交错排列而成。它的孔眼的大小以正六边形内切圆的直径 d 表示。其规格的表示方法为:d(直径),总高 $H=$ 层数×每层高—层距,例如:$d20$,$H=12\times100-0=1200mm$。

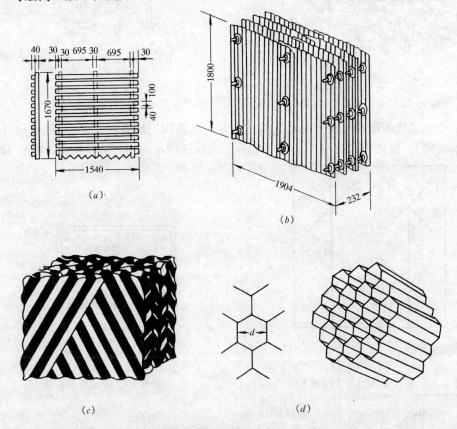

图 6-8 薄膜式淋水装置的四种结构
(a) 小间距平板淋水填料;(b) 石棉水泥板淋水填料;(c) 斜波交错填料;(d) 蜂窝淋水填料

c. 点滴薄膜式　铅丝水泥网格板是点滴薄膜式淋水装置的一种(图 6-9),它是以 16～18$^{\#}$ 铅丝作筋制成的 50mm×50mm×50mm 方格孔的网板;每层之间留有 50mm 左右的间隙,层层装设而成的。热水以水滴形式淋洒下去,故称点滴薄膜式。其表示方法:G 层数×网孔—层距 mm。例如 G16×50—50。

2) 配水系统

配水系统的作用在于将热水均匀地分配到整个淋水面积上,从而使淋水装置发挥最大的冷却能力。常用的配水系统有槽式、管式和池式三种。

槽式配水系统通常由水槽、管嘴及溅水碟组成,热水从管嘴落到溅水碟上,溅成无数小水滴射向四周,以达到均匀布水的目的(图 6-10)。

管式配水系统的配水部分由干管、支管组成，它可采用不同的布水结构，只要布水均匀即可。图 6-11 所示为一种旋转布水管系的平面图。

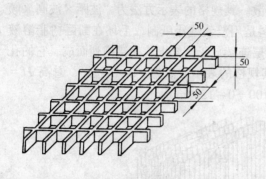

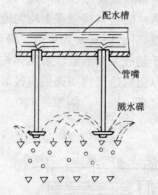

图 6-9　铅丝水泥网板淋水装置　　　　　　图 6-10　槽式配水系统

池式配水系统的配水池建于淋水装置正上方，池底均匀地开有 4～10mm 孔口（或者装喷嘴、管嘴），池内水深一般不小于 100mm，以保证洒水均匀。其结构示于图 6-12。

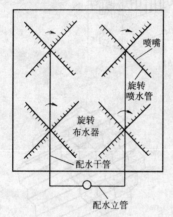

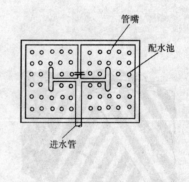

图 6-11　旋转布水的管式配水系统　　　　　图 6-12　池式配水系统

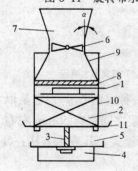

图 6-13　通风筒
1—布水器；2—填料；3—隔墙；4—集水池；5—进风口；6—风机；7—风筒；8—收水器；9—导风伞；10—塔体；11—导风板

3）通风筒

通风筒是冷却塔的外壳，气流的通道。自然通风冷却塔一般都很高，有的达 150m 以上。而机械通风冷却塔的风筒一般在 10m 左右。包括风机的进风口和上部的扩散筒，如图 6-13 所示。为了保证进、出风的平缓性和清除风筒口的涡流区，风筒的截面一般用圆锥形或抛物线形。

在机械通风冷却塔中，若鼓风机装在塔的下部区域，操作比较方便，这时由于它送的是较冷的干空气，而不像装在塔顶的抽风机那样是用于排除受热而潮湿的空气，因此鼓风机的工作条件较好。但是，采用鼓风机时，从冷却塔排出的空气流速，仅有 1.5～2.0m/s 左右，而且由于这种塔的高度不大，因此只要有微风吹过，就有可能将塔顶排出的热而潮湿的空气吹向下部，以致被风机吸入，造成热空气的局部循环，恶化了冷却效果。

6.1.3 典型的燃烧装置与器具

燃烧装置与器具的类型很多，分类方法也各不相同。依据燃料种类可将燃烧装置与器具分为气体、液体及固体燃料的三大类型。下面重点介绍气体燃料的典型燃烧器和简要介绍液体燃料的常用燃烧器。

6.1.3.1 气体燃料的燃烧器

气体燃料的燃烧器的种类很多，按其燃烧方式有如下几种常用的燃烧器。

(1) 扩散式燃烧器

1) 工作原理及构造　按照扩散式燃烧方法设计制作的燃烧器称为扩散式燃烧器。扩散式燃烧器由于一次空气系数 $α′=0$，因此，燃气靠扩散作用和燃烧所需要的空气边混合边燃烧。根据燃烧过程中空气供给方式的不同，扩散式燃烧器又可分为自然引风式和强制鼓风式两种。

a. 自然引风式扩散燃烧器，依靠自然抽力或扩散供给空气，燃烧前燃气与空气不进行预混。根据加热工艺需要可做成常见的不同形状管子组成的管式自然引风扩散燃烧器。

图 6-14 为直管式扩散燃烧器，它是在一根钢管或铜管上钻有一排火孔而制成；图 6-15 为排管式扩散燃烧器，它是由若干根钻有火孔的排管焊在一根集气管上所组成的；图 6-16 为涡卷管式扩散燃烧器，它是由若干根钻有火孔的涡卷形管子焊在一根集气管上所组成。

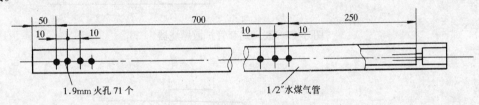

图 6-14　直管式扩散燃烧器

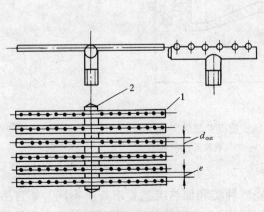

图 6-15　排管式扩散燃烧器
1—排管；2—集气管

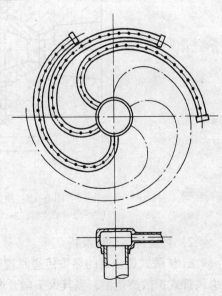

图 6-16　涡卷式扩散燃烧器

b. 鼓风式扩散燃烧器，燃气燃烧所需要的全部空气是靠鼓风机一次供给，但燃烧前燃气与空气并不实现完全预混，故此燃烧过程并不属于预混燃烧，而为扩散燃烧。根据其燃烧强化过程所采取的措施及加热工艺对火焰的要求可做成套管式、旋流式及平流式等多种鼓风式扩散燃烧器。

图 6-17 为鼓风式套管扩散燃烧器，它是由大管和小管相套而成，且通常是燃气从中间小管流出，空气从管夹套中流出，并在火道或燃烧室内边混合边燃烧；图 6-18 为鼓风式导流叶片旋流扩散燃烧器，它是由节流阀、导流叶片及燃气旋流器等所组成，且燃气燃烧所需空气经过导流叶片 2 形成旋流，并与中心孔口流出的燃气进行混合，然后经喷口 4 进入火道或燃烧室继续进行混合和燃烧。

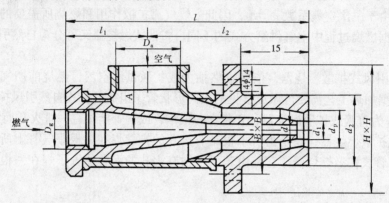

图 6-17 鼓风式套管扩散燃烧器

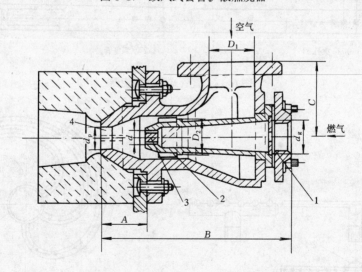

图 6-18 导流叶片鼓风式旋流扩散燃烧器
1—节流阀；2—导流叶片；3—燃气旋流器；4—喷口

2）热质传递原理及特点

a. 扩散式燃烧器的热质传递原理视其燃烧器种类和加热工艺要求有所不同。如自然引风管式扩散燃烧器，当其火头敞开燃烧对工件加热和房间采暖时，其热质传递主要靠燃烧反应放出热量，使烟气热流体的质点宏观运动所引起对流传热对工件和室内空气进行加热;强制鼓风式扩散燃烧器,多安装在炉膛或燃烧室内,其热质传递主要靠前面所述的烟气热流体的对流传热,首先加热工件和炉壁,而后炉壁的热能以电磁波形式传递能量,将热能转变为辐射能,故此种工况的热质传递主要包含对流和辐射传热两种形式。当燃烧温度不高时,主要以对流传热为主。

b. 扩散式燃烧器的特点,依据燃烧器种类及加热工艺要求不同而有所区别:

自然引风式扩散燃烧器的主要特点是:燃烧稳定,不会回火,运行可靠;结构简单,制造容易;操作简单,点火容易;可利用低压燃气,如燃气压力为200～400Pa或更低时仍能正常工作;不需要鼓风。但燃烧强度低,火焰长,需要较大的燃烧室,并容易产生不完全燃烧,加之过剩空气系数较大,使燃烧温度低。故此种燃烧器适用于温度要求不高,但要求温度均匀、火焰稳定的场合。如用于沸水器、热水器、纺织业和食品业的加热设备及小型采暖锅炉等。

强制鼓风式扩散燃烧器的特点是:与热负荷相同的自然引风式燃烧器相比,其结构紧凑、体形轻巧、占地面积小;热负荷调节范围大,调节系数一般大于5;可以预热空气或预热燃气;要求燃气压力较低。但需要鼓风、电耗大;火焰较长,燃烧室容积需用量大。故此种燃烧器主要用于各种工业炉及锅炉中。

(2) 大气燃烧器

1) 工作原理及构造　根据预混燃烧方法设计制做的燃烧器称为大气式燃烧器,其一次空气系数 $0<\alpha'<1\left(\alpha'=\dfrac{燃烧前与燃气预混的空气量}{燃气燃烧理论空气量}=\dfrac{V'}{V_0}\right)$。此种燃烧器的燃气燃烧是靠燃气自身能量吸入一次空气,并在引射器内相互混合。然后经头部火孔流出,进行燃烧。且一次空气系数 α' 通常为 0.45～0.75。大气式燃烧器由头部和引射器两部分组成,如图6-19所示。

2) 热质传递原理及特点　大气式燃烧器多用于民用及公用的燃气用具。因此其热质传递原理主要以燃烧火焰的热流体的质点宏观运动靠对流传热方式首先将锅壁和器皿表壁进行加热,然后锅体和器具因内外壁面温差而进行能量迁移的分子导热来实现工艺要求的热质传递。当其燃烧火焰温度很高时,被加热的锅壁或炉灶可将热能转变为辐射能,伴有对加热物品和环境进行辐射传热。此种工况对加热物品辐射传热有利加热,但辐射能对环境的辐射传热将使热损失增加。

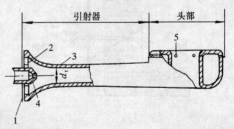

图6-19　大气式燃烧器
1—调风板;2——次空气口;3—引射器喉部;
4—喷嘴;5—火孔

大气燃烧器的主要特点是:由于燃烧前燃气预混了燃烧所需的部分空气,因此比扩散式燃烧器的火焰短,火力强,燃烧温度高;可以燃烧不同性质的燃气,燃烧比较完全,烟气中CO含量较少,燃烧效率较高;一次空气靠燃气吸入和外锥焰燃烧所需空气从大气中获得,即空气的获得不需要鼓风设备。但由于只预混了燃烧所需的部分空气,故火孔热强度及燃烧温度仍受到一定限制。

(3) 完全预混式燃烧器

1) 工作原理及构造　根据完全预混燃烧方法设计制做的燃烧器称为完全预混式燃烧器。此种燃烧器在燃烧之前燃气与空气实现完全预混，即过剩空气系数 $\alpha = \alpha' \geqslant 1$，通常 $\alpha = 1.05 \sim 1.10$。其构造由混合装置和头部两部分组成，根据燃烧器使用的压力、混合装置及头部结构的不同而有多种形式。不同的结构形式其工作原理也有所区别。图6-20为引射式单火道完全预混式燃烧器，它是由引射器、喷头及火道三部分组成。高（中）压燃气从喷嘴喷出，依靠自身的能量吸入燃气燃烧所需的全部空气，并在引射器内混合。混合均匀的燃气—空气混合物经喷头进入火道，在赤热的火道壁面和高温回流烟气的稳焰作用下进行燃烧。图6-21为撞击式完全预混燃烧器，它是靠燃气—空气混合物与炉内赤热的耐火材料表面发生撞击而引起燃烧。

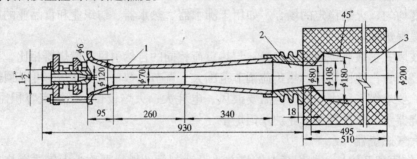

图6-20　引射式单火道完全预混燃烧器
1—引射器；2—喷头；3—火道

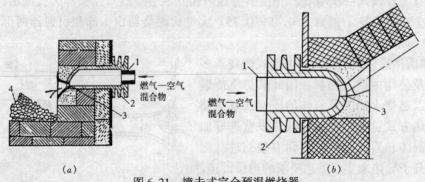

图6-21　撞击式完全预混燃烧器
(a) 耐火砖碎块稳焰；(b) 拱顶稳焰
1—燃气入口；2—空气冷却肋片；3—喷口；4—耐火砖碎块

2) 热质传递原理及特点　由于完全预混合式燃烧器有不同的结构形式，故热质传递原理也是有别的。火道式完全预混燃烧器，由于可燃混合物的加热、着火和燃烧均在火道内进行，燃烧产生的高温回流烟气不仅将从引射器送来的混合气加热，而且更重要的是高温烟气靠对流传热将火道壁加热。当火道壁面温度上升至900~1000℃时，热能将转变为辐射能，靠两固体间的辐射传热方式实现了使不希望火焰与工件直接接触的无焰加热工艺。被加热工件内部是靠分子、原子、自由电子等微观粒子的热运动而将整个工件加热均匀。可见，此种燃烧器对加热工件的热质传递过程具有对流、辐射、传导三种方式，当火道温度高出900~1000℃时，辐射传热的方式是热质传递的主体。撞击式完全预混燃烧器，由于靠燃气—空气混合物与炉内赤热的耐火材料表面发生撞击而引起燃烧，燃烧产生的高温烟气流首先靠对流传热方式使炉内耐火材料温度进一步升高，同时也加热炉内工件和炉壁。当其炉内耐火材料、炉壁被加热至 900～1000℃ 时，使炉内工件在辐射传热及工件内部自身的热传导过程中，实现了整个工件加热的均匀性。至于此种燃烧器热质传递过程的三种方式，其传热方式的主体应视炉内炉气温度及加热工艺要求所确定。

完全预混式燃烧器无论其结构形式的不同，均有共同的主要特点：燃烧完全，化学不完全燃烧物极少；过剩空气系数较小，$\alpha = 1.05 \sim 1.10$，当用于工业炉内直接加热工件时，不会引起工件过分氧化，产品质量好；燃烧温度高，容易满足高温加热工艺要求；燃烧热强度大，可缩小燃烧室容积；火道式完全预混燃烧器，能燃烧低热值燃气。但要求燃气热值和密度稳定；燃烧时发生回火的可能性大，而且调节范围较小；对于热负荷大的燃烧器，结构庞大而笨重；高压和高负荷时噪声较大。故此种燃烧器主要应用在工业加热装置上。

(4) 其它类型的燃气燃烧器

为了满足不同加热工艺的需要，人们还设计了各种各样的新型燃气燃烧器：

1) 平面火焰燃烧器，人们习惯称平焰燃烧器 此种燃烧器有各种各样的形式，常见的有引射型平焰燃烧器、双旋平焰燃烧器及螺旋叶片平焰燃烧器等。

图 6-22 为引射型平焰燃烧器，它是由引射器、喷头及梅花型火道砖所组成。燃气经喷嘴吸入一次空气，混合后经喷头夹条形火孔流出，而二次空气依靠炉内负压吸入，在火孔出口处与燃气相遇，二者边混合边进入梅花型火道砖内进行燃烧。图 6-23 为双旋平焰燃烧器，它是由旋流器及火道两部分组成。空气和燃气经旋流器呈旋流向前流动，二者经强烈混合后进入喇叭形火道开始燃烧，在火道出口处旋转气流在离心力及烟气流的作用下向四周扩散而形成平面火焰。图 6-24 为螺旋叶片平焰燃烧器，它是由螺旋叶片、喷头及火道等所组成。空气经过螺旋叶片产生旋转，燃气从径向喷孔射入空气旋流中，在旋流中二者进行强烈混合后进入喇叭形火道开始燃烧而形成平面火焰。

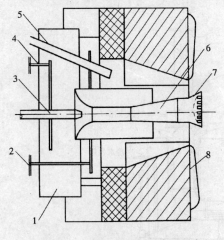

图 6-22　引射型平面火焰燃烧器
1—消声器；2—二次风口；
3—喷嘴；4——次风口；5—点火器；
6—引射器；7—喷头；8—梅花型火道砖

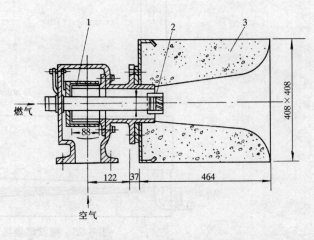

图 6-23　双旋平焰燃烧器
1—空气旋流器；2—燃气旋流器；3—火道

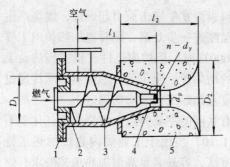

图 6-24 螺旋叶片平焰燃烧器
1—盖板；2—外壳；3—螺旋叶片；
4—燃气喷头；5—火道

采用平焰燃烧器的加热炉，由于平焰的形成过程与烟气的扩展流动均是沿着炉壁内表面进行的，灼热的平面火焰及热烟气对炉壁的对流传热比普通直焰炉强烈得多。同时，平焰与炉壁直接接触，对炉壁的辐射传热也比直焰炉强烈。因此，在加热过程中，炉壁温度提高很快，炉温也随之快速升高。当炉温>1000℃时，整个炉内的辐射传热更加明显。据文献 [8] 第三章介绍，在高温的平焰炉中，对流传热在总传热量中不足5%，而辐射传热占总传热量的95%以上。另外，从平焰炉加热工件的热质传递过程分析得知，在整个加热过程中包含着炉气对炉壁的辐射和对流传热、炉壁对炉气和工件的辐射传热、工件对炉壁的辐射传热、炉壁的自身辐射及炉墙对大气的辐射散热。可见，辐射传热是平焰炉的传热主体。

平焰燃烧器无论其结构形式的不同，燃烧过程中形成平面火焰是共同的，故其主要特点是：加热均匀，防止局部过热，可提高加热质量和加热速度；炉子升温及物料加热速度快，可提高质量；平面火焰离受热工件的距离比一般火焰小得多，因此加热快、节能效果好；烟气中 NO_x 含量较其它火焰少；燃烧稳定，噪声小。但平焰燃烧器制造、安装技术要求高，在工业炉上布置方位受限制。因此，它主要用于钢铁及机械工业的加热炉上，也可用于玻璃、陶瓷及化工等工业窑炉上。

2) 浸没式燃烧器[8,9]　它是根据浸没燃烧原理设计制作的一种液体加热燃烧器。图 6-25 所示为浸没燃烧热水炉，它是由燃烧器、鼓泡管及水槽三部分组成。而燃烧器为浸没式，它是由混合室、喷头及火道组成。火道出口与鼓泡管连接，鼓泡管置于液体当中。燃气燃烧产生的烟气经过鼓泡管上的小孔直接喷入液体，将液体加热。图 6-26 所示为浸

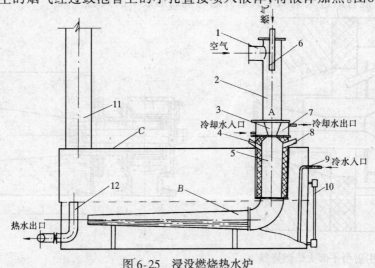

图 6-25　浸没燃烧热水炉
1—空气管；2—混合管；3—喷头；4—点火孔；5—火道；6—燃气管；
7—冷水管；8—观察孔；9—给水管；10—液面计；11—排烟道；12—热水出口
A—燃烧器；B—鼓泡管；C—水槽

没燃烧浓缩溶液设备,它是由燃烧器、筒体、排烟管、除沫器、鼓泡管及溢流管等所组成。其工作原理与浸没燃烧热水炉基本相同,是通过加热蒸发水分,将稀溶液浓缩成浓溶液。

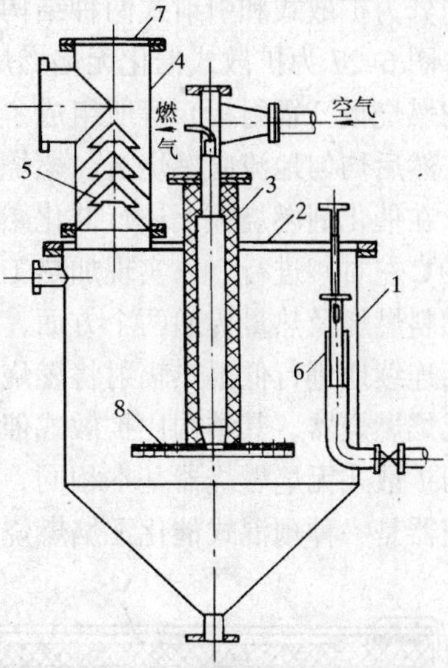

从上述的两种浸没燃烧装置的工作原理可看出,浸没燃烧法的燃烧过程属于无焰燃烧,而其传热过程中属于直接接触的传热。在浸没燃烧加热与蒸发过程中,包括了流体力学过程、传热过程和传质过程。其中传质过程是指蒸汽通过气泡表面进行的扩散过程,其扩散速率(蒸发速率)可用式(6-1)计算[8]:

$$W = K_D F_D (C_l - C_g) \quad (6-1)$$

式中 W——扩散速率或蒸发速率;
K_D——传热系数;
F_D——传质面积;
C_l——气泡表面处的蒸汽质量浓度;
C_g——气泡内的蒸汽质量浓度。

图 6-26 浸没燃烧浓缩溶液设备
1—筒体;2—盖板;3—燃烧器;4—排烟管;5—除沫器;6—溢流管;7—防爆膜;8—鼓泡管

传热过程是烟气将热量传给液体的过程,此过程是通过高温烟气靠浸没管壁和管外气液相流体间的间接传热和气液间的直接接触传热两个途径来实现,即传热过程的总传热量 Q 为:

$$Q = Q_W + Q_B \quad (6-2)$$

式中 Q——总传热量;
Q_W——间接传热量;
Q_B——直接传热量。

且传热过程的传热量 Q 亦可用传热速率式计算。

$$Q = KF(t_g - t_l) \quad (6-3)$$

式中 Q——单位时间内的传热量,W;
K——传热系数,W/(m²·℃);
t_g——气相温度,℃;
t_l——液相温度,℃。
F——传热面积,m²。

浸没燃烧器的主要特点是:气液两相直接接触时所形成的无数气泡表面就是传热传质面,故传热传质面大,加之气泡在水(或溶液)中强烈扰动,使换热系数增大,可提高加热设备的热效率和蒸发效率,节能效果好。在浸没燃烧设备中,气空间系烟气与溶液蒸汽共存,溶液蒸汽分压力低于大气压力,可使溶液沸点下降,对蒸发、浓缩溶液工艺有利;浸在溶液中的只有鼓泡管,不需要加热面,可节约大量贵重金属。但浸没燃烧要求较高的燃气、空气压力,电耗大、点火困难、噪声较大。故浸泡燃烧设备在液体加热和蒸发上得到广泛应用,尤其适用于腐蚀性强、易结晶、粘稠和泡沫多的液体浓缩和蒸发。

3) 催化燃烧器 它是根据催化燃烧原理制做的一种无焰燃烧器,根据空气供给方式不同分为扩散式和引射式两种结构型式。

图 6-27 为扩散式催化无焰燃烧器,它的结构主要由燃气分配管、辐射器及镀有催化剂的燃烧板（辐射板）等所组成。其工作原理是：燃气经过燃气分配管上的小孔进入辐射器,然后均匀地流向燃烧板,燃烧所需的氧气借助扩散作用由周围大气流向燃烧板,点火后,在催化剂燃烧板上进行催化燃烧反应。催化作用的结果,使燃烧反应在较低的温度下（400℃左右）进行,以实现加热工艺要求的燃烧板温度。可见,上述的催化燃烧过程包括了燃料燃烧及热量传递两个方面,即燃气和空气不断地流向燃烧板面进行催化燃烧；燃烧板面连续地进行低温热辐射将燃烧产生的热量传给各种被加热物体。图 6-28 为引射式催化无焰燃烧器,其结构比扩散式催化无焰燃烧器多了引射系统,其工作原理和热质传递过程与扩散式无焰燃烧器基本相同,不同之处是在燃烧板上进行的催化燃烧是预混式,故此燃烧器是一种预混式催化无焰燃烧器。它的燃烧温度比扩散式高。

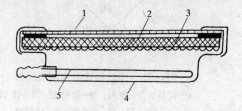 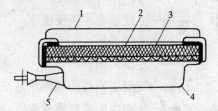

图 6-27　扩散式催化燃烧器　　　　　　图 6-28　引射式催化燃烧器
1—保护罩；2—镀催化剂的辐射板；3—金属托网；　　1—保护罩；2—镀催化剂的辐射板；3—金属托网；
4—辐射器外壳；5—钻有小孔的燃气分配管　　　　　4—辐射器外壳；5—引射器

催化燃烧板是催化燃烧器的关键部件,它是由特殊材料制成的多孔板,又是催化燃烧器热量传递的辐射面。

催化燃烧器的主要特点是：燃烧温度低（扩散式一般在 400℃ 以下、引射式在 500℃ 以上）；催化燃烧几乎看不见火焰,可将燃烧器接近被加热物体,可缩短加热时间,提高产品产量；催化燃烧板面温度均匀,可保证加热质量；燃烧完全,烟气中氮氧化物（NO_x）含量低。

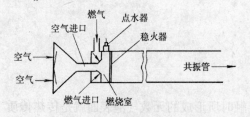

图 6-29　脉冲燃烧器示意图

4）脉冲燃烧器　它是一种节能高效低污染的新型燃烧器,如图 6-29 为脉冲燃烧器示意图。它主要由燃烧室、点火器、稳焰器及共振管等所组成。燃烧过程是：燃气和空气进入燃烧室,用电火花点火；开始燃烧后,由于气体膨胀、压力升高使进气阀关闭,同时推动烟气通过共振管而排出；由于惯性作用使燃烧室形成低压而将进气阀打开使燃气和空气吸入；混合气体被前一循环产生的热量点燃,燃烧继续新的循环,以后就不需要电火花点火了。

脉冲燃烧器主要有三种类型：燃气和空气通过调节装置调节,燃气燃烧时关闭进口,烟气排出结束时再打开；燃烧室设置单独的进气、排气口,燃烧过程的进气、排气没有自动调节装置,气流方向通过选择管道的截面积和长度来控制；燃烧室只开一个口,交替作为进气、排气口。图6-30所示的为第一种类型。

脉冲燃烧器可使用气体燃料、液体燃料和固体燃料。燃气和空气可通过各种型式的阀门进入燃烧室。液体燃料和固体燃料可直接喷入燃烧室，也可随空气进入燃烧室。

脉冲燃烧器的主要特点是：结构简单，容易制造；燃烧过程近乎定容燃烧，反应浓度高，燃烧强度高；燃烧过程的排烟速度是波动的，从而提高了传热系数，通常比稳定

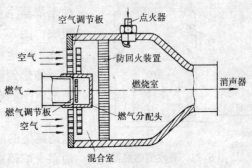

图6-30 脉冲燃烧器

流态传热系数提高一倍，相应地可减少换热器的传热面；燃烧室中产生的压力，使烟气以较高速度流过排气管，换热器管的管长与直径的比值高，可提高换热器的传热效率；尽管在进、排气口安装消声器和贴内衬等消声措施，仍不能完全控制噪声，使应用受到了一定限制，但使用仍十分广泛，比如燃烧的热能转变为推力，可作推进器、垂直提升装置的动力能源；燃烧的热量可使液体加热应用于热水采暖装置、蒸汽发生装置等；燃烧产生的热量可将空气直接或间接加热应用于住宅采暖、车辆采暖、物料的干燥装置、烘干装置等中。可见，脉冲燃烧器也是有着广泛应用前景的。因此，脉冲燃烧器在不同的应用环境中，根据其加热工艺的要求，热质的传递过程和方式也会有所不同的。

6.1.3.2 液体燃料燃烧器

根据燃烧器的结构和燃烧方式的不同，液体燃料的燃烧器种类繁多，下面仅介绍几种常见的燃烧器：

(1) 双筒型煤油燃烧器

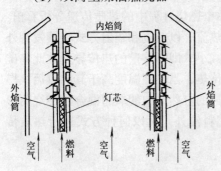

图6-31 双筒型煤油燃烧器

1) 构造及工作原理 它是根据灯芯燃烧方式设计制做的家用小型煤油燃烧器，人们常称煤油加热炉。此种燃烧器主要由贮油器和燃烧系统（包括内、外焰筒和灯芯）等所组成。如图6-31所示为双筒型煤油燃烧器（燃烧系统结构示意图）。燃料油（煤油）靠毛细管作用不断地从贮油器自下而上吸到灯芯的上端末，燃烧所需空气的供给大多采用自然风中获取。

2) 热质传递过程原理及特点 灯芯式煤油燃烧器，在整个燃烧过程中首先经历着燃料油靠流体表面张力形成的毛细管作用进行传质过程；燃油吸到灯芯顶，由于对流和辐射，从火焰向着灯芯传热而产生燃油蒸汽。与此同时，燃烧所需的空气，也向火焰扩散而形成扩散式燃烧火焰。燃烧产生的热量借助烟气流主要以对流传热的方式将锅壁加热。故此种燃烧器也具有扩散式燃烧火焰加热的主要特点：燃烧稳定、不会回火、运行可靠。但燃烧热强度低，容易产生不完全燃烧，甚至还会在灯芯顶处生成炭黑，恶化燃烧工况。

(2) 釜式燃烧器

1) 构造和工作原理 它是根据液面燃烧方式设计制做的一种燃料油釜式燃烧器。此

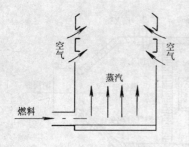

图 6-32 蒸发型燃烧器

种燃烧器主要由供油系统（贮油罐和油阀）和燃烧釜所组成，图 6-32 所示的燃烧釜结构示意图。燃烧前靠供油系统不断地将燃料油送入燃烧釜下部，靠辐射和对流从附近传热到液面上部而使燃料油蒸发为油蒸气，与来自上部空间的空气向液面火焰扩散而进行扩散式燃烧。

2) 热质传递原理及特点　燃油釜式燃烧器的燃烧过程是典型的液面燃烧方式。在整个燃烧过程中，有燃料油靠火焰辐射和对流的传热方式将燃料油蒸发变成油蒸气的热质传递过程；有空气向液面火焰扩散而形成的扩散式燃烧火焰。可见，整个燃烧过程中由燃烧而产生的热量，靠对流、辐射及传导方式将物品加热和向周围环境散热。且具有扩散式燃烧火焰加热物品的共同特点。

(3) 蒸发燃烧器

1) 构造及工作原理　它是根据燃油的蒸发燃烧方式设计制做的一种燃油燃烧器，通常以燃烧油供给的压力不同而有普通型和加压型两种蒸发燃烧器之分。图 6-33 为加压式蒸发燃烧器，它主要由燃油供给系统（贮油箱和油阀）和燃烧系统（蒸发管和火头）两部分组成。燃料油用空气泵加压，使其从燃油箱中输往燃烧器。由于燃料油在输送途中有火焰的加热，使其在蒸发管中蒸发，由此产生的燃油蒸气，在燃烧器火头处与自然风中的氧边混合边进行扩散式燃烧。少量油蒸气也会在输送中被冷凝，由燃烧器底设置的旋塞定期排除。

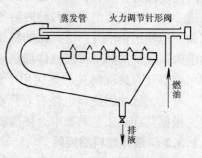

图 6-33　加压式蒸发燃烧器

2) 热质传递原理及特点　从加压式蒸发燃烧器整个燃烧过程中的热质传递分析看出：燃料油蒸发为油蒸气，首先是燃烧形成的扩散式火焰热流，以对流和辐射方式将蒸发管外壁面加热，然后靠热传导使管壁内、外面的温度梯度减小，即圆筒壁的热传导。在此基础上，蒸发管内的燃料油与管内壁主要以对流方式进行传热，当燃油温度高于其沸点后，燃油就变成了油蒸气。油蒸气输送到火头处与向焰面扩散的自然风中的氧边混合边燃烧而形成扩散式燃烧火焰。至于燃烧产生的热量（除蒸发燃料油外）又以何种方式进行热质传递，应视被加热物品的加热工艺要求所确定。

(4) 燃油喷雾燃烧器

1) 构造和工作原理　它是根据液体燃料（或燃油）以喷雾燃烧方式设计制做的一种燃油燃烧器。由于燃油可采用不同的雾化方法，故所以能制做多形式结构的燃油喷雾燃烧器。燃油喷雾燃烧器主要由燃油雾化器和调风器等所组成。

图 6-34 所示为 AW 型燃油燃烧器，它主要由雾化器（转杯）和调风器（风机——次风叶轮、二次风叶轮）等所组成。启动燃油齿轮泵，将燃料油经进油管进入雾化器，靠转杯的旋转将燃料油雾化成无数细小的微滴，并以一定的雾化角经喷嘴喷入炉内，与经过调风器送入的具有一定形状和速度的空气流相混合而燃烧。在整个燃烧过程中，油雾化器与调风器的配合应以能保证燃烧所需的大部分空气（一次风）及时地从火焰根部供入，并使火炬各处的配风量与油雾的流量密度分布相适应。同时也要向火炬尾部供应一定量的空气

（二次风），以保证炭黑和焦粒的燃烬。

2) 热质传递分析与特点 以AW型燃油燃烧器为例，它是靠转杯旋转实现燃油喷雾燃烧的，从整个燃烧过程热质传递分析看出：此燃烧过程是由液体燃料的雾化、喷雾油滴与空气的混合、油滴的蒸发及燃烧共四个单元过程所组成。燃油的雾化是液体喷流的力学现象；喷雾的油滴与空气的混合，既是流体的流动过程，又是二流体的传质过程；油滴的蒸发是吸热的传热过程，即喷入炉内的微细油滴靠炉气（烟气）和炉壁的对流和辐射方式传热使油滴蒸发为油蒸气；油滴的燃烧实际上是油滴吸热蒸发出来的油蒸气与调风器送来的空气靠相互的扩散传质混合后进行燃烧的。燃烧放出的热量，使炉气和炉壁加热，在锅炉炉膛内又主要以高温烟气（炉气）和炉壁的辐射传热方式将锅炉加热，以实现加热工艺的设计要求。

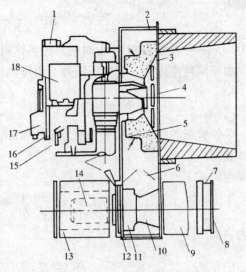

图6-34 AW型燃烧器结构图
1—燃烧器电动机；2—风箱；3—燃烧喷嘴；4—转杯；5—二次风出口；6—二次风风门；7—空气入口；8—风挡；9—消声器；10—风锥；11—二次风叶轮；12——次风叶轮；13—电动机消声器；14—风机电动机；15—进油管；16—主燃料计量阀；17—燃油齿轮泵；18—调风电动机

燃油喷雾燃烧器的主要特点是：应用范围广，如AW型系列燃油燃烧器可用于不同控制方式、不同燃烧方法的各类工业锅炉、工业窑炉、热水炉及热风炉等；雾化性能好，燃烧较完全，燃烧效率大于95%，具有较好的节能降污效果；运行安全可靠，控制功能齐备。但操作中严格要求燃油的雾化与调风配合适宜，否则会恶化燃烧。

6.2 间壁式热质交换设备的热工计算

如前所述，间壁式换热器的类型很多，从其热工计算的方法和步骤来看，实质上大同小异。下面即以本专业领域使用较广的、显热交换和潜热交换可以同时发生的表面式冷却器为例，详细说明其具体的计算方法。别的诸如加热器、冷凝器、散热器等间壁式换热器的热工计算方法，本节给予概略介绍。

6.2.1 总传热系数与总传热热阻

对于换热器的分析与计算来说，决定总传热系数是最基本但也是最不容易的。回忆传热学的内容，对于第三类边界条件下的传热问题，总传热系数可以用一个类似于牛顿冷却定律的表达式来定义，即

$$Q = KA\Delta t = \frac{\Delta t}{\frac{1}{KA}} \tag{6-4}$$

式中的Δt是总温差。总传热系数与总热阻成反比，即：

$$R_t = \frac{1}{KA} \quad \text{°C/W} \tag{6-5}$$

式中 R_t——换热面积为 A 时的总传热热阻,°C/W。

如果两种流体被一管壁所隔开,由传热学知,其单位管长的总热阻为

$$R_l = \frac{1}{\pi d_i h_i} + \frac{1}{2\pi\lambda}\ln\left(\frac{d_0}{d_i}\right) + \frac{1}{\pi d_0 h_0} \quad \text{m·K/W} \tag{6-6}$$

单位管长的内外表面积分别为 πd_i 和 πd_0,此时传热系数具有如下形式:

对外表面

$$K_0 = \frac{1}{\frac{d_0}{d_i}\frac{1}{h_i} + \frac{d_0}{2\lambda}\ln\left(\frac{d_0}{d_i}\right) + \frac{1}{h_0}} \tag{6-7}$$

对内表面

$$K_i = \frac{1}{\frac{d_i}{d_0}\frac{1}{h_0} + \frac{d_i}{2\lambda}\ln\left(\frac{d_0}{d_i}\right) + \frac{1}{h_i}} \tag{6-8}$$

其中 $K_0 A_0 = K_i A_i$。

应该注意,公式(6-6)至(6-8)仅适用于清洁表面。通常的换热器在运行时,由于流体的杂质、生锈或是流体与壁面材料之间的其他反应,换热表面常常会被污染。表面上沉积的膜或是垢层会大大增加流体之间的传热阻力。这种影响可以引进一个附加热阻来处理,这个热阻就称为污垢热阻 R_f。其数值取决于运行温度、流体的速度以及换热器工作时间的长短等。

对于平壁,考虑其两侧的污垢热阻后,总热阻为

$$R_t = \frac{1}{h_1} + \frac{\delta}{\lambda} + R_f + \frac{1}{h_2} \quad \text{m}^2\cdot\text{°C/W} \tag{6-9}$$

把管子内、外表面的污垢热阻包括进去之后,对于外表面,总传热系数可表示为

$$K_0 = \frac{1}{\left(\frac{d_0}{d_i}\right)\frac{1}{h_i} + \left(\frac{d_0}{d_i}\right)R_{f,i} + \frac{d_0}{2\lambda}\ln\left(\frac{d_0}{d_i}\right) + R_{f,0} + \frac{1}{h_0}} \tag{6-10}$$

对于内表面则为

$$K_i = \frac{1}{\left(\frac{d_i}{d_0}\right)\frac{1}{h_0} + \left(\frac{d_i}{d_0}\right)R_{f,0} + \frac{d_i}{2\lambda}\ln\left(\frac{d_0}{d_i}\right) + R_{f,i} + \frac{1}{h_i}} \tag{6-11}$$

附录6-1给出了有代表性流体的污垢热阻的数值。

知道了 h_0、$R_{f,0}$、h_i 和 $R_{f,i}$ 以后,就可以确定总传热系数,其中的对流换热系数可以由以前传热学中给出的有关传热关系式求得。应注意,公式(6-9)—(6-11)中壁面的传导热阻项是可以忽略的,这是因为通常采用的都是材料的导热系数很高的薄壁。此外,经常出现某一项对流换热热阻比其它项大得多的情况,这时它对总传热系数起支配作用。附录6-2给出了总传热系数的有代表性的数值。

总传热热阻中的对流换热热阻和污垢热阻可以通过实验的方法求得[2]。以管壳式换热器为例,传热系数可写成

$$\frac{1}{k_0} = \frac{1}{h_0} + R_w + R_f + \frac{1}{h_i}\frac{d_0}{d_i} \tag{1}$$

式中 R_w、R_f 分别表示管壁与污垢的热阻。以管内流体的流动处于旺盛紊流区为例，对流换热系数 h_i 与流速 u 的 0.8 次方成正比，即

$$h_i = C_i u_i^{0.8} \tag{2}$$

其中 C_i 为比例系数。

于是式（1）成为

$$\frac{1}{k_0} = \frac{1}{h_0} + R_w + R_f + \frac{1}{C_i u_i^{0.8}}\frac{d_0}{d_i} \tag{3}$$

在实验时，保持 h_0 不变（只要使壳侧流体的流量和平均温度基本不变即可），R_w 是不变的，R_f 在实验中一般变化不大，这样式（3）就可表示成

$$\frac{1}{k_0} = 常数 + \frac{1}{C_i}\frac{d_0}{d_i}\frac{1}{u_i^{0.8}} \tag{4}$$

式（4）是一个 $y = b + mX$ 型的直线方程，$y = 1/k_0$，$X = 1/u^{0.8}$，将不同管内流速时测得的传热系数画在坐标图上，求出通过这些试验点的直线的斜率 m，则

$$C_i = \frac{1}{m}\frac{d_0}{d_i} \tag{5}$$

这样根据式（5），管程侧流体的换热系数就可按式（2）计算求得。

又因为

$$b = \frac{1}{h_0} + R_w + R_f \tag{6}$$

如已知 R_w 和 R_f，则壳侧换热系数 h_0 可由图 6-35 中直线的截距求得。也可保持管程 h_i 不变，改变壳侧流量后，用类似的方法求得。这种方法称为威尔逊图解法。

威尔逊图解还可用来测定污垢热阻。在换热器全新或经过清洗后，作上述试验并用威尔逊图解画出直线 1（图 6-35）。经过一段时间运行后，在保持壳侧工况与上次试验相同的条件下，再作一次试验，用威尔逊图解得直线 2；两根直线截距之差就是总污垢热阻的数值。

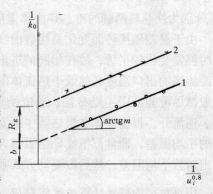

图 6-35 威尔逊图解

6.2.2 常用计算方法

6.2.2.1 换热器热工计算的基本公式

换热器热工计算的基本公式为传热方程式和热平衡方程式[12]。

（1）传热方程式

$$Q = KA\Delta t_m \quad W \tag{6-12}$$

式中，Δt_m 为换热器的平均温差，是整个换热面上冷热流体温差的平均值。它是考虑冷热两流体沿传热面进行换热时，其温度沿流动方向不断变化，故温度差 Δt 也是不断变化的。它不能像计算房屋的墙体的热损失或热管道的热损失等时，都把其 Δt 作为一个定值

来处理。换热器的平均温差的数值,与冷、热流体的相对流向及换热器的结构型式有关。

(2) 热平衡方程式

$$Q = G_1 c_1 (t'_1 - t''_1) = G_2 c_2 (t''_2 - t'_2) \quad \text{W} \tag{6-13}$$

式中 G_1,G_2——热、冷流体的质量流量,kg/s;

c_1,c_2——热、冷流体的比热,J/(kg·℃);

t'_1,t'_2——热、冷流体的进口温度,℃;

t''_1,t''_2——热、冷流体的出口温度,℃;

$G_1 c_1$,$G_2 c_2$——热、冷流体的热容量,W/℃。

即各项温度的角标意义为:"1"是指热流体,"2"是指冷流体;"'"指进口端温度,"″"指出口端温度。

6.2.2.2 对数平均温差法

应用对数平均温差法计算的基本计算公式如式(6-12)所示,式中平均温差对于顺流和逆流换热器,由传热学可得,均为:

$$\Delta t_m = \frac{\Delta t' - \Delta t''}{\ln \frac{\Delta t'}{\Delta t''}} = \frac{\Delta t'' - \Delta t'}{\ln \frac{\Delta t''}{\Delta t'}} \tag{6-14}$$

Δt_m 称为对数平均温差(简称 LMTD——Logarithmic Mean Temperature Difference)。$\Delta t'$ 和 $\Delta t''$ 分别为换热器两端的冷、热流体温度差。

由于温差随换热面变化是指数曲线,顺流与逆流相比,顺流时温差变化较显著,而逆流时温差变化较平缓,故在相同的进出口的温度下,逆流比顺流平均温差大。此外,顺流时冷流体的出口温度必然低于热流体的出口温度,而逆流则不受此限制。故工程上换热器一般都尽可能采用逆流布置。逆流换热器的缺点是高温部分集中在换热器的一端。除顺流、逆流外,根据流体在换热器中的安排,还有交叉流、混合流等。对于这些其它流动形式的平均温差,通常都把推导结果整理成温差修正系数图,计算时,先一律按逆流方式计算出对数平均温差,然后按流动方式乘以温差修正系数。详见文献[1,2]。

用对数平均温差计算虽然较精确,但稍显麻烦。当 $\frac{\Delta t'}{\Delta t''} < 1.7$ 时,用算术平均温差代替对数平均温差的误差不超过2.3%,一般当 $\frac{\Delta t'}{\Delta t''} < 2$ 时,即可用算术平均温差代替对数平均温差,这时误差小于4%,即

$$\Delta t_m = \frac{\Delta t' + \Delta t''}{2}$$

6.2.2.3 效能-传热单元数法(ε-NTU 法)

换热器热工计算分为设计和校核计算,它们所依据的都是式(6-12)、(6-13)。这其中,除 Δt_m 不是独立变量外,如将 KA 及 $G_1 c_1$,$G_2 c_2$ 作为组合变量,独立变量也达8个,它们是4个温度加上 Q、KA、$G_1 c_1$ 及 $G_2 c_2$。因此,在设计计算时需要设定变量,在校核计算时还要试凑。

将方程式无因次化,可以大大减少方程中独立变量的数目。ε-NTU 法正是利用推导对数平均温差时得出的无因次化方程建立的一种间壁式换热器热工计算法。它通过定义了以下三个无因次量:

1) 热容比或称水当量比 C_r

$$C_r = \frac{(Gc)_{\min}}{(Gc)_{\max}} \tag{6-15}$$

2) 传热单元数 NTU

$$NTU = \frac{KA}{(Gc)_{\min}} \tag{6-16}$$

3) 传热效能

$$\varepsilon = \begin{cases} \dfrac{t''_2 - t'_2}{t'_1 - t'_2}, & G_2 c_2 < G_1 c_1 \text{ 时} \\ \dfrac{t'_1 - t''_1}{t'_1 - t'_2}, & G_1 c_1 < G_2 c_2 \text{ 时} \end{cases} \tag{6-17}$$

推导得出了 ε-NTU 法[1,2,12]：

对于顺流换热器，传热效能 ε 为

$$\varepsilon = \frac{1 - \exp[-NTU(1 + C_r)]}{1 + C_r} \tag{6-18}$$

对于逆流换热器，传热效能 ε 为

$$\varepsilon = \frac{1 - \exp[-NTU(1 - C_r)]}{1 - C_r \exp[-NTU(1 - C_r)]} \quad (C_r < 1) \tag{6-19}$$

传热效能 ε 也称为传热有效度，它表示换热器中的实际换热量与可能有的最大换热量的比值。

更广泛地，对于不同形式的换热器，传热效能 ε 统一汇总在表 6-1[13]。

各种不同形式换热器的传热效能 表 6-1

换热器类型		关 系 式	
同心套管式	顺流	$\varepsilon = \dfrac{1 - \exp[-NTU(1+C_r)]}{1+C_r}$	(6-18)
	逆流	$\varepsilon = \dfrac{1 - \exp[-NTU(1-C_r)]}{1 - C_r \exp[-NTU(1-C_r)]}$ ($C_r < 1$)	(6-19)
		$\varepsilon = \dfrac{NTU}{1+NTU}$ ($C_r = 1$)	(6-20)
壳管式换热器单壳多管（管数为 2, 4, 6, …）		$\varepsilon = 2\left\{1 + C_r + (1+C_r^2)^{1/2} \times \dfrac{1 + \exp[-NTU(1+C_r^2)]^{1/2}}{1 - \exp[-NTU(1+C_r^2)]^{1/2}}\right\}^{-1}$	(6-21)
n 壳多管（管数为 $n2, 4n, \ldots\ldots$）		$\varepsilon = \left[\left(\dfrac{1-\varepsilon_1 C_r}{1-\varepsilon_1}\right)^n - 1\right]\left[\left(\dfrac{1-\varepsilon_1 C_r}{1-\varepsilon_1}\right)^n - C_r\right]^{-1}$	(6-22)
叉流（单通）	两种混体均不混流	$\varepsilon = 1 - \exp\left[\left(\dfrac{1}{C_r}\right)(NTU)^{0.22}\left\{\exp[-C_r(NTU)^{0.78}] - 1\right\}\right]$	(6-23a)
	$C_{\max}$（混流） $C_{\min}$（不混流）	$\varepsilon = \left(\dfrac{1}{C_r}\right)(1 - \exp\{-C_r[1 - \exp(-NTU)]\})$	(6-23b)
	$C_{\min}$（混流） $C_{\max}$（不混流）	$\varepsilon = 1 - \exp(-C_r^{-1}\{1 - \exp[-C_r(NTU)]\})$	(6-23c)
所有的换热器（$C_r = 0$）		$\varepsilon = 1 - \exp(-NTU)$	(6-24)

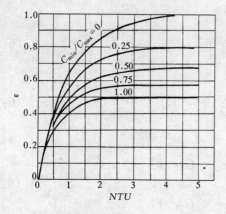

图 6-36 式（6-18）对应的 ε-NTU 和 C_r 曲线

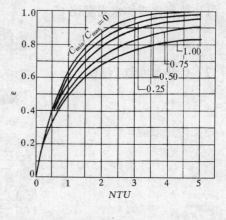

图 6-37 式（6-19）、（6-20）对应的 ε-NTU 和 C_r 曲线

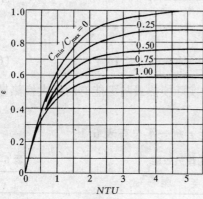

图 6-38 式（6-21）对应的 ε-NTU 和 C_r 曲线

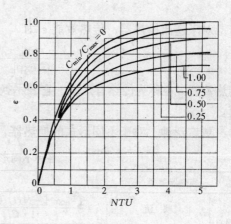

图 6-39 式（6-22）对应的 ε-NTU 和 C_r 曲线

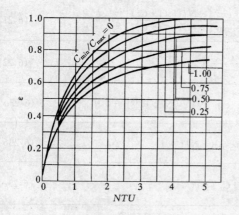

图 6-40 式（6-23a）对应的 ε-NTU 和 C_r 曲线

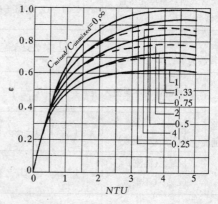

图 6-41 式（6-23b）对应的 ε-NTU 和 C_r 曲线

利用表 6-1 中的公式,可绘制 ε-NTU 和 C_r 的关系曲线,以方便应用,如图 6-36 至图 6-41 所示。

6.2.2.4 对数平均温差法与效能-传热单元数法的比较

对数平均温差法（LMTD 法）和效能-传热单元数法（ε-NTU 法）均可用于换热器的设计计算或校核计算。设计计算通常给定的量是：G_1c_1，G_2c_2，以及 4 个进出口温度中的 3 个，求传热面积；校核计算通常给定的量是：A，G_1c_1，G_2c_2，冷热流体的进口温度，求冷热流体的出口温度或热量。这两种方法的设计计算繁琐程度差不多。但采用 LMTD 法可从求出的温差修正系数的大小，看出选用的流动型式与逆流相比的差距，有助于流动型式的改进选择，这是 ε-NTU 法做不到的。对于校核计算，虽两种方法均需试算传热系数，但由于 LMTD 法需反复进行对数计算，比 ε-NTU 法要麻烦一些。当传热系数已知时，由 ε-NTU 法可直接求得结果，要比 LMTD 法方便得多。

6.2.3 表面式冷却器的热工计算

表面式冷却器属于典型的间壁式热质交换设备的一种，其热工计算方法有多种。前面介绍的对数平均温差法和效能-传热单元数法，均可用于表冷器的热工计算。

6.2.3.1 表冷器处理空气时发生的热质交换的特点

用表冷器处理空气时，与空气进行热质交换的介质不和空气直接接触，热质交换是通过表冷器管道的金属壁面来进行的。对于空气调节系统中常用的水冷式表冷器，空气与水的流动方式主要为逆交叉流，而当冷却器的排数达到 4 排以上时，又可将逆交叉流看成完全逆流。

当冷却器表面温度低于被处理空气的干球温度，但尚高于其露点温度时，则空气只被冷却而并不产生凝结水。这种过程称为等湿冷却过程或干冷过程（干工况）。

如果冷却器的表面温度低于空气的露点温度，则空气不但被冷却，而且其中所含水蒸气也将部分地凝结出来，并在冷却器的肋片管表面上形成水膜。这种过程称为减湿冷却过程或湿冷过程（湿工况）。在这个过程中，在水膜周围将形成一个饱和空气边界层，被处理空气与表冷器之间不但发生显热交换，而且也发生质交换和由此引起的潜热交换。

在减湿冷却过程中，紧靠冷却器表面形成的水膜处为湿空气的边界层，这时可认为与水膜相邻的饱和空气层的温度与冷却器表面上的水膜温度近似相等。因此，空气的主体部分与冷却器表面的热交换是由于空气的主流与凝结水膜之间的温差而产生，质交换则是由于空气主流与凝结水膜相邻的饱和空气层中的水蒸气分压力差（即含湿量差）而引起的。国内外大量的研究资料表明，在空气调节工程应用的表冷器中，热质交换规律符合刘伊斯关系式 $\left(\sigma = \dfrac{h}{C_p}\right)$。由第 4 章第二节内容知，这时推动总热交换的动力是焓差，而不是温差。即总热交换量为

$$dQ_t = \sigma(i - i_b)dA = \frac{h}{c_p}(i - i_b)dA \tag{6-25}$$

由温差引起的热交换量为

$$dQ = h(t - t_b)dA$$

现引入换热扩大系数 ξ 来表示由于存在湿交换而增大了的换热量

$$\xi = \frac{dQ_t}{dQ} = \frac{(i - i_b)}{c_p(t - t_b)} \tag{6-26}$$

式（6-26）即为 ξ 的定义式。其值的大小直接反映了表冷器上凝结水析出的多少，因此，ξ 又称为析湿系数。显然，干工况的 $\xi=1$。

6.2.3.2 表冷器的传热系数

影响表冷器处理空气效果的因素有许多，对其进行强化换热的途径和方法详见传热学有关内容。当表冷器的传热面积和交换介质间的温差一定时，其热交换能力可归结于其传热系数的大小。所以，下面分析表冷器的传热系数问题。

前已述及，用肋片管制成的肋管式换热器在空调工程中得到了广泛的应用。由传热学知，对于既定结构的此类换热器，其传热系数为：

$$K = \frac{1}{\frac{1}{h_w \eta} + \frac{\beta \delta}{\lambda} + \frac{\beta}{h_n}} \tag{6-27}$$

另外，由式（6-26）可得

$$i - i_b = \xi c_p(t - t_b)$$

将其代入式（6-25）有

$$dQ_t = h_w \xi (t - t_b) dA \tag{6-28}$$

式中，h_w 指表冷器的外表面的换热系数。式（6-28）表明，当表冷器上出现凝结水时，可以认为其外表面的换热系数比干工况时增大了 ξ 倍。于是，此时表冷器的传热系数 K_s 的表达式可写成：

$$K_s = \frac{1}{\frac{1}{h_w \eta \xi} + \frac{\beta \delta}{\lambda} + \frac{\beta}{h_n}} \quad \text{W}/(\text{m}^2 \cdot \text{℃}) \tag{6-29}$$

式中 K_s——湿工况下表冷器的传热系数，W/($\text{m}^2 \cdot$℃)。

因此，对于既定结构的表冷器，影响其传热系数的主要因素为其内、外表面的换热系数和析湿系数。

表冷器外表面的换热系数与空气的迎面风速 V_y 或质量流速 $v\rho$ 有关，当以水为传热介质时，内表面换热系数与水的流速 w 有关，析湿系数与被处理空气的（初）状态和管内水温有关。因此在实际工作中，通常通过测定，将表冷器的传热系数整理成以下形式的公式[6]：

$$K_s = \left[\frac{1}{A V_y^m \xi^p} + \frac{1}{B w^n}\right]^{-1} \quad \text{W}/(\text{m}^2 \cdot \text{℃}) \tag{6-30}$$

式中 V_y——被处理空气通过表冷器时的迎面风速，m/s；
  w——水在表冷器管内的流速，m/s；
  A、B——由实验得出的系数，无因次；
  m、p、n——由实验得出的指数，无因次。

国产的一些表冷器的传热系数实验公式见附录 6-3

对于干工况，式（6-30）仍可使用，只不过要取 $\xi=1$。

6.2.3.3 表冷器的设计计算[6]

用表面式冷却器处理空气，依据计算的目的不同，可分为设计性计算和校核性计算两种类型。设计性计算多用于选择表冷器，以满足已知初、终参数的空气处理要求；校核性计算多用于检查已确定了型号的表冷器，将具有一定初参数的空气能处理到什么样的终参数。每种计算类型按已知条件和计算内容又可分为数种，表6-2是最常见的计算类型。

表面冷却器的热工计算类型   表6-2

计算类型	已知条件	计算内容
设计性计算	空气量 G 空气初状态 t_1, i_1 (t_{s1}....) 空气终状态 t_2, i_2 (t_{s2}....)	冷却器型号、台数、排数（冷却面积 A）冷水初温 t_{w1}（或冷水量 W）终温 t_{w2}（冷量 Q）
校核性计算	空气量 G 空气初参数 t_1, i_1 (t_{s1}....) 冷却器型号、台数、排数（冷却面积 A） 冷水初温 t_{w1}，冷水量 W	空气初参数 t_2, i_2 (t_{s2}....) 冷水终温 t_{w2}，（冷量 Q）

前面介绍的常用于间壁式热质交换设备的对数平均温差法和效能-传热单元数法，均可用于表冷器的热工计算。在此，用效能-传热单元数法说明水冷式表冷器的设计计算步骤。

在具体介绍表冷器的热工计算之前，首先介绍表冷器的热交换效率系数和接触系数，然后再介绍其计算原则和具体的计算步骤。

(1) 表冷器的热交换效率

如图6-42，该系数的定义式为：

$$\varepsilon_1 = \frac{t_1 - t_2}{t_1 - t_{w1}} \tag{6-31}$$

式中 t_1——处理前空气的干球温度，℃；

t_2——处理后空气的干球温度，℃；

t_{w1}——冷水初温，℃。

式 (6-31) 同时考虑了空气和水的状态变化。其中 $t_1 - t_{w1}$ 表示了表冷器中可能发生的最大温差。将式 (6-31) 分子分母同时乘以空气的热容量有：

$$\varepsilon_1 = \frac{Gc_p(t_1 - t_2)}{Gc_p(t_1 - t_{w1})} = \frac{\text{表冷器中的实际换热量}}{\text{表冷器中最大可能换热量}}$$

于是，ε_1 实质上就是前面讲的换热器的传热效能。

另外，在表冷器的某微元面上，由于存在温差，空气温度下降 dt 放出的热量为：

$$dQ = Gc_p \xi dt \tag{6-32}$$

其中 ξ 为冷却过程中的平均析湿系数。当温差一定时，对于表冷器表面上有凝结水的湿工况而言，传热系数由 K 变为了 K_s。式 (6-32) 表明相当于空气的热容量增大了 ξ 倍。将此引入到式 (6-15)、(6-16) 所表示的无因次量有：

热容比：
$$C_r = \frac{(Gc)_{空气}}{(Gc)_{水}} = \frac{\xi Gc_p}{Wc} \tag{6-33}$$

传热单元数：
$$NTU = \frac{K_s A}{(Gc)_{空气}} = \frac{AK_s}{\xi Gc_p} \tag{6-34}$$

式中 W 为冷水量，单位是 kg/s。

由前边分析知，空调工程中所用的表冷器处理空气时，一般均可视为逆流流动，这时其热交换效率 ε_1 按逆流传热效能公式（6-19）可得为

$$\varepsilon_1 = \frac{1 - \exp[-NTU(1 - C_r)]}{1 - C_r \exp[-NTU(1 - C_r)]}$$

对比以前的《空气调节》教材不难发现，它与热交换效率系数 ε_1 的表达式是完全一样的。

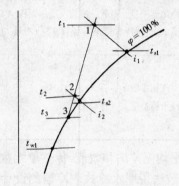

图 6-42 表冷器处理空气时的各个参数

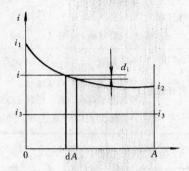

图 6-43 表冷器 ε_2 的推导示意图

（2）表冷器的接触系数

同样如图 6-42，接触系数的定义式为：

$$\varepsilon_2 = \frac{t_1 - t_2}{t_1 - t_3} \tag{6-35}$$

式中 t_3——表冷器在理想条件下（接触时间非常充分）工作时，空气终状态的干球温度，℃。

ε_2 不象 ε_1，它只考虑空气的状态变化。

根据定义

$$\varepsilon_2 = \frac{t_1 - t_2}{t_1 - t_3} = 1 - \frac{t_2 - t_3}{t_1 - t_3}$$

上式也可写成：

$$\varepsilon_2 = \frac{i_1 - i_2}{i_1 - i_3} = 1 - \frac{i_2 - i_3}{i_1 - i_3}$$

如图 6-43，在微元面积 dA 上由于存在热交换，空气放出的热量 $-Gdi$ 应该等于冷却器表面吸收的热量 $\sigma(i - i_3)$dA，即：$-Gdi = \sigma(i - i_3)$dA

将 $\sigma = h_w/c_p$ 代入上式，经整理后可得：

$$\frac{di}{i - i_3} = -\frac{h_w}{Gc_p}dA$$

在空气调节工程的范围内，可以假定冷却器的表面温度恒定为其平均值。因此可以认为 i_3 是一常数

将上式从 0 到 A 积分之，得：

$$\ln\left(\frac{i_2 - i_3}{i_1 - i_3}\right) = -\frac{h_w A}{Gc_p}$$

即
$$\frac{i_2 - i_3}{i_1 - i_3} = \exp\left(-\frac{h_w A}{G c_p}\right)$$

所以
$$\varepsilon_2 = 1 - \exp\left(-\frac{h_w A}{G c_p}\right) \tag{6-36}$$

如果将 $G = A_y V_y \rho$ 代入上式，则：
$$\varepsilon_2 = 1 - \exp\left(-\frac{h_w A}{A_y V_y \rho c_p}\right)$$

通常将每排肋片管外表面面积与迎风面积之比称做肋通系数 a，那么：
$$a = \frac{A}{N A_y}$$

式中，N 为肋片管的排数。

将 a 值代入上式，则：
$$\varepsilon_2 = 1 - \exp\left(-\frac{h_w a N}{V_y \rho c_p}\right) \tag{6-37}$$

由此可见，对于结构特性一定的表面冷却器来说，由于肋通系数是个定值，空气密度也可看成常数，而 h_w 一般是正比于 V_y^m 的。所以 ε_2 就成了 V_y 和 N 的函数，即：
$$\varepsilon_2 = f(V_y, N)$$

而且 ε_2 将随冷却器排数贝的增加而变大，并随 V_y 的增加而变小。当 N 与 V_y 确定之后，如再能求得 h_w；就可用式 (6-37) 算出表面冷却器的 ε_2 值。此外，表面冷却器的 ε_2 值也可通过实测得到。

国产的一些表面冷却器的 ε_2 值可由附录6-4查得。

虽然增加排数和降低迎面风速都能增加表冷器的 ε_2 值，但是排数的增加也将使空气阻力增加。而排数过多时，后面几排还会因为冷水与空气之间温差过小而减弱传热作用，所以排数也不宜过多，一般多用4~8排。此外，迎面风速过低会引起冷却器尺寸和初投资的增加，过高除了会降低 ε_2 外，也将增加空气阻力，并且可能由空气把冷凝水带入送风系统而影响送风参数。比较合适的 V_y 值是 2~3m/s。

(3) 表冷器热工计算的主要原则

进行表面冷却器热工计算的主要目的是要使所选择的表面冷却器能满足下列要求：

1) 该冷却器能达到的 ε_1 应该等于空气处理过程需要的 ε_1；
2) 该冷却器能达到的 ε_2 应该等于空气处理过程需要的 ε_2；
3) 该冷却器能吸收的热量应该等于空气放出的热量。

上面三个条件可以用下面三个方程式来表示

$$\varepsilon_1 = \frac{t_1 - t_2}{t_1 - t_{w1}} = \frac{1 - \exp[-NTU(1 - C_r)]}{1 - C_r \exp[-NTU(1 - C_r)]} = f(V_y, w, \xi) \tag{6-38}$$

$$\varepsilon_2 = 1 - \frac{t_2 - t_{s2}}{t_1 - t_{s1}} = 1 - \exp\left(-\frac{h_w A}{G c_p}\right) = f(V_y, N) \tag{6-39}$$

$$Q = G(i_1 - i_2) = Wc(t_{w2} - t_{w1}) \tag{6-40}$$

式中 C_r，NTU 分别如式 (6-33)、(6-34) 所定义。

在进行设计计算时，一般是先根据给定的空气初、终参数计算需要的 ε_2，根据 ε_2 再确定冷却器的型号、台数与排数，然后就可以求出该冷却器能够达到的 ε_1。有了 ε_1 之后不难依下式确定冷水初温 t_{w1}：

$$t_{w1} = t_1 - \frac{t_1 - t_2}{\varepsilon_1} \quad \text{℃} \tag{6-41}$$

如果在已知条件中给定了冷水初温 t_{w1}，则说明空气处理过程需要的 ε_1 已定，热工计算的目的就在于通过调整水流速 w（改变水量 W）或者调整迎面风速 V_y 和排数 N（改变传热系数 K_S 和传热面积 A）等办法，使所选择的冷却器能够达到空气处理过程需要的 ε_1。

附带说明，联立解三个方程式只能求出三个未知数。然而上述热平衡式（6-40）中实际上又包括 $Q = G(i_1 - i_2)$ 和 $Q = W_c(t_{w2} - t_{w1})$ 两个方程。所以，解题时如需求出冷量 Q，即需要增加一个未知数时，则应联立解四个方程。这就是人们常说的表冷器计算方程组由四个方程组成的道理。

此外，由表 6-2 可知，无论是哪种计算类型，已知的参数都是 6 个，未知的参数都是 3 个（按四个方程计算时，未知参数是四个），进行计算时所用的方程数目与要求的未知数个数是一致的。如果已知参数给多了，即所用方程数目比要求的未知数多，就可能得出不正确的解；同理，如果使用的方程数目少于所求的未知数，也会得出不合理的解。关于这一点进行计算时必须注意。

(4) 关于安全系数的考虑

表冷器经长时间使用后，因外表面积灰、内表面结垢等因素影响，其传热系数会有些降低。为了保证在这种情况下表冷器的使用仍然安全可靠，在选择计算时应考虑一定的安全系数；具体地说可以加大传热面积。增加传热面积的做法有两种：一是在保证 V_y 情况下增加排数，二是减少 V_y 增加 A_y，保持排数不变。但是，由于表冷器的产品规格所限，往往不容易做到安全系数正好合适，或至少给选择计算工作带来麻烦（计算类型可能转化成校核性的）。因此，也可考虑在保持传热面积不变的情况下，用降低水初温 t_{w1} 的办法来满足安全系数的要求。比较起来，不用增加传热面积，而用降低一些水初温的办法来考虑安全系数，更要简单合理。

表面冷却器的阻力计算工程上是利用实验公式进行的。国产的部分水冷式表面冷却器的阻力计算公式见附录 6-3。不过当冷却器在湿工况下工作时，由于流通空气的有效截面被凝结水膜占去一部分，所以空气阻力比干工况时大，计算时应根据工况不同，选用相应的阻力计算公式。

(5) 表冷器的设计计算步骤举例

【例 6-1】 已知被处理的空气量 G 为 30000kg/h（8.33kg/s）；当地大气压力为 101325Pa；空气的初参数为 $t_1 = 25.6$℃、$i_1 = 50.9$kJ/kg、$t_{s1} = 18$℃、$\varphi_1 = 47\%$。空气的终参数为 $t_2 = 11$℃、$i_2 = 30.7$kJ/kg、$t_{s2} = 10.6$℃、$\varphi_2 = 95\%$。试选择 JW 型表面冷却器，并确定水温水量（JW 型表面冷却器的技术数据见附录 6-5）。

【解】 1) 计算需要的接触系数 ε_2，确定冷却器的排数

如图 6-44，根据

$$\varepsilon_2 = 1 - \frac{t_2 - t_{s2}}{t_1 - t_{s1}}$$

得
$$\varepsilon_2 = 1 - \frac{11-10.6}{25.6-18} = 0.947$$

根据附录 6-4 可知，在常用的 V_y 范围内，JW 型 8 排表面冷却器能满足 $\varepsilon_2 = 0.947$ 的要求，所以决定选用 8 排。

2) 确定表面冷却器的型号

先假定一个 V_y'，算出所需冷却器的迎风面积 A_y'，再根据 A_y' 选择合适的冷却器型号及并联台数，并算出实际的 V_y 值。

假定 $V_y' = 2.5\text{m/s}$，根据 $A_y' = \dfrac{G}{V_y'\rho}$，可得：$A_y' = \dfrac{8.33}{2.5 \times 1.2} = 2.8\text{m}^2$

根据 $A_y' = 2.8\text{m}^2$，查附录 6-5 可以选用 JW30-4 型表面冷却器一台，其 $A_y = 2.57\text{m}^2$，所以实际的 V_y 为：

$$V_y = \frac{G}{A_y \rho} = \frac{8.33}{2.57 \times 1.2} = 2.7\text{m/s}$$

再查附录 6-4 可知，在 $V_y = 2.7\text{m/s}$ 时，8 排 JW 型表面冷却器实际的 $\varepsilon_2 = 0.950$，与需要的 $\varepsilon_2 = 0.947$ 差别不大，故可继续计算。如果二者差别较大，则应改选别的型号的表面冷却器或在设计允许范围内调整空气的一个终参数，变成已知冷却面积及一个空气终参数求解另一个空气终参数的问题。

由附录 6-5 还可知道，所选表冷器的每排传热面积 $A_d = 33.4\text{m}^2$，通水截面积 $A_w = 0.00553\text{m}^2$

3) 求析湿系数

根据 $\xi = \dfrac{i_1 - i_2}{c_p (t_1 - t_2)}$ 得 $\xi = \dfrac{50.9 - 30.7}{1.01 \times (25.6 - 11)} = 1.38$

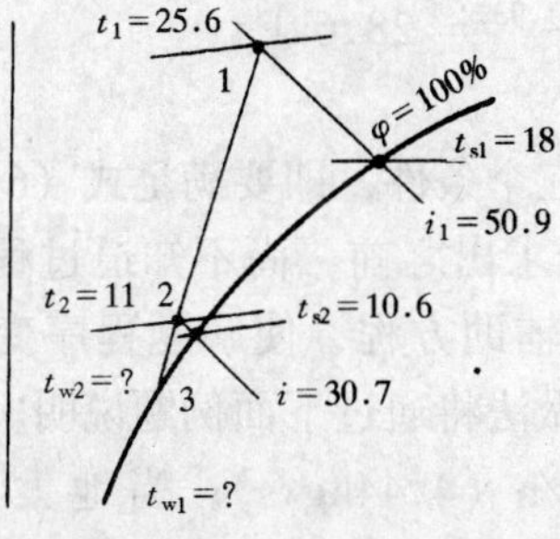

图 6-44　例 6-1 图

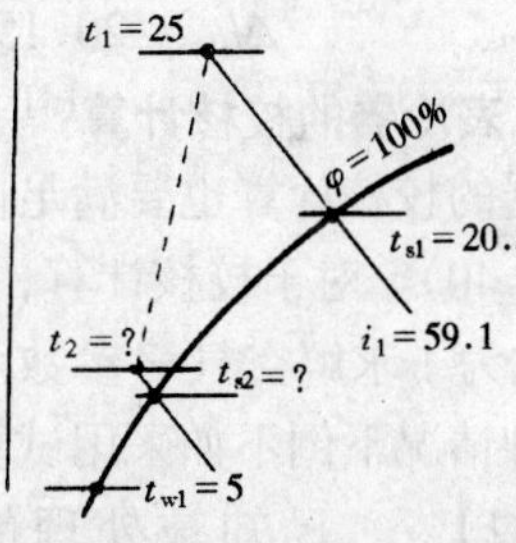

图 6-45　例 6-2 图

4) 求传热系数

由于题中未给出水初温或水量，缺少一个已知条件，故采用假定水流速的办法补充一个已知数。

假定水流速 $w = 1.2\text{m/s}$，根据附录 6-3 中的相应公式可计算出传热系数

$$\begin{aligned}
K_s &= \left[\frac{1}{35.5 V_y^{0.58} \xi^{1.0}} + \frac{1}{353.6 w^{0.8}}\right]^{-1} \\
&= \left[\frac{1}{35.5 \times 2.7^{0.58} \times 1.38} + \frac{1}{353.6 \times 1.2^{0.8}}\right]^{-1} \\
&= 71\text{W/(m}^2 \cdot \text{℃)}
\end{aligned}$$

5) 求冷水量

根据 $W = A_w w 10^3$ 得：
$$W = 0.00553 \times 1.2 \times 10^3 = 6.64 \text{kg/s}$$

6) 求表冷器能达到的 ε_1

先求传热单元数及水当量比

根据式（6-34）得
$$NTU = \frac{71 \times 33.4 \times 8}{1.38 \times 8.33 \times 1.01 \times 10^3} = 6.64 \text{kg/s}$$

根据式（6-33）得
$$C_r = \frac{1.38 \times 8.33 \times 1.01 \times 10^3}{6.64 \times 4.19 \times 10^3} = 0.42$$

根据 NTU 和 C_r 值查图 6-37 或按式（6-19）计算可得 $\varepsilon_1 = 0.74$

7) 求水温

由公式（6-41）可得冷水初温：
$$t_{w1} = 25.6 - \frac{25.6 - 11}{0.74} = 5.9\text{℃}$$

冷水终温：
$$t_{w2} = t_{w1} + \frac{G(i_1 - i_2)}{W_c} = 5.9 + \frac{8.33(50.9 - 30.7)}{6.64 \times 4.19} = 11.9\text{℃}$$

8) 求空气阻力和水阻力

查附录 6-3 中 JW 型 8 排表冷器的阻力计算公式可得：
$$\Delta H_s = 70.56 V_y^{1.21} = 70.56 \times 2.7^{1.21} = 235 \text{Pa}$$
$$\Delta h = 20.19 w^{1.93} = 20.19 \times 1.2^{1.93} = 28.6 \text{kPa}$$

6.2.3.4 表冷器的校核计算[6]

表冷器的校核计算也要满足同其设计计算一样的三个条件，即要满足式（6-38）、（6-39）和（6-40）。对于校核计算，由于在空气终参数未求出之前，尚不知道过程的析湿系数 ξ，因此为了求解空气终参数和水终温，需要增加辅助方程，使解题程序变得更为复杂。在这种情况下倒不如采用试算法更为方便，具体做法将通过下面例题说明。

【例 6-2】 已知被处理的空气量为 16000kg/h（4.44kg/s）；当地大气压力为 101325Pa；空气的初参数为：$t_1 = 25\text{℃}$、$i_1 = 59.1\text{kJ/kg}$、$t_{s1} = 20.5\text{℃}$；冷水量为 $W = 23500\text{kg/h}$（6.53kg/s）、冷水初温为 $t_{w1} = 5\text{℃}$。试求用 JW20-4 型 6 排冷却器处理空气所能达到的终状态和水终温。

【解】 如图 6-45 所示。

1) 求冷却器迎面风速 V_y 及水流速 w

由附录 6-5 知 JW20-4 型表面冷却器迎风面积 $A_y = 1.87\text{m}^2$，每排散热面积 $A_d = 24.05\text{m}^2$，通水断面 $A_w = 0.00407\text{m}^2$，所以

$$V_y = \frac{G}{A_y \rho} = \frac{4.44}{1.87 \times 1.2} = 1.98 \text{m/s}$$

$$w = \frac{W}{A_w \times 10^3} = \frac{6.53}{0.00407 \times 10^3} = 1.6 \text{m/s}$$

2）求冷却器可提供的 ε_2

根据附录 6-4，当 $V_y=1.98$m/s、$N=6$ 排时 $\varepsilon_2=0.911$

3）假定 t_2 确定空气终状态

先假定 $t_2=10.5$℃，（一般可按 $t_2=t_{w1}+$（4~6）℃假设）。

根据 $t_{s2}=t_2-(t_1-t_{s1})(1-\varepsilon_2)$ 可得：

$$t_{s2}=10.5-(25-20.5)(1-0.911)=10.1 ℃$$

查 $i-d$ 图可知，当 $t_{s2}=10.1$℃时，$i_2=29.7$ kJ/kg。

4）求析湿系数

根据 $\xi=\dfrac{i_1-i_2}{c_p(t_1-t_2)}$ 可得：

$$\xi=\dfrac{59.1-29.7}{1.01(25-10.5)}=2.01$$

5）求传热系数

根据附录 6-3，对于 JW 型 6 排冷却器

$$\begin{aligned}K_s&=\left[\dfrac{1}{41.5V_y^{0.52}\xi^{1.02}}+\dfrac{1}{325.6w^{0.8}}\right]^{-1}\\&=\left[\dfrac{1}{41.5\times1.98^{0.52}\times2.01^{1.02}}+\dfrac{1}{325.6\times1.6^{0.8}}\right]^{-1}\\&=96.2\text{W}/(\text{m}^2\cdot℃)\end{aligned}$$

6）求表面冷却器能达到的 ε'_1 值

传热单元数按式（6-34）求得：

$$NTU=\dfrac{96.2\times24.05\times6}{2.01\times4.44\times1.01\times10^3}=1.54$$

水当量比按式（6-33）求得：

$$C_r=\dfrac{2.01\times4.44\times1.01\times10^3}{6.53\times4.19\times10^3}=0.33$$

根据 NTU 和 C_r 值查图 6-37 或按式（6-19）计算可得 $\varepsilon'_1=0.73$

7）求需要的 ε_1 并与上面得到的 ε'_1 比较

$$\varepsilon_1=\dfrac{t_1-t_2}{t_1-t_{w1}}=\dfrac{25-10.5}{25-5}=0.725$$

两个 ε_1 值相差不多，证明所设 $t_2=10.5$℃合适；如不合适，则应重设 t_2 再算。

于是，在本例题的条件下，得到空气终参数为：$t_2=10.5$℃、$t_{s2}=10.1$℃、$i_2=29.7$kJ/kg。

8）求冷量及水终温

根据公式（6-40）可得

$$Q=4.44(59.1-29.7)=130.5\text{kW}$$

$$t_{w2}=5+\dfrac{4.44(59.1-29.7)}{6.53\times4.19}=9.8℃$$

上面例题如用计算机解，可按图 6-46 所示的框图编制程序。

6.2.4 其它间壁式热质交换设备的热工计算

在建筑环境与设备工程专业领域里，除表面式冷却器外，还有大量的其它型式的间壁

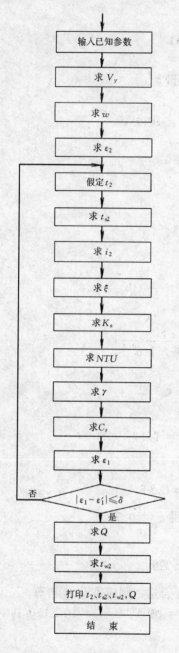

图 6-46 计算机解例题 6-4 的框图

式热质交换设备,如加热器、冷凝器、蒸发器、散热器、省煤器、空气预热器等等,它们的热工计算方法大同小异。在此选择加热器和散热器举例说明,冷凝器和蒸发器的计算方法见本章第五节,其它的可举一反三,在此不再赘述。

6.2.4.1 空气加热器的热工计算

空气加热器广泛应用于建筑物的供暖、通风和空调等工程中,其所用热媒可以是热水,也可以是蒸汽。下面对其热工计算做一概略介绍。

因为在空气加热器中只有显热交换,所以它的热工计算方法比较简单,只要让加热器供给的热量等于加热空气需要的热量即可。用式(6-12)所示的对数平均温差法可以解决这个问题。

对于加热过程来说,由于冷、热流体在进、出口端的温差比值小于 2,可以用算术平均温差代替对数平均温差,不会引起很大误差。

对于以热水为热媒的空气加热器,式(6-27)也可用来求其传热系数。实际工程中,也可整理成(6-30)的形式,不过要取 $\xi=1$。由于空气被加热时温度变化导致的密度变化较大,所以一般用质量流速 $v\rho$ 较之于迎面风速 V_y 更多,因此,实际工作中,传热系数又常整理成如下形式的公式:

$$K = A'(v\rho)^{m'}\omega^{n'} \quad W/(m^2 \cdot ℃) \quad (6-42)$$

对于以蒸汽为热媒的空气加热器,基本上可以不考虑蒸汽流速的影响,而将传热系数整理成

$$K = A''(v\rho)^{m''} \quad W/(m^2 \cdot ℃) \quad (6-43)$$

上两式中 $v\rho$——被处理空气通过加热器时的质量流速,kg/($m^2 \cdot s$);

A'、A''——由实验得出的系数,无因次;

m'、n'、m''——由实验得出的指数,无因次。

国产的部分空气加热器的传热系数实验公式见附录 6-6。

详细分析与选择计算的方法和步骤,参见文献[6]。这是对此类间壁式换热器理论分析与工程处理的一种做法。另一种处理方法见下面散热器的热工计算。

6.2.4.2 散热器的热工计算

散热器是向房间供暖时采用的主要设备。此种换热器较之前面介绍的最大不同之处在于,流过其一侧的空气不再是受迫流动,而基本是处于一种自然对流状态。

在散热器内流动的热水或蒸汽通过它时将热量散发,以补充房间的热损失,使室内保持需要的温度。散热器的热工计算主要是决定供暖房间所需散热器的散热面积和片数。其

热工计算采用的基本公式仍为

$$Q = KA\Delta t_m$$

式中 Q——散热器的散热量，一般取为房间的热负荷，W；

Δt_m——散热器内热媒与室内空气的对数平均温差，℃。

流过散热器的热媒通过散热器将热量传递给室内空气而使自身温度降低，部分室内空气流经散热器时被加热而温度升高，然后与室内空气混合以提高整体温度。由于流经散热器的室内空气温度一般是未知的，所以对数平均温差不能求得。考虑到实际生活中关心的是房间内空气的平均温度，而非流经散热器空气的温度和流量，同时影响散热器散热量的最主要因素又是热媒平均温度与室内空气温度的差值，因此工程上将散热器散热量的公式改写为：

$$Q = KA(t_{pj} - t_n) = KA\Delta t_p$$

式中 t_{pj}——散热器内热媒平均温度，℃；

t_n——供暖室内计算温度，℃；

K——散热器的传热系数，W/(m²·℃)。

公式中散热器内热媒的平均温度随供暖热媒（蒸汽或热水）的参数和供暖系统的形式而定。在热水供暖系统中，可取为所计算散热器进、出口水温的算术平均值。在蒸汽供暖系统中，当蒸汽表压力≤0.03MPa时，可取100℃；当蒸汽表压力≥0.03MPa时，取与散热器进口蒸汽压力相对应的饱和蒸汽温度。

公式中由于温差形式的改变引起的误差，归到了传热系数的计算中去考虑。由于散热器传热系数 K 值的影响因素很多：散热器的制造情况（如采用的材料、几何尺寸、结构形式、表面喷漆等因素）和散热器的使用条件（如使用的热媒、温度、流量、室内空气温度及流速、安装方式及组合片数等因素），因而难以用理论的数学模型表征出各种因素对它的影响，一般通过实验方法确定。

采用影响传热系数和散热量的最主要因素——散热器热媒与空气平均温差 Δt_p，来反映 K 和 Q 值随其变化的规律，是符合散热器的传热机理的。因为散热器向室内散热，主要取决于散热器外表面的换热阻；而在自然对流换热下，外表面换热阻的大小主要取决于温差 Δt_p。Δt_p 越大，则传热系数及散热量值越高。

散热器散热面积的计算方法、其传热系数和散热量值的实验测定值及其修正等，详见文献 [14]。

6.3 混合式热质交换设备的热工计算

混合式热质交换设备也有许多类型，如喷淋室、冷却塔、加湿器、吸收器等。其中，在空气调节工程中，用喷淋室处理空气的方法得到了普遍应用。喷淋室有许多优点，但也有一些缺点，目前大量使用在以调节湿度为主要目的的纺织厂、卷烟厂等处。下面即以喷淋室为例，详细说明此类混合式热质交换设备的具体计算方法，冷却塔、喷射泵的热工计算方法，本节也给予介绍。别的诸如加湿器、吸收器等等混合式热质交换设备的热工计算方法，请参考相应文献。

6.3.1 喷淋室处理空气时发生的热质交换的特点

用喷淋室处理空气时，空气与经喷嘴喷出的水滴表面直接发生接触，这时，空气与水表面之间不但有热量交换，而且一般同时还有质量交换。根据喷水温度不同，二者之间可能仅有显热交换；也可能既有显热交换，又有质量交换引起的潜热交换，显热交换与潜热交换之和构成它们之间的总热交换。空气与水表面直接接触时发生的热质交换详见第四章第二节。

但是，在实际的喷淋室里，喷水量总是有限的，空气与水的接触时间也不可能很长，所以空气状态和水温都是不断变化的，而且空气的终状态也很难达到饱和。

此外，在焓-湿（$i-d$）图上，实际的空气状态变化过程并不是一条直线，而是曲线。同时该曲线的弯曲形状又和空气与水滴的相对运动方向有关系。

假设水滴与空气的运动方向相同（顺流），因为空气总是先与具有初温 t_{w1} 的水相接触，而有小部分达到饱和，见图 6-47（a）所示，且温度等于 t_w'。这小部分空气与其余空气混合得到状态点 1，此时水温已升至 t_w'。然后具有 1 状态的空气与温度为 t_w' 的水滴相接触，又有一小部分达到饱和，其温度等于 t_w''。这部分空气再与其余空气混合得到状态 2，此时水温已升至 t_w''。如此继续下去，最后可得到一条表示空气状态变化过程的折线，点取得多时，便变成了曲线。在逆流的情况下，按同样的分析方法，可以看到曲线将向另一方向弯曲，如图 6-47（b）所示。

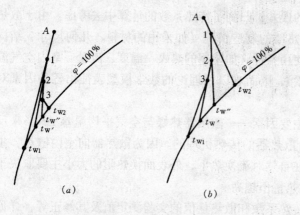

(a)　　　　　　(b)

图 6-47　用喷淋室处理空气的实际过程

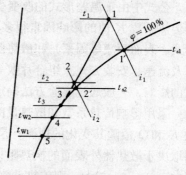

图 6-48　冷却干燥过程空气与水的状态变化

可见，无论是在顺流，还是在逆流的情况下，喷淋室里的空气状态变化过程都不是直线，而是曲线，而且如果接触时间充分，在顺流时空气终状态将等于水终温；在逆流时，空气终状态将等于水初温。不过在实际的喷淋室中，无论是逆喷，还是顺喷，水滴与空气的运动方向都不是纯粹的逆流或顺流，而是比较复杂的交叉流动。所以空气的终状态将既不等于水终温，也不等于水初温，对喷时也不等于水的平均温度。

尽管在实际的喷淋室中，空气的状态变化过程不是直线，但是因为在实际工作中，人们所关心的只是处理后的空气终状态，而不是状态变化的轨迹，所以还是用连接空气初、终状态点的直线来表示空气状态的变化过程。

此外，由于空气与水的接触时间不够充分，所以空气的终状态也往往达不到饱和。经验表明，对于单级喷淋室，空气的终相对湿度一般能达到95%，用双级喷淋室处理空气时，空气的终相对湿度能达到100%。习惯上称喷淋室后的这种空气状态为"机器露点"。

6.3.2 影响喷淋室处理空气效果的主要因素[6]

6.3.2.1 影响喷淋室热交换效果的因素

影响喷淋室热交换效果的因素很多，诸如空气的质量流速、喷嘴类型与布置密度、喷嘴孔径与喷嘴前水压、空气与水的接触时间、空气与水滴的运动方向以及空气与水的初、终参数等。但是，对一定的空气处理过程而言，可将主要的影响因素归纳为以下三个方面：

(1) 空气质量流速的影响

喷淋室内的热、湿交换首先取决于与水接触的空气流动状况。然而在空气的流动过程中，随着温度变化其流速也将发生变化。为了引进能反映空气流动状况的稳定因素，采用空气质量流速 $v\rho$（v 为空气流速 m/s，ρ 为空气密度 kg/m³）比较方便。$v\rho$ 的计算式为：

$$v\rho = \frac{G}{3600 A_c} \quad \text{kg}/(\text{m}^2 \cdot \text{s}) \tag{6-44}$$

式中 G——通过喷淋室的空气量，kg/h；

A_c——喷淋室的横断面积，m²。

由此可见，所谓空气质量流速就是单位时间内通过每 m² 喷淋室断面的空气质量，它不因温度变化而发生变化。

实验证明，增大 $v\rho$ 可使喷淋室的热交换效果得到改善，并且在风量一定的情况下可缩小喷淋室的断面尺寸，从而减少其占地面积。但 $v\rho$ 过大也会引起挡水板过水量及喷淋室阻力的增加。所以常用的 $v\rho$ 范围是 2.5~3.5kg/(m²·s)。

(2) 喷水系数的影响

喷水量的大小常以处理每 kg 空气所用的水量，即喷水系数 μ 来表示：

$$\mu = \frac{W}{G} \quad \text{kg}(水)/\text{kg}(空气) \tag{6-45}$$

式中 μ——喷水系数；

G——通过喷淋室的风量，kg/h；

W——总喷水量，kg/h。

实践证明，在一定的范围内加大喷水系数可改善喷淋室的热交换效果。此外，对不同的空气处理过程采用的喷水系数也应不同。μ 的具体数值应由喷淋室的热工计算决定。

(3) 喷淋室结构特性的影响

喷淋室的结构特性主要是指喷嘴排数、喷嘴密度、排管间距、喷嘴型式、喷嘴孔径和喷水方向等，它们对喷淋室的热交换效果均有影响。空气通过结构特性不同的喷淋室时，即使 $v\rho$ 及 μ 值完全相同，也会得到不同的处理效果。下面简单分析一下这些因素的影响。

1) 喷嘴排数：以各种减焓处理过程为例，实验证明单排喷嘴的热交换效果比双排的差，而三排喷嘴的热交换效果和双排的差不多。因此，三排喷嘴并不比双排喷嘴在热工性能方面有多大优越性，所以工程上多用双排喷嘴。只有当喷水系数较大，如用双排喷嘴，须用较高的水压时，才改用三排喷嘴。

2）喷嘴密度：每 $1m^2$ 喷淋室断面上布置的单排喷嘴个数叫喷嘴密度。实验证明，喷嘴密度过大时，水苗互相叠加，不能充分发挥各自的作用。喷嘴密度过小时，则因水苗不能覆盖整个喷淋室断面，致使部分空气旁通而过，引起热交换效果的降低。所以，一般以取喷嘴密度 $n = 13 \sim 24$ 个 $/ (m^2 \cdot 排)$ 为宜。当需要较大的喷水系数时，通常靠保持喷嘴密度不变，提高喷嘴前水压的办法来解决。但是喷嘴前的水压也不宜大于 2.5atm（工作压力）。如果需要更大水压，则以增加喷嘴排数为宜。

3）喷水方向：实验证明，在单排喷嘴的喷淋室中，逆喷比顺喷热交换效果好，在双排的喷淋室中，对喷比两排均逆喷效果好。显然，这是因为单排逆喷和双排对喷时水苗能更好地覆盖喷淋室断面的缘故。如果采用三排喷嘴的喷淋室，则以应用一顺两逆的喷水方式为好。

4）排管间距：实验证明，对于使用 Y-1 型喷嘴的喷淋室而言，无论是顺喷还是对喷，排管间距均可采用 600mm。加大排管间距对增加热交换效果并无益处。所以，从节约占地面积考虑，排管间距以取 600mm 为宜。

5）喷嘴孔径：实验证明，在其他条件相同时，喷嘴孔径小则喷出水滴细，增加了与空气的接触面积，所以热交换效果好。但是，孔径小易堵塞，需要的喷嘴数量多而且对冷却干燥过程不利。所以，在实际工作中应优先采用孔径较大的喷嘴。

6）空气与水的初参数：对于结构一定的喷淋室而言，空气与水的初参数决定了喷淋室内热湿交换推动力的方向和大小。因此，改变空气与水的初参数，可以导致不同的处理过程和结果。

6.3.2.2 喷淋室的热交换效率系数和接触系数

对于冷却干燥过程，空气的状态变化和水温变化如图 6-48 所示。在空气与水接触时，如果热、湿交换充分，则具有状态 1 的空气最终可变到状态 3。但是由于实际过程中热、湿交换不够充分，空气的终状态只能达到点 2。进入喷淋室的水初温为 t_{w1}，因为水量有限，与空气接触之后水温将升高，在理想条件下，水终温也应达到点 3，实际上水终温只能达到 t_{w2}。

为了说明喷淋室里发生的实际过程与水量有限、但接触时间足够充分的理想过程接近的程度，在喷淋室的热工计算中，是把实际过程与这种理想过程进行比较，而将比较结果用所谓热交换效率系数和接触系数表示，并且用它们来评价喷淋室的热工性能。下面介绍这两个系数的定义。

(1) 喷淋室的热交换效率系数 η_1

喷淋室的热交换效率系数也叫第一热交换效率或全热交换效率，如同表冷器的热交换效率，也是同时考虑空气和水的状态变化。如果把空气的状态变化过程线沿等焓线投影到饱和曲线上，并近似地将这一段饱和曲线看成直线，则热交换效率系数可以表示为：

$$\eta_1 = \frac{\overline{1'2'} + \overline{45}}{\overline{1'5}} = \frac{(t_{s1} - t_{s2}) + (t_{w2} - t_{w1})}{t_{s1} - t_{w1}}$$

$$= \frac{(t_{s1} - t_{w1}) - (t_{s2} - t_{w2})}{t_{s1} - t_{w1}}$$

即

$$\eta_1 = 1 - \frac{t_{s2} - t_{w2}}{t_{s1} - t_{w1}} \tag{6-46}$$

由此可见，当 $t_{s2} = t_{w2}$ 时，即空气的终状态与水终温相同时，$\eta_1 = 1$。t_{s2} 与 t_{w2} 的差值愈大，说明热、湿交换愈不完善，因而 η_1 愈小。

（2）喷淋室的接触系数 η_2

喷淋室的接触系数也叫第二热交换效率或通用热交换效率，是只考虑空气状态变化的，因此它可以表示为

$$\eta_2 = \frac{\overline{12}}{\overline{13}}$$

如果也把 i_1 与 i_3 之间一段饱和曲线近似地看成直线，则有

$$\eta_2 = \frac{\overline{12}}{\overline{13}} = \frac{\overline{1'2'}}{\overline{1'3}} = \frac{\overline{1'3} - \overline{2'3}}{\overline{1'3}} = 1 - \frac{\overline{2'3}}{\overline{1'3}}$$

由于 $\triangle 131'$ 与 $\triangle 232'$ 几何相似，因此

$$\frac{\overline{2'3}}{\overline{1'3}} = \frac{\overline{22'}}{\overline{11'}} = \frac{t_2 - t_{s2}}{t_1 - t_{s1}}$$

即

$$\eta_2 = 1 - \frac{t_2 - t_{s2}}{t_1 - t_{s1}} \tag{6-47}$$

对于绝热加湿过程，由于可以将空气的状态变化看做等焓过程，所以空气初、终状态的湿球温度相等，而且水温不变，并等于空气的湿球温度，即空气的状态变化过程线在饱和曲线上的投影成了一个点（图 6-49）；在这种情况下，η_1 已无意义，所以喷淋室的热交换效果只能用表示空气状态变化完善程度的 η_2 来表示，即：

$$\eta_2 = \frac{\overline{12}}{\overline{13}} = \frac{t_1 - t_2}{t_1 - t_3} = \frac{t_1 - t_2}{t_1 - t_{s1}} = 1 - \frac{t_2 - t_{s1}}{t_1 - t_{s1}} \tag{6-48}$$

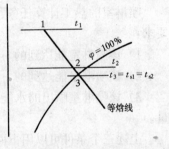

图 6-49 绝热过程空气与水的状态变化

6.3.2.3 喷淋室的热交换效率系数和接触系数的实验公式

通过以上的分析可以看到，影响喷淋室热交换效果的因素是极其复杂的，不能用纯数学方法确定热交换效率系数和接触系数，而只能用实验的方法，为各种结构特性不同的喷淋室，提供各种空气处理过程下的实验公式；这些公式的形式是：

$$\eta_1 = A(v\rho)^m \mu^n \tag{6-49}$$

$$\eta_2 = A'(v\rho)^{m'} \mu^{n'} \tag{6-50}$$

上两式 A、A'、m、m'、n、n' 均为实验的系数和指数，可由附录 6-7 查得。

由于附录 6-7 的数据是在嘴喷密度 $n = 13$ 个/（m²·排）情况下得到的，当实际喷嘴密度变化较大时应引入修正系数。对于双排对喷的喷淋室，当 $n = 18$ 个/（m²·排）时，修正系数可取 0.93；当 $n = 24$ 个/（m²·排）时，修正系数可取 0.9。

6.3.3 喷淋室的设计计算[6]

喷淋室的热工计算方法有好几种，下面仅介绍以两个热交换效率的实验公式为基础的计算方法，即所谓"双效率法"。

6.3.3.1 喷淋室的计算类型

同表面式冷却器一样，依据计算的目的不同，喷淋室的热工计算也可分为设计性计算和校核性计算两种类型，每种计算类型按已知条件和计算内容又分为数种，表 6-3 是最常见的计算类型。

表面冷却器的热工计算类型　　　　表 6-3

计算类型	已知条件	求解内容
设计性计算	空气量 G 空气初状态 t_1, t_{s1} (i_1…) 空气终状态 t_2, t_{s2} (i_2…)	喷淋室结构，喷水量 W 冷水初、终温 t_{w1}, t_{w2}
校核性计算	空气量 G 空气初参数 t_1, t_{s1} (i_1…) 喷淋室结构 喷水量 W，冷水初温 t_{w1}	空气终参数 t_2, t_{s2} (i_2…) 冷水终温 t_{w2}

6.3.3.2 喷淋室计算的主要原则

喷淋室的热工计算任务，通常是对既定的空气处理过程，选择一个喷淋室来达到下列要求：

1) 该喷淋室能达到的 η_1 应该等于空气处理过程需要的 η_1；
2) 该喷淋室能达到的 η_2 应该等于空气处理过程需要的 η_2；
3) 该喷淋室喷出的水能够吸收（或放出）的热量应该等于空气失去（或得到）的热量。

上述三个条件可以用下面三个方程式表示：

$$\eta_1 = A(v\rho)^m \mu^n = 1 - \frac{t_{s2} - t_{w2}}{t_{s1} - t_{w1}} \tag{6-51}$$

$$\eta_2 = A'(v\rho)^{m'} \mu^{n'} = 1 - \frac{t_2 - t_{s2}}{t_1 - t_{s1}} \tag{6-52}$$

$$Q = Wc(t_{w2} - t_{w1}) = G(i_1 - i_2) \tag{6-53}$$

由于 $W/G = \mu$，所以方程式 (6-53) 也可以写成：

$$i_1 - i_2 = \mu c(t_{w2} - t_{w1}) \tag{6-54}$$

由于联立求解以上三个方程式可以得到三个未知数，所以在实际工作中，根据要求确定哪三个未知数而将喷淋室的热工计算区别成表 6-3 所示的计算类型。

由此可见，喷淋室的热工计算和表面冷却器的热工计算基本相似，也应该通过解类似的三个方程式的方法进行，不过在具体作法上还有些区别，下面分别加以说明。

6.3.3.3 喷淋室的设计计算方法

(1) 计算用方程组

由于计算中常用湿球温度而不用空气的焓，故引入空气的焓与湿球温度的比值 a，并用下式代替方程式 (6-54)：

$$a_1 t_{s1} - a_2 t_{s2} = \mu c(t_{w2} - t_{w1}) \tag{6-55}$$

a 值取决于湿球温度本身和大气压力，可由相应的 i-d 图或其它更准确的计算公式得出。

在空气调节的常用范围内，部分 a 值列于表6-4。

空气的焓与湿球温度的比值 a 表6-4

大气压力 (Pa)	湿球温度 t_s (℃)					
	5	10	15	20	25	28
101325	3.73	2.93	2.81	2.87	3.06	3.21
99325	3.77	2.98	2.84	2.90	3.08	3.23
97325	3.90	3.01	2.91	2.97	3.14	3.28
95325	3.94	3.06	2.94	2.98	3.18	3.31

由表6-4可见，在大气压力为101325Pa左右，湿球温度为10~20℃的范围内，如果采用 $a=2.9$ 作为常数计算也不会造成很大误差，而且还可简化计算。否则，进行计算时，就应采用相应的 a 值，而在空气终参数未定的校核计算中还要先假定一个 a 值，然后再加以复核。

于是，式(6-51)、(6-52)和(6-55)即构成了喷淋室热工计算的方程组。

(2) 循环水量 W_x 的确定

在设计计算中，通过上述方法可以得到喷水初温，然后决定采用什么样的冷源。如果天然冷源满足不了要求，则应采用人工冷源。如果喷水初温比冷源水温高（一般冷冻水温为5~7℃），则需使用一部分循环水。这时需要的冷水量 W_l，循环水量 W_x 和回水（或溢流水）量 W_h 的大小可由热平衡关系（图6-50）确定如下：

因为 $$Gi_1 + W_l c t_l = Gi_2 + W_h c t_{w2}$$

而 $$W_l = W_h$$

所以 $$G(i_1 - i_2) = W_l c(t_{w2} - t_l)$$

即 $$W_l = \frac{G(i_1 - i_2)}{c(t_{w2} - t_l)} \quad (6-56)$$

又由 $$W = W_l + W_x$$

所以 $$W_x = W - W_l \quad (6-57)$$

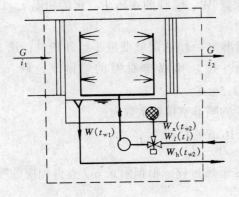

图6-50 喷淋室的热平衡图

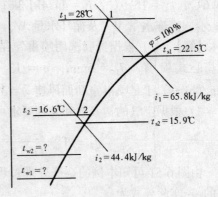

图6-51 例6-3图

(3) 喷淋室的阻力计算

喷淋室的阻力由前、后挡水板的阻力，喷嘴排管阻力和水苗阻力三部分组成，可按下述方法计算。

1) 前后挡水板的阻力

这部分阻力的计算公式是：

$$\Delta H_d = \Sigma \zeta_d \frac{v_d^2}{2} \rho \quad \text{Pa} \tag{6-58}$$

式中 $\Sigma \zeta_d$——前、后挡水板局部阻力系数之和，取决于挡水板的结构，一般可取 $\Sigma \zeta_d = 20$；

v_d——空气在挡水板断面上的迎面风速。因为挡水板的迎风面积等于喷淋室断面积减去挡水板边框后的面积，所以一般取 $v_d = (1.1 \sim 1.3) v$ m/s。

2) 喷嘴排管阻力

这部分阻力的计算公式为：

$$\Delta H_p = 0.1 z \frac{v^2}{2} \rho \quad \text{Pa} \tag{6-59}$$

式中 z——排管数；

v——喷淋室断面风速，m/s。

3) 水苗阻力

这部分阻力的计算公式为：

$$\Delta H_w = 118 b \mu P \quad \text{Pa} \tag{6-60}$$

式中 P——喷嘴前水压，atm（工作压力）；

b——由喷水和空气运动方向所决定的系数，一般取单排顺喷时 $b = -0.22$；单排逆喷时 $b = +0.13$；双排对喷时 $b = +0.075$。

对于定型喷淋室，其总阻力已由实测后的数据制成表格或曲线，根据工作条件便可查出。

6.3.3.4 喷淋室设计计算方法与步骤举例

【例 6-3】 已知需处理的空气量 G 为 21600kg/h；当地大气压力为 101325Pa；空气初参数为：$t_1 = 28℃$，$t_{s1} = 22.5℃$，$i_1 = 65.8$kJ/kg；需要处理的空气终参数为：$t_2 = 16.6℃$，$t_{s2} = 15.9℃$，$i_2 = 44.4$kJ/kg；求喷水量 W、喷嘴前水压 P、水的初温 t_{w1}、终温 t_{w2}、冷冻水量 W_L 及循环水量 W_x。

【解】 1) 根据经验选用喷淋室结构。喷淋室一经选定就变成了已知条件：选 Y-1 型离心式喷嘴，$d_0 = 5$mm，$n = 13$ 个/（m²·排）和双排对喷的喷淋室，取 $v\rho = 3$kg/(m²·s)，于是喷淋室断面风速 $v = 3/1.2 = 2.5$m/s。

2) 根据空气的初参数和处理要求可得需要的喷淋室接触系数为：

$$\eta_2 = 1 - \frac{t_2 - t_{s2}}{t_1 - t_{s1}} = 1 - \frac{16.6 - 15.9}{28 - 22.5} = 0.873$$

由图 6-51 可知本例的空气处理过程是冷却干燥过程，根据附录 6-7 查得相应的喷淋室的 η_2 实验公式为：

$$\eta_2 = 0.755 (v\rho)^{0.12} \mu^{0.27}$$

根据方程式 (6-52)，两个 η_2 应相等，即

$$0.755 (v\rho)^{0.12} \mu^{0.27} = 0.873$$

将 $v\rho=3$ 代入上式得：
$$0.755 \times 3^{0.12} \mu^{0.27} = 0.873; \mu = 1.05$$
求出 μ 值之后，可得总喷水量为：
$$W = \mu G = 1.05 \times 21600 = 22680 \text{kg/h}$$

3）由附录6-7查出相应的喷淋室的 η_1 实验公式，并列出方程：
$$\eta_1 = 1 - \frac{t_{s2} - t_{w2}}{t_{s1} - t_{w1}} = 0.745(v\rho)^{0.07}\mu^{0.265}$$

将 $t_{s1}=22.5$、$t_{s2}=15.9$、$v\rho=3$、$\mu=1.05$ 代入上式可得：
$$1 - \frac{15.9 - t_{w2}}{22.5 - t_{w1}} = 0.745 \times 3^{0.07} \times 1.05^{0.265} = 0.815$$

$$\frac{15.9 - t_{w2}}{22.5 - t_{w1}} = 1 - 0.815 = 0.185 \tag{1}$$

4）根据热平衡方程式（6-54），将已知数代入可得：
$$i_1 - i_2 = \mu c(t_{w2} - t_{w1})$$
$$65.8 - 44.4 = 1.05 \times 4.19(t_{w2} - t_{w1})$$
$$t_{w2} - t_{w1} = \frac{65.8 - 44.4}{1.05 \times 4.19} = 4.86 \tag{2}$$

5）联立解方程式（1）和（2）得，
$$t_{w1} = 8.45℃$$
$$t_{w2} = 4.86 + 8.45 = 13.31℃$$

6）求喷嘴前水压。根据已知条件知喷淋室断面为：
$$A_c = \frac{G}{v\rho \times 3600} = \frac{21600}{3 \times 3600} = 2.0 \text{m}^2$$

两排喷嘴的总喷嘴数为：
$$N = 2nA = 2 \times 13 \times 2 = 52 \text{ 个}$$

根据计算所得的总喷水量 W，知每个喷嘴的喷水量为：
$$\frac{W}{N} = \frac{22680}{52} = 436 \text{ kg/h}$$

根据每个喷嘴的喷水量436kg/h及喷嘴孔径 $d_0=5$mm，查图6-52，可得喷嘴前所需水压为1.8atm（工作压力）。

7）求冷冻水量及循环水量。根据前面的计算知 $t_{w1}=8.45℃$，若冷冻水初温 $t_l=5℃$，则根据公式（6-56）可得需要的冷冻水量为：
$$W_l = \frac{G(i_1 - i_2)}{c(t_{w2} - t_l)} = \frac{21600(65.8 - 44.4)}{4.19(13.31 - 5)} = 13270 \text{kg/h}$$

同时可得需要的循环水量为：
$$W_x = W - W_l = 22680 - 13750 = 9410 \text{kg/h}$$

8）阻力计算。前后挡水板的阻力由式（6-58）可得。
空气在挡水板断面上的迎面风速为 $v_d = 1.2v = 1.2 \times 2.5 = 3$m/s

于是
$$\Delta H_d = 20 \times \frac{3^2}{2} \times 1.2 = 108 \text{ Pa}$$

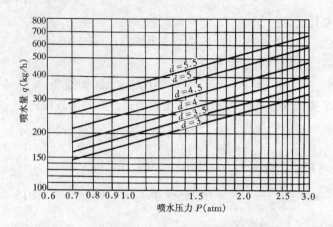

图 6-52　Y-1 型喷嘴喷水量与喷水压力与喷水孔径的关系

喷嘴排管阻力由式（6-59）可得

$$\Delta H_p = 0.1 \times 2 \times 2.5^2 / 2 \times 1.2 = 0.8 \quad \text{Pa}$$

水苗阻力由式（6-60）可得

$$\Delta H_w = 118 \times 0.075 \times 1.05 \times 1.8 = 16.7 \quad \text{Pa}$$

以上就是单级喷淋室设计性的热工计算方法和步骤。在热工计算的基础上就可以具体设计满足这一处理要求的喷淋室结构及水系统等。

对于全年都使用的喷淋室，一般也可仅对夏季进行热工计算，冬季就取夏季的喷水系数，如有必要也可以按冬季的条件进行校核计算，以检查冬季经过处理后空气的终参数是否满足设计要求。必要时，冬夏两季可采用不同的喷水系数。

6.3.4　喷淋室的校核计算[6]

6.3.4.1　喷水温度与喷水量的关系

根据上面的介绍，进行喷淋室热工计算必须同时满足三个方程式，而这样解出来的喷水初温必然是一个定值，例如，在例 6-3 中，解得喷水初温为 8.45℃。这就是说，即使有 9℃ 的地下水，也因其温度比要求的喷水初温高而不能使用。而为了获得 8.45℃ 的冷冻水不得不设置价格较贵的制冷设备。这与一般的理解似乎有些矛盾。人们不禁要问，如果水初温偏高一些（不是比计算值偏高很多），但是将水量加大一些，是不是也可达到同样的处理效果呢？

研究表明，在一定范围内适当地改变喷水温度并相应地改变喷水系数，确实可以达到同样的处理效果。因此，若具有与计算水温相差不多的冷水，则完全可以满足使用要求，不过要在新的水温条件下对喷淋室进行校核性计算，计算所得的空气终参数与设计要求相差不多即可。

根据实验资料分析，在新的水温条件下，所需喷水系数大小，可以利用下面的热平衡关系式求得。

$$\frac{\mu}{\mu'} = \frac{t_{l1} - t_{w1}'}{t_{l1} - t_{w1}} \tag{6-61}$$

式中　t_{l1}——被处理空气的露点温度；

t_{w1}、μ——第一次计算时的喷水温度和喷水系数；

t'_{w1}、μ'——新的水温和在此喷水温度下的喷水系数。

6.3.4.2 计算方法与步骤举例

为说明问题起见，下面仍按例 6-3 的条件，但将喷水初温改成 10℃，进行校核性计算，以检验能否满足要求。

【例 6-4】 在例 6-3 中已知 $G = 21600 \text{kg/h}$，$t_1 = 28℃$，$t_{s1} = 22.5℃$，$t_{l1} = 20.4℃$，$t_2 = 16.6℃$，$t_{s2} = 15.9℃$。并曾通过计算得到 $\mu = 1.05$，$t_{w1} = 8.45℃$，$W = 22680 \text{kg/h}$。求空气的终参数。

【解】 现在 $t'_{w1} = 10℃$，则依据式（6-61）可求出。新水温下的喷水系数为：

$$\mu' = \frac{\mu(t_{l1} - t_{w1})}{t_{l1} - t'_{w1}} = \frac{1.05(20.4 - 8.45)}{20.4 - 10} = 1.2$$

于是可得新条件下的喷水量为：

$$W = 1.2 \times 21300 = 25920 \text{ kg/h}$$

下面利用新的 $\mu' = 1.2$ 和 $t_{w1} = 10℃$ 计算该喷淋室能够得到的空气终状态。

由

$$\eta_1 = 1 - \frac{t_{s2} - t_{w2}}{t_{s1} - t_{w1}} = 0.745(v\rho)^{0.07}\mu^{0.265}$$

将已知数代入得

$$1 - \frac{t_{s2} - t_{w2}}{22.5 - 10} = 0.745(3)^{0.07}(1.2)^{0.265}$$

所以

$$t_{s2} - t_{w2} = 1.88 \tag{1}$$

由

$$a_1 t_{s1} - a_2 t_{s2} = \mu c(t_{w2} - t_{w1})$$

根据表 6-4，当 $t_{s1} = 22.5℃$ 时 $a_1 = 2.94$，由于 t_{s2} 尚属未知数，故暂设 $a_2 = 2.81$ 代入上式有：

$$2.94 \times 22.5 - 2.81 t_{s2} = 1.2 \times 4.19(t_{w2} - 10)$$

经过整理可得：

$$t_{w2} + 0.56 t_{s2} = 23.15 \tag{2}$$

联立解方程式（1）和（2）可得：

$$t_{s2} = 16℃ 、 t_{w2} = 14.1℃$$

由

$$\eta_2 = 1 - \frac{t_2 - t_{s2}}{t_1 - t_{s1}} = 0.755(v\rho)^{0.12}\mu^{0.27}$$

将已知数代入上式可得：

$$1 - \frac{t_2 - t_{s2}}{28 - 22.5} = 0.755(3)^{0.12}(1.2)^{0.27}$$

所以

$$t_2 - t_{s2} = (1 - 0.9)(28 - 22.5) = 0.56 \tag{3}$$

将 $t_{s2} = 16℃$ 代入（3）式可得 $t_2 = 16.6℃$。

由 $t_{s2} = 16℃$ 查表 6-4 知 $a_2 = 2.82$，证明所设正确。

可见所得空气的终参数与例 6-3 要求的基本相同。

喷淋室能使用的最高水温可按 $\eta_2 = 1$ 的条件求得。对于本例，$\eta_2 = 1$ 时，$\mu = 1.73$，$t_{w1} = 12.2℃$。

顺便指出，采用水温与计算要求相差不多的水源时，除可用上面介绍的方法先确定喷

水量 W 再校核 t_2、t_{s2} 外，也可以用保持 t_2 不变，校核 W 和 t_{s2}；或保持 t_{s2} 不变，校核 W 和 t_2 的办法达到同样目的。

6.3.5 其它混合式热质交换设备的热工计算

在建筑环境与设备工程专业领域里，除喷淋室外，还有大量的其它型式的混合式热质交换设备，如冷却塔、加湿器、喷射泵、吸收器等等。在此选择冷却塔、喷射泵举例说明，别的在此不再赘述。

6.3.5.1 冷却塔的热工计算[7]

本章第6.1.2节中对冷却塔的种类、结构等给予了介绍，其工作原理可参见第四章介绍的空气与水直接接触时发生的热质交换的内容，现说明冷却塔的热工计算方法。

(1) 冷却塔内水的降温过程

冷却塔内水的降温主要是由于水的蒸发换热和气水之间的接触传热。因为冷却塔多为封闭形式，且水温与周围构件的温度都不很高，故辐射传热量可不予考虑。

在冷却塔内，不论水温高于还是低于周围空气温度，总能进行水的蒸发，蒸发所消耗的热量 Q_β 总是由水传给空气。而水和空气温度不等导致的接触传热 Q_α 的热流方向可从空气流向水，也可从水流向空气，这要看两者的温度以何者为高。在冷却塔中，一般空气量很大，空气温度变化较小。当水温高于气温时，蒸发散热和接触传热都向同一方向（即由水向空气）传热，因而由水放出的总热量为

$$Q = Q_\beta + Q_\alpha$$

其结果是使水温下降。当水温下降到等于空气温度时，接触传热量 $Q_\alpha = 0$。这时

$$Q = Q_\beta$$

故蒸发散热仍在进行。而当水温继续下降到低于空气温度时，接触传热量 Q_α 的热流方向从空气流向水，与蒸发散热的方向相反，于是由水放出的总热量为：

$$Q = Q_\beta - Q_\alpha$$

如果 $Q_\beta > Q_\alpha$，水温仍将下降。但是 Q_β 渐趋减小，而 Q_α 渐趋增加，于是当水温下降到某一程度时，由空气传向水的接触传热量等于由水传向空气的蒸发散热量，这时

$$Q = Q_\beta - Q_\alpha = 0$$

从此开始，总传热量等于零，水温也不再下降，这时的水温为水的冷却极限。对于一般的水的冷却条件，此冷却极限与空气的湿球温度近似相等。因而湿球温度代表着在当地气温条件下，水可能冷却到的最低温度。水的出口温度越接近于湿球温度 t_s 时，所需冷却设备越庞大，故在生产中要求冷却后的水温比 t_s 高 3~5℃。

当然，在水温 $t = t_s$ 时，两种传热量之间的平衡具有动态平衡的特征，因为不论是水的蒸发或是水气间的接触传热都没有停止，只不过由接触传热传给水的热量全部都被消耗在水的蒸发上，这部分热量又由水蒸气重新带回到空气中。

从上述可见，蒸发冷却过程中伴随着物质交换，水可以被冷却到比用以冷却它的空气的最初温度还要低的程度，这是蒸发冷却所特有的性质。

关于水在塔内的接触面积，在薄膜式中，它取决于填料的表面积。而在点滴式淋水装置中，则取决于流体的自由表面积。然而具体确定比值是十分困难的，对于某种特定的淋

水装置而言，一定量的淋水装置体积相应具有一定量的面积，称为淋水装置（填料）的比表面积，以 α（m^2/m^3）表示。因此实际计算中就不用接触面积而改用淋水装置（或填料）体积以及与体积相应的传质系数和换热系数了。

(2) 冷却塔的热工计算方法

冷却塔的热工计算，对逆流式与顺流式有所不同。由于塔内的热量、质量交换的复杂性，影响因素很多，国内外很多研究者提出了多种计算方法。在逆流塔中，水和空气参数的变化仅在高度方向，而横流式冷却塔的淋水装置中，在垂直和水平两个方向都有变化，情况更为复杂。下面仅对逆流式冷却塔计算时的焓差法作一介绍。

1) 用焓差法计算冷却塔的基本方程

1925 年迈克尔（Merkel）首先引用了热焓的概念建立了冷却塔的热焓平衡方程式。利用 Merkel 热焓方程和水气的热平衡方程，可比较简便地求解水温 t 和热焓 i，因而它至今仍是国内外对冷却塔进行热工计算时所采用的主要方法，称其为焓差法。

通过取逆流塔中某一微元段 dZ 进行研究可得[7]，

$$dQ = \beta_x(i'' - i)\alpha A dZ \tag{6-62}$$

式中 dQ——微元段内总的传热量，kW；

β_x——以含湿量差表示的传质系数，$kg/(m^2 \cdot s)$；

i''——水面饱和空气层的焓，kJ/kg；

i——塔内任何计算部位处空气的焓，kJ/kg；

α——填料的比表面积，m^2/m^3；

A——塔的横截面积，m^2；

Z——塔内填料高度，m。

此即 Merkel 焓差方程。它表明塔内任何部位水、气之间交换的总热量与该点水温下饱和空气焓 i'' 与该处空气焓 i 之差成正比。该方程可视为能量扩散方程，焓差正是这种扩散的推动力。但应指出，Merkel 方程存在一定的近似性。

除了 Merkel 方程之外，在没有热损失的情况下，水和空气之间还存在着热平衡方程，亦即水所放出的热量应当等于空气增加的热量。在微元段 dZ 内水所放出的热为：

$$dQ = Wc(t + dt) - (W - dW)ct = (Wdt + tdW)c \tag{6-63}$$

式中 W——进入微元段 dZ 内的总水量，kg/s；

t——微元段 dZ 的出水温度，℃。

而空气在该微元段吸收的热为：

$$dQ = Gdi \tag{6-64}$$

式中 G——进入微元段内的空气量，kg/s。

因而

$$Gdi = c(Wdt + tdW) \tag{6-65}$$

式（6-65）右边第一项为水温降低 dt 放出之热，第二项为由于蒸发了 dW 水量所带走之热，此项数值与第一项比相对较小。将式（6-65）做一变换有：

$$Gdi = cWdt/(1 - ctdW/Gdi) \tag{6-66}$$

令

$$K = 1 - ctdW/Gdi \tag{6-67}$$

则

$$Gdi = cWdt/K \tag{6-68}$$

K 是考虑蒸发水量带走热量的系数。计算表明，式 (6-65) 中的第二项表示的热量通常只有总传热量的百分之几，因而 K 接近于 1。对 K 的分析可以看出，它基本上是出口水温 t_2 的函数[7]，其关系见图 6-53 所示。

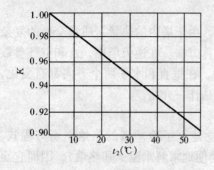

图 6-53 K 值与冷却水温的关系

用式 (6-68) 对全塔积分可得：

$$i_2 = i_1 + \frac{cW}{KG}(t_1 - t_2) \tag{6-69}$$

式 (6-69) 可用于求解与每个水温相对应的空气的焓值。

综合上面所得的各式可得：

$$\beta_x(i'' - i)\alpha A dZ = cW dt / K$$

对此进行变量分离并加以积分：

$$\frac{c}{K}\int_{t_2}^{t_1}\frac{dt}{i'' - i} = \int_0^z \beta_x \frac{aA}{L} dZ = \beta_x \frac{aAZ}{L} \tag{6-70}$$

式 (6-70) 是在迈克尔方程基础上以焓差为推动力进行冷却时，计算冷却塔的基本方程。若以 N 代表上式的左边部分，即：

$$N = \frac{c}{K}\int_{t_2}^{t_1}\frac{dt}{i'' - i} \tag{6-71}$$

称 N 为按温度积分的冷却数，简称冷却数，它是一个无量纲数。

另外若以 N' 表示式 (6-70) 右边部分，即：

$$N' = \beta_x \frac{aAZ}{L} \tag{6-72}$$

称无因次量 N' 为冷却塔特性数。冷却数表示水温从 t_1 降到 t_2 所需要的特征数数值，它代表冷却负荷的大小。在冷却数中的 $(i'' - i)$ 是指水面饱和空气层的焓与外界空气的焓之差 Δi，此值越小，水的散热就越困难。所以它与外部空气参数有关，而与冷却塔的构造和型式无关。在气量和水量之比相同时，N 值越大，表示要求散发的热量越多，所需淋水装置的体积越大。特性数中的 β_x 反映了淋水装置的散热能力，因而特性数反映了淋水塔所具有的冷却能力，它与淋水装置的构造尺寸、散热性能及水、气流量有关。

冷却塔的设计计算问题，就是要求冷却任务与冷却能力相适应，因而在设计中应保证 $N = N'$，以保证冷却任务的完成。

2) 冷却数的确定

在冷却数的定义式 (6-71) 中，$(i'' - i)$ 与水温 t 之间的函数关系极为复杂，不可能直接积分求解，因此一般采用近似求解法。如辛普逊 (Simpson) 近似积分法是根据将冷却数的积分式分项计算求得近似解[7]，

$$i_n - i_{n-1} = \frac{cL}{KG}\left(\frac{t_1 - t_2}{n}\right) \tag{6-73}$$

式中，i_n, i_{n-1} 分别为将积分区间等分为偶数 n 时，后一个等分的 i_n 值与前一个等分的 i_{n-1} 值。

在计算时，应从淋水装置底层开始，先算出该层的 i 值，再逐步往上算出以上各段的 i 值，各段的 K 值也应根据相应段的水温按图 6-53 查得。

若精度要求不高，且水在塔内的温降 $\Delta t < 15℃$ 时，常用下列的两段公式简化计算：

$$N = \frac{c\Delta t}{6K}\left(\frac{1}{i''_1 - i_1} + \frac{4}{i''_m - i_m} + \frac{1}{i''_2 - i_2}\right) \tag{6-74}$$

式中 i''_1、i''_2、i''_m——与水温 t_1、t_2、$t_m = (t_1 + t_2)/2$ 对应的饱和空气焓，kJ/kg；

i_1、i_2——分别为冷却塔中空气进口、出口处的焓，kJ/kg。

而 $i_m = (i_1 + i_2)/2$。

3）特性数的确定

为使实际应用方便，常将式（6-72）定义的特性数改写成：

$$N' = \beta_{xv}\frac{V}{W} \tag{6-75}$$

式中 β_{xv}——容积传质系数，$\beta_{xv} = \beta_x \alpha$，kg/(m³·s)；

V——填料体积，m³。

可见特性数取决于容积传质系数、冷却塔的构造及淋水情况等因素。

4）换热系数与传质系数的计算

在计算冷却塔时要求确定换热系数和传质系数。假定热交换和质交换的共同过程是在两者之间的类比条件得到满足的情况下进行，因此刘伊斯关系式成立。由此得到一个重要结论：即当液体蒸发冷却时，在空气温度及含湿量的实用范围变化很小时，换热系数和传质系数之间必须保持一定的比例关系，条件的变化可使一个增大或减小，从而导致另一个也相应地发生同样的变化。因而，当缺乏直接的实验资料时就可根据其比例关系予以近似估计。

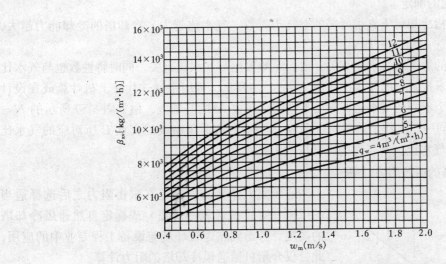

图 6-54 塑料斜波 $55×12.5×60°-1000$ 型容积传质系数曲线[5]

可以说直到现在为止，还没有一个通用的方程式可以计算水在冷却塔中冷却时的换热系数和传质系数，因此更有意义的是针对具体淋水装置进行实验，取得资料。图 6-54 和图 6-55 给出了由试验得到的两种填料的 β_{xv} 曲线。图 6-56 则是已经把不同气水比（空气量与水量之比，以 λ 表示）整理成与特性数之间的关系曲线，图中表示出了两种填料的特性，更多的资料见文献 [4，5] 等。

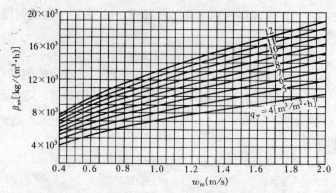

图 6-55 纸质蜂窝 d_{20}-1000 型容积传质系数曲线[5]

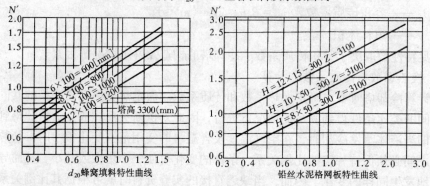

图 6-56 两种填料的特性曲线[11]

5) 气水比的确定

气水比是指冷却每千克水所需的空气千克数,气水比越大,冷却塔的冷却能力越大,一般情况下可选 $\lambda = 0.8 \sim 1.5$。

由于空气的焓 i 与气水比有关,因而冷却数也与气水比有关。同时特性数也与气水比有关,因此要求被确定的气水比能使 $N = N'$。为此,可用牛顿迭代法上机计算或在设计计算时假设几个不同的气水比,算出不同的冷却数 N 的基础上,做如图 6-57 所示的 $N \sim \lambda$ 曲线。再在同一图上作出填料特性曲线 $N' \sim \lambda$,这两条曲线的交点 P 所对应的气水比 λ_P 就是所求的气水比。P 点称为冷却塔的工作点。

6) 冷却塔的通风阻力计算

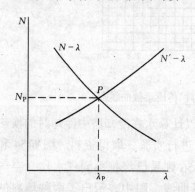

图 6-57 气水比及冷却数的确定

通风阻力计算的目的是在求得阻力之后选择适当的风机(对机械通风冷却塔)或确定自然通风冷却塔的高度。考虑到在建筑环境与设备工程专业中的应用,此处仅介绍机械通风冷却塔的阻力计算。

空气流动阻力包括由空气进口之后经过各个部位的局部阻力。各部位的阻力系数常采用试验数值或利用经验公式计算。表 6-5 列出了局部阻力系数的计算公式,文献 [5] 列出了多种填料的阻力特性曲线。

塔的总阻力为各局部阻力之和,根据总阻力和空气的容积流量,即可选择风机。

冷却塔各部位的局部阻力系数　　　　　　　　　表 6-5

部 位 名 称	局 部 阻 力 系 数	说　　明
进风口	$\zeta_1 = 0.55$	
导风装置	$\zeta_2 = (0.1 + 0.000025 q_w) l$	q_w—淋水密度 ($m^3/m^2 \cdot h$) l—导风装置长度 (m), 对流塔取其长度的一半, 对顺流塔取总长
淋水装置处气流转弯	$\zeta_3 = 0.5$	
淋水装置进口气流突然收缩	$\zeta_4 = 0.5 (1 - A_0/A_s)$	A_0—淋水装置有效截面积 (m^2) A_s—淋水装置总截面积 (m^2)
淋水装置	$\zeta_5 = \zeta_0 (1 + k_s q_w) Z$	ζ_0—单位高度淋水装置阻力系数 k_s—系数, 可查有关手册 Z—淋水装置高度 (m)
淋水装置进口气流突然扩大	$\zeta_6 = (1 - A_0/A_s)^2$	
配水装置	$\zeta_7 = [0.5 + 1.3(1 - A_{ch}/A_s)^2](A_s/A_{ch})^2$	A_{ch}—配水装置中气流通过的有效截面积 (m^2)
收水器	$\zeta_8 = [0.5 + 2(1 - A_n/A_g)](A_n/A_g)^2$	A_g—收水器有效截面积 (m^2) A_n—收水器总截面积 (m^2)
风机进风口（渐缩管形）	ζ_9	可查文献 [5]
风机扩散口	ζ_{10}	可查文献 [11]
气流出口	$\zeta_{11} = 1.0$	

(3) 冷却塔的计算方法举例

冷却塔的具体计算通常也要遇到两类不同的问题：

第一类问题是设计计算，即在规定的冷却任务下，已知冷却水量，冷却前后的水温 t_1、t_2，当地气象资料（t_1、t_s、φ、P 等），选择淋水装置型式，通过热工计算、空气动力计算确定冷却塔的结构尺寸等。

如果已经选定定型塔，则结合当地气象参数，确定冷却曲线与特性曲线的交点（工作点）P，从而求得所要的气水比 λ_P，最后确定冷却塔的总面积、段数等。

第二类问题是校核计算，即在气量、水量、塔总面积、进水温度、空气参数、填料种类均已知的条件下，校核水的出口温度 t_2 是否符合要求。

前已提到，水能被冷却的理论极限温度是空气的湿球温度 t_s，当水的出口温度越接近 t_s 时冷却的效果越好，但冷却塔的尺寸越大。虽冷却温差（即冷却前后水温之差）、冷却水量均影响着冷却塔尺寸大小，但（$t_2 - t_s$）值（称为冷幅）的大小居主要地位。因而生产上一般要求 t_2 要比 t_s 高 3~5℃。由于冷却塔通常按夏季不利气象条件计算，如果采用外界空气最高温度进行计算，t_s 值就高，而在一年当中所占时间很短，则塔的尺寸很大，其余时间里，冷却塔不能充分发挥作用；反之，如采用较低的 t_s 值，塔体是小了，但有可能使得在炎热季节中冷却塔实际出水温度超过计算温度 t_2。由此可见，选择适当的 t_s 很重要。在具体选取时，建议根据夏季每年最热的 10 天排除在外的最高日平均干、湿球温度（气象资料不少于 5~10 年）进行计算。例如北京日平均干球温度 30.1℃超过 10

天，日平均湿球温度 25.6℃ 超过 10 天，就可以 30.1℃ 和 25.6℃ 作为干、湿球温度进行设计。这样在夏季三个月（6~8月）共 92 天中，能保证冷却效果的时间（称为 t_s 的保证率）有 82/92＝89.1%，而不能保证的时间为 10/92＝10.9%。

下面举例说明冷却塔的设计计算。

【例 6-5】 要求将流量为 4500t/h、温度为 40℃ 的热水降温至 32℃，已知当地的干球温度 t＝25.7℃，湿球温度 t_s＝22.8℃，大气压力 P＝99.3kPa，试计算机械通风冷却塔所需要的淋水面积。

【解】 1）冷却数计算

水的进出口温差 $t_1 - t_2 = 40 - 32 = 8$℃

水的平均温度 $t_m = (40 + 32)/2 = 36$℃

由 $t_2 = 32$℃ 查图 6-53 得 $K = 0.944$

由附录 6-8 查得：

与 $t_1 = 40$℃ 相应的饱和空气焓 $i''_2 = 165.8$kJ/kg

与 $t_m = 36$℃ 时相应的饱和空气焓 $i''_m = 135.65$kJ/kg

与 $t_2 = 32$℃ 时相应的饱和空气焓 $i''_1 = 110.11$kJ/kg

进口空气的焓近似等于湿球温度 $t_s = 22.8$℃ 时的焓，查得该值 $i_1 = 67.1$kJ/kg。

由于水的进出口温差 $(t_1 - t_2) < 15$℃，故可用 Simpson 积分法的两段公式简化计算冷却数 N。假设不同的水气比，计算过程及结果列于表 6-6。表中出口空气焓 i_2 按式 (6-69) 计算。

冷 却 数 的 计 算　　　　表 6-6

项目	单位	计算公式	数	值	
气水比，G/W			0.5	0.625	1.0
出口空气焓，i_2	kJ/kg	按式 (6-69)	138.1	123.9	102.6
空气进出口焓平均值，i_m	kJ/kg	$(i_1 + i_2)/2$	102.6	95.5	84.9
Δi_2	kJ/kg	$i''_2 - i_2$	27.7	41.9	63.2
Δi_1	kJ/kg	$i''_1 - i_1$	43.1	43.1	43.1
Δi_m	kJ/kg	$i''_m - i_m$	33.0	40.2	50.8
冷却数，N		按式 (6-74)	1.01	0.867	0.697

2）求气水比，计算空气流量

将不同气水比时的冷却数作于图 6-58 上。选择的填料为 d_{20}，$Z = 10 \times 100 = 1000$mm 的蜂窝式填料，将此种填料的特性曲线（见图 6-56）也绘到此图上，两曲线交点 P 的气水比 $\lambda_p = 0.61$，$N_p = 0.86$。故当 $W = 4500$t/h 时，空气流量 $G = 0.61 \times 4500 = 2745$t/h。

由 $t = 25.7$℃ 及 $i_1 = 67.1$kJ/kg，查得进口空气的比容 $v = 0.8689$m³/kg，故其密度 $\rho = 1.15$kg/m³。故空气的容积流量为：

$$G' = 2745 \times 1000/(3600 \times 1.15) = 663 \text{m}^3/\text{s}$$

3）选择平均风速，确定塔的总面积

选取塔内平均风速 $w_m = 2$ m/s，

则塔的总面积 $A = G'/w_m = 663/2 = 331.5$m²

若采用四格 9m×9m 的冷却塔，减去柱子所占面积之后，可认为它的平均断面积为 80m²，因此塔的有效设计面积为 4×80=320m²。

从而淋水密度为 q_w = 4500/320 = 14.1m³/(m²·h)

每格塔的进风量为 663/4=165.75 m³/s

6.3.5.2 喷射泵的热工计算[7]

喷射泵也是一种典型的混合式热质交换设备，它是一种以热交换为目的的喷射器，和其他喷射器一样，是使压力、温度不同的两种流体相互混合，并在混合过程中进行能量交换的一种设备。

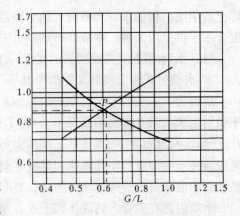

图 6-58 N-G/L 曲线

将混合过程中压力较高的流体称工作流体。按照工作流体与被引射流体相互作用的性质和条件的不同，喷射式热交换器中可以是汽-水之间的热交换，水-水之间的热交换，汽-汽间的热交换，等等。图6-59是喷射式热交换器的原理图。它的主要部件有：工作喷管、引入室、混合室和扩散管。

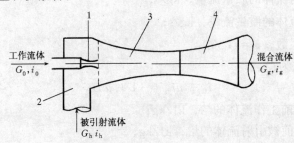

图6-59 喷射式热交换器原理图
1—工作喷管；2—引入室；3—混合室；4—扩散管

工作流体通过喷管的膨胀，使其势能转变为动能，以很高的速度从喷管喷出，并将压力较低的流体（称被引射流体）卷吸到引入室内。工作流体把一部分动能传给被引射流体，在沿喷射器流动过程中，工作流体与被引射流体混合后的混合流体的速度渐趋均衡，动能相反地转变为势能，然后送给用户。喷射式热交换器内发生的过程可用质量守恒定律、动量守恒定律和能量守恒定律来描述。

喷射式热交换器的优点是在提高被引射流体的压力的过程中不直接消耗机械能，结构简单，与各种系统连接方便，因而在工程上有着

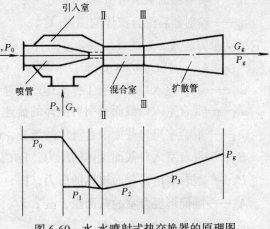

图 6-60 水-水喷射式热交换器的原理图

179

广泛的应用。例如水-水喷射式热交换器可将高温水与部分低温水混合，得到一定温度的混合水，供室内采暖。本节即对水-水喷射式热交换器加以介绍。

(1) 水-水喷射式热交换器的构造与工作原理

水-水喷射式热交换器又称水喷射器，它的构造及运行时压力的变化情况如图6-60所示。压力为 P_0 的高温水为工作流体，压力为 P_h 的低温水为被引射流体。高温水从喷管中喷射出来时具有很高的速度 w_p，由于它的卷吸作用，在混合室入口处造成一个压力比 P_h 还低，其值为 P_2 的低压区，使被引射的低温水以 w_2 的速度进入混合室。在混合室中两股流体互相混合且使其流速和温度逐渐趋向相等，混合流以 w_3 的流速进入扩散管，在扩散管中混合流的流速逐渐降为 w_g、压力逐渐升高到 P_g 后流出喷射器。

水喷射器在喷管内的流体属于亚音速流动，故一般用的是渐缩喷管。

(2) 水-水喷射式热交换器的特性方程式

水喷射器的质量守恒方程式为：
$$G_g = G_0 + G_h$$
或
$$G_g = (1+u)G_0 \tag{6-76}$$

式中　G_0——工作流体的质量流量，kg/s；

　　　G_h——被引射流体的质量流量，kg/s；

　　　G_g——混合流体的质量流量，kg/s；

　　　u——喷射系数，$u = G_h/G_0$。

能量守恒方程式为：
$$i_0 + u i_h = (1+u) i_g \tag{6-77}$$

式中　i_0——喷射器前工作流体的焓，kJ/kg；

　　　i_h——喷射器前被引射流体的焓，kJ/kg；

　　　i_g——喷射器后混合流体的焓，kJ/kg。

能量守恒方程式 (6-77) 还可写成：
$$t_0 + u t_h = (1+u) t_g \tag{6-78}$$

式中　t_0——喷射器前工作流体的温度，℃；

　　　t_h——喷射器前被引射流体的温度，℃；

　　　t_g——喷射器后混合流体的温度，℃。

它的动量方程式，对圆筒形混合室而言，可由截面Ⅱ-Ⅱ、Ⅲ-Ⅲ得到：
$$\varphi_2(G_0 w_p + G_h w_2) - (G_0 + G_h)w_3 = (P_3 - P_2)A_3 \tag{6-79}$$

式中　w_p——混合室入口截面上工作流体的流速，m/s；

　　　w_2——混合室入口截面被引射流体的流速，m/s；

　　　w_3——混合室出口截面混合流体的流速，m/s；

　　　P_2——混合室入口截面流体的压力，Pa；

　　　P_3——混合室出口截面流体的压力，Pa；

　　　A_3——圆筒形混合室的截面积，m²；

　　　φ_2——混合室的速度系数。

为简化特性方程的推导，可以认为工作流体与被引射流体在进混合室前不相混合，因而工作流体在混合室入口处所占面积与喷管出口面积 A_p 相等，如图 6-60 中所示那样。这一假定对于 $A_3/A_p \geqslant 4$ 时具有足够的准确性。因而被引射流体在混合室入口截面上所占面积 A_2 为：

$$A_2 = A_3 - A_p$$

式中　A_2——被引射流体在混合室入口截面上所占面积，m^2。

通过喷管的工作流体流量应为：

$$G_0 = \varphi_1 A_p \sqrt{\frac{2(P_0 - P_h)}{v_p}} \tag{6-80}$$

式中　φ_1——喷管的速度系数；
　　　P_0——工作流体进喷管的压力，Pa；
　　　P_h——被引射流体在引入室的压力，Pa；
　　　v_p——工作流体的比容，m^3/kg。

由于引入室中被引射水的流速 w_h 和混合室流体出扩散管的流速 w_g 都相对较低，可忽略不计。那么根据动量守恒原理，被引射流体在混合室入口截面处的压力 P_2 与混合流体在混合室出口截面处的压力 P_3 可表示为：

$$P_2 = P_h - \frac{(w_2/\varphi_4)^2}{2v_h} \quad \text{Pa} \tag{6-81}$$

$$P_3 = P_g - \frac{(\varphi_3 w_3)^2}{2v_g} \quad \text{Pa} \tag{6-82}$$

式中　P_g——扩散管出口处混合水的压力，Pa；
　　　φ_3——扩散管速度系数；
　　　φ_4——混合室入口段的速度系数；
　　　v_h——被引射流体的比容，m^3/kg。
　　　v_g——混合流体的比容，m^3/kg。

在水喷射器中，工作流体与被引射流体都是非弹性流体，因而各截面处的水流速可用连续性方程式计算，即：

$$w_p = \frac{G_0 v_p}{A_p} = \varphi_1 \sqrt{2v_p(P_0 - P_h)} \quad \text{m/s} \tag{6-83}$$

$$w_2 = \frac{u G_0 v_h}{A_2} = \varphi_1 u A_p \frac{v_h}{A_2} \sqrt{\frac{2(P_0 - P_h)}{v_p}} \quad \text{m/s} \tag{6-84}$$

$$w_3 = (1+u)\frac{G_0 v_g}{A_2} = (1+u)\varphi_1 A_p \frac{v_g}{A_3} \sqrt{\frac{2(P_0 - P_h)}{v_p}} \quad \text{m/s} \tag{6-85}$$

将以上各式所示关系代入式（6-79）并经整理后可得到水喷射器的特性方程式：

$$\frac{\Delta P_g}{\Delta P_p} = \frac{P_g - P_h}{P_0 - P_h}$$

$$= \varphi_1^2 \frac{A_p}{A_3}\left[2\varphi_2 + \left(2\varphi_2 - \frac{A_3}{\varphi_4^2 A_2}\right)\frac{A_p v_h}{A_2 v_p}u^2 - (2-\varphi_3^2)\frac{A_p v_g}{A_3 v_p}(1+u)^2\right] \tag{6-86}$$

式中　$\Delta P_g = P_g - P_h$——水喷射器的扬程，Pa；

　　　$\Delta P_p = P_0 - P_h$——工作流体在喷管内的压降，Pa。

$\Delta P_g/\Delta P_p$ 称为喷射器形成的相对压降。式（6-86）表明：当给定 u 值时，喷射器的扬程与工作流体的可用压降成正比。

在 $v_g = v_p = v_h$ 的条件下，并取 $\varphi_1 = 0.95$，$\varphi_2 = 0.975$，$\varphi_3 = 0.9$，$\varphi_4 = 0.925$ 时，则特性方程简化为：

$$\frac{\Delta P_g}{\Delta P_p} = \frac{A_p}{A_3}\left[1.76 + \left(1.76 - 1.05\frac{A_3}{A_2}\right)\frac{A_p}{A_2}u^2 - 1.07\frac{A_p}{A_3}(1+u)^2\right] \quad (6-87)$$

若将式中各截面比作如下变换：

$$\frac{A_3}{A_2} = \frac{A_3}{A_3 - A_p} = \frac{A_3/A_p}{\frac{A_3}{A_p} - 1}; \quad \frac{A_p}{A_2} = \frac{A_p}{A_3 - A_p} = \frac{1}{\frac{A_3}{A_p} - 1}$$

则式（6-87）变成了：

$$\frac{\Delta P_g}{\Delta P_p} = \frac{1.76}{A_3/A_p} + 1.76\frac{u^2}{\frac{A_3}{A_p}\left(\frac{A_3}{A_p} - 1\right)} - 1.05\frac{u^2}{\left(\frac{A_3}{A_p} - 1\right)} - 1.07\left(\frac{1+u}{A_3/A_p}\right)^2 \quad (6-88)$$

由此可见，水喷射器的特性 $\Delta P_g/\Delta P_P = f(u, A_3/A_p)$，而不决定于它的绝对尺寸。如果绝对尺寸不同，但截面比（A_3/A_p）相同，就具有相同的特性，$\Delta P_g/\Delta P_P = f(u)$。因而，$A_3/A_p$ 是水喷射器的几何相似参数，这样就可使水喷射器的试验研究工作得以简化。

（3）水-水喷射式热交换器的最佳截面比与可达到的参数

在设计水喷射器时，要求选择最佳截面比，以保证在工作流体压降（ΔP_P）和喷射系数（u）给定的情况下，使它具有最大的扬程（ΔP_g）。

因为 $\Delta P_g/\Delta P_P = f(u, A_3/A_p)$，所以最佳截面比可根据特性方程式（6-88）求偏微分的方法求得，即：

$$\frac{\partial(\Delta P_g/\Delta P_p)}{\partial(A_3/A_p)} = 0$$

当喷射系数 μ 一定时，$\Delta P_g/\Delta P_P$ 是 A_3/A_p 的一元函数，可以计算出最佳截面比 $(A_3/A_p)_{zj}$ 以及可产生的最大相对压降 $(\Delta P_g/\Delta P_P)_{max}$，表6-7中摘录了文献[14]中用计算机所得的部分数据。

$(\Delta P_g/\Delta P_P)_{max}$、$(A_3/A_p)_{zj}$ 与 u 之间的关系　　　　表6-7

u	0.2	0.4	0.6	0.8	1.0	1.2	1.4	1.6	1.8	2.0	2.2
$(\Delta P_g/\Delta P_P)_{max}$	0.4869	0.3673	0.2930	0.2419	0.2046	0.1761	0.1538	0.1358	0.1211	0.1087	0.0983
$(A_3/A_p)_{zj}$	1.9	2.6	3.2	3.8	4.5	5.2	5.9	6.7	7.5	8.3	9.2
u	2.4	2.6	2.8	3.0	3.2	3.4	3.6	3.8	4.0	4.2	4.4
$(\Delta P_g/\Delta P_P)_{max}$	0.0895	0.0818	0.0751	0.0693	0.0642	0.0596	0.0555	0.0518	0.0486	0.0456	0.0419
$(A_3/A_p)_{zj}$	10.1	11.0	11.9	12.9	14.0	15.0	16.1	17.2	18.4	19.6	20.8

（4）水-水喷射式热交换器的几何尺寸的计算

喷管出口截面积由下式计算：

$$A_p = \frac{G_0}{\varphi_1}\sqrt{\frac{v_p}{2\Delta P_p}} \quad m^2 \qquad (6\text{-}89)$$

喷管出口截面与圆筒形混合室入口截面之间的最佳距离 L_c 为

$$L_c = (1.0 \sim 1.5)d_3 \qquad (6\text{-}90)$$

式中 d_3——圆筒形混合室的直径，可根据 $(A_3/A_p)_{zj}$ 及 A_p 求得 A_3 之后求出。

圆筒形混合室的长度 L_h，建议取 $L_h = (6\sim10)d_3$。

扩散管的扩散角，一般取 $\theta = 6°\sim 8°$。

(5) 水-水喷射式热交换器的计算举例

【例 6-6】 已知水喷射器热水供热系统的室外热水管网供水温度（即喷射器的工作流体温度）$t_0 = 130℃$，回水温度（即被引射水温）$t_h = 70℃$，混合流体温度（即向用户供水温度）$t_g = 95℃$。供热系统的压力损失 $\Delta P_g = 9810Pa$，用户热负荷 $Q = 8.4\times 10^5 kJ/h$。试确定安装在用户入口处的水喷射器的主要尺寸，并计算在设计工况下，工作流体所需要的压降 ΔP_p，绘出喷射器的特性曲线。

【解】 由式（6-78）确定喷射系数得

$$u = \frac{t_0 - t_g}{t_g - t_h} = \frac{130-95}{95-70} = 1.4$$

由表 6-7，当 $u = 1.4$ 时，可查得：最大相对压降 $(\Delta P_g/\Delta P_p)_{max} = 0.1538$；最佳截面积 $(A_3/A_p)_{zj} = 5.9$。

于是，工作流体在喷管内的压降为

$$\Delta P_p = \Delta P_g/0.1538 = 9810/0.1538 = 63784Pa$$

由热负荷计算工作流体的流量 G_0

$$G_0 = \frac{Q}{3600c(t_0 - t_h)} = \frac{8.4\times 10^5}{3600\times 4.19(130-70)} = 0.928 \quad kg/s$$

由式（6-89）计算喷管出口截面积

$$A_p = \frac{G}{\varphi_1}\sqrt{\frac{v_p}{2\Delta P_p}} = \frac{0.928}{0.95}\sqrt{\frac{0.001}{2\times 63784}} = 8.65\times 10^{-5} \quad m^2$$

由于

$$A_p = \frac{\pi}{4}d_p^2$$

故喷管出口直径

$$d_p = \sqrt{\frac{4}{\pi}A_p} = 1.13\sqrt{8.65\times 10^{-5}} = 0.0105 \quad m$$

圆筒形混合室尺寸：

截面积 $A_3 = \left(\dfrac{A_3}{A_p}\right)_{zj} \cdot A_p = 5.9\times 8.65\times 10^{-5} = 51\times 10^{-5} m^2$

直径 $d_3 = 1.13\sqrt{A_3} = 1.13\sqrt{51\times 10^{-5}} = 0.0255m$

长度 $L_h = 8d_3 = 8\times 0.0255 = 0.204m$

喷管出口截面与混合室入口截面间的距离：

$$L_c = 1.2d_3 = 1.2\times 0.0255 = 0.0306m$$

扩散管的尺寸：取其出口处的混合水速度 $w_g = 1\text{m/s}$，扩散角 $\theta = 8°$，则

出口截面积
$$A_g = \frac{(1+u)G_0 v_g}{w_g}$$
$$= \frac{(1+1.4) \times 0.928 \times 0.001}{1.0} = 2.23 \times 10^{-3} \text{ m}^2$$

出口直径 $d_g = 1.13\sqrt{A_g} = 1.13\sqrt{2.23 \times 10^{-3}} = 0.0534$ m

长度 $L_k = \dfrac{d_g - d_3}{2\text{tg}\dfrac{\theta}{2}} = \dfrac{0.0534 - 0.0255}{2\text{tg}4°} = 0.199$ m

喷射器各截面比：

$$\frac{A_3}{A_p} = \frac{51 \times 10^{-5}}{8.65 \times 10^{-5}} = 5.9; \quad \frac{A_p}{A_3} = \frac{1}{5.9} = 0.169$$

$$\frac{A_p}{A_2} = \frac{A_p}{A_3 - A_p} = \frac{8.65 \times 10^{-5}}{(51 - 8.65) \times 10^{-5}} = 0.204; \quad \frac{A_3}{A_2} = \frac{51 \times 10^{-5}}{(51 - 8.65) \times 10^{-5}} = 1.204$$

将上述各数值代入特性方程式（6-87），得

$$\frac{\Delta P_g}{\Delta P_p} = \frac{A_p}{A_3}\left[1.76 + \left(1.76 - 1.05\frac{A_3}{A_2}\right)\frac{A_p}{A_2}u^2 - 1.07\frac{A_p}{A_3}(1+u)^2\right]$$
$$= 0.169[1.76 + (1.76 - 1.05 \times 1.204) \times 0.204u^2 - 1.07 \times 0.169(1+u)^2]$$
$$= 0.297 + 0.017u^2 - 0.0306(1+u)^2$$

以不同的喷射系数代入之后，可求出不同的（$\Delta P_g/\Delta P_p$），其结果列于表 6-8 及图 6-61 上。图中的 a 点为设计工况。

不同喷射系数时的（$\Delta P_g/\Delta P_p$） 表 6-8

u	1	1.25	1.5	1.75	2	2.5
$\Delta P_g/\Delta P_p$	0.1916	0.1687	0.1440	0.1176	0.0896	0.0284

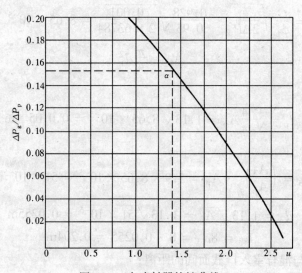

图 6-61 水喷射器特性曲线

绘出工作流体在不同压力下的 $\Delta P_g = f(V_g)$ 的特性曲线，根据这些特性曲线的管网阻力特性曲线的交点，即可确定水喷射器在不同 ΔP_g 时的工作点。

6.4 典型燃烧装置主要尺寸和运行参数的计算

如本章第一节所述，燃烧装置与器具的类型很多。本节重点介绍气体燃料典型燃烧器主要尺寸和运行参数的确定与计算。

6.4.1 扩散式燃烧器主要尺寸和运行参数的计算[9]

6.4.1.1 管式扩散燃烧器的计算

管式扩散燃烧器结构主要尺寸和运行参数的确定与计算，是以动量定理、连续性方程及火焰的稳定性为基础，以确定燃烧器的火孔直径、火孔数目、头部燃气分配管截面积及燃烧器前燃气所需要的压力等，其计算步骤如下：

1）选择火孔直径 d_p 及间距 S　一般取 $d_p = 1 \sim 4$mm，火孔太大不容易燃烧完全，火孔太小容易堵塞。火孔间距 S，一般取 $S = (8 \sim 13) d_p$，以保证顺利传火和防止火焰合并为原则。

2）火孔热强度的选择和火孔出口速度 v_p 的计算　火孔热强度 q_p 的选择应根据火孔直径大小和燃烧不同性质燃气种类对火焰状况的影响分析选择。在此基础上，再按式（6-91）计算火孔出口速度 v_p：

$$v_p = \frac{q_p}{H_L} \times 10^6 \tag{6-91}$$

式中　v_p——火孔出口速度，mm/s；
　　　q_p——火孔热强度，kW/mm^2；
　　　H_L——燃气低热值，kJ/Nm^3。

3）计算火孔总面积 F_p

$$F_p = \frac{Q}{q_p} \tag{6-92}$$

式中　F_p——火孔总面积，mm^2；
　　　Q——燃烧器热负荷，kW。

4）计算火孔数目 n

$$n = \frac{F_p}{\frac{\pi}{4} d_p^2} \tag{6-93}$$

5）计算燃烧器头部燃气分配管截面积 F_g　为使燃气在每个火孔上均匀分布，以确保每个火孔的火焰高度一致，通常头部截面积不小于火孔总面积的 2 倍，即

$$F_g \geqslant 2 F_p \tag{6-94}$$

6）计算燃烧器前燃气所需要的压力 H　通常燃气在头部流动的方向与火孔垂直，故燃气在头部的动压不能利用，这时头部所需要的压力 h 为：

$$h = \frac{1}{\mu_p^2} \cdot \frac{v_p^2}{2} \rho_g \frac{T_g}{273} + \Delta h \tag{6-95}$$

式中 h——燃烧器头部所需燃气压力，Pa；

μ_p——火孔流量系数，与火孔结构有关。在管子上直接钻孔时，$\mu_p = 0.65 \sim 0.70$。对于直径小，而孔深浅的火孔，μ_p 取较小值，反之亦然；

ρ_g——燃气密度，kg/Nm^3；

T_g——火孔前燃气温度，K；

Δh——炉膛压力，Pa。当炉膛为负压时，Δh 取负值。

为保证火孔的热强度，即保证火孔出口速度 v_p，燃烧器前燃气压力必须等于头部所需的压力 h，故 $H = h$。若 $H > h$，可用阀门或一节流圈减压。

【例 6-7】 设计一直管式扩散燃烧器

已知：燃气热值 $H_L = 16850 kJ/Nm^3$，燃气压力 $H = 800 Pa$，燃气密度 $\rho_g = 0.46 kg/Nm^3$，火孔前燃气温度 $T_g = 308 K$，燃烧器热负荷 $Q = 23.4 kW$，炉膛压力 $\Delta h = 0$。

【解】

1) 选择火孔直径 $d_p = 2mm$，火孔间距 $S = 8d_0 = 16mm$。

2) 选取火孔热强度 $q_p = 0.5 kW/mm^2$，然后按式（6-91）计算火孔出口速度：

$$v_p = \frac{q_p}{H_L} \times 10^6 = \frac{0.50 \times 10^6}{16850} = 29.6 mm/s$$

3) 按式（6-92）计算火孔总面积：

$$F_p = \frac{Q}{q_p} = \frac{23.4}{0.50} = 46.8 mm^2$$

4) 按式（6-93）计算火孔数目：

$$n = \frac{F_p}{\frac{\pi}{4} d_p^2} = \frac{46.8}{0.785 \times 2^2} \approx 15 \text{ 个}$$

5) 按式（6-94）计算头部燃气分配管截面积：

$$F_g = 2F_P = 2 \times 46.8 = 93.6 mm^2$$

头部燃气分配管内径：

$$D_g = \sqrt{\frac{F_g}{\frac{\pi}{4}}} = \sqrt{\frac{93.6}{0.785}} \approx 10.9 mm, \text{选 } 1/2'' \text{ 管}$$

6) 按式（6-95）计算燃烧器所需压力，取 $\mu_P = 0.7$

$$h = \frac{1}{\mu_P^2} \frac{v_p^2}{2} \rho_g \frac{T_g}{273} + \Delta h = \frac{1}{0.7^2} \frac{29.6^2}{2} \times 0.46 \times \frac{308}{273} + 0 = 464 Pa$$

7) 设计为一直管式扩散燃烧器，则火管长 L_p 为

$$L_P = (n-1)S = (15-1) \times 16 = 224 mm$$

6.4.1.2 鼓风式扩散燃烧器的计算

鼓风式扩散燃烧器结构尺寸及运行参数的确定与计算，与自然引风式扩散燃烧器不同之处是燃烧所需空气靠强制鼓风供给。故此燃烧器的燃烧强度与火焰长度均由燃气与空气

的混合强度决定。所以,燃烧器的计算内容就包括空气系统和燃烧系统两部分。下面介绍鼓风式蜗壳燃烧器的设计计算步骤。

(1) 空气系统的计算[9]

1) 计算空气通道面积 F_p 和直径 D_p

$$F_p = \frac{Q}{q_p} \quad (6\text{-}96)$$

式中 F_p——空气通道面积,m^2;

Q——燃烧器热负荷,kW;

q_p——喷头热强度,kW/m^2。通常取 $q_p = (35\sim40)\times10^3 kW/m^2$。

$$D_p = \sqrt{\frac{4}{\pi}F_p} \quad (6\text{-}97)$$

2) 确定蜗壳结构比 $\frac{ab}{D_p^2}$ 蜗壳式燃烧器供给空气的形式分等速蜗壳供气和切向供气两种,如图 6-62 所示。目前以等速蜗壳供气应用较多。

空气的旋转程度与蜗壳结构比有关。$\frac{ab}{D_p^2}$ 越小,空气的旋转程度就越大,但阻力损失也将增大,通常取 $\frac{ab}{D_p^2} = 0.25\sim0.40$。

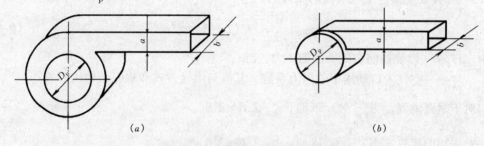

图 6-62 蜗壳式燃烧器供空气的形式
(a) 等速蜗壳供气;(b) 切向供气

3) 确定空气实际通道的宽度 由于空气的旋转,空气在通道内是呈螺旋形向前流动的。因此,在圆柱形通道中心形成了一个回流区。又由于回流区的存在,使空气并非沿整个圆柱形通道向前流动,而是沿边缘环形通道向前流动,其环形通道的宽度 Δ 可按下式计算:

$$\Delta = \frac{D_p - D_{bf}}{2} \quad (6\text{-}98)$$

式中 Δ——环形通道宽度,cm;

D_{bf}——回流区直径,cm。可通过查表 6-9 确定。

蜗壳供空气时回流区尺寸[9] 表 6-9

蜗壳结构比 $\frac{ab}{D_p^2}$	0.6	0.45	0.35	0.2
回流区直径与喷头直径比* $\frac{D_{bf}}{D_p}$	0.41	0.41	0.47	0.69
回流区面积与喷头面积比 $\left(\frac{D_{bf}}{D_p}\right)^2$	0.167	0.167	0.22	0.48

* 此种燃烧器的喷头直径与空气通道直径相等。

4) 计算空气的实际流速 v_a 空气在环形通道内呈螺旋形流动,其流动速度按下式计算:

$$v_a = \frac{1}{3600} \cdot \frac{\alpha V_0 L_g}{\frac{\pi}{4}(D_p^2 - D_{bf}^2)} \frac{1}{\sin\beta} \frac{T_a}{273} \tag{6-99}$$

式中 v_a——空气螺旋运动的实际速度,m/s;
  α——过剩空气系数;
  V_0——燃气燃烧理论空气需用量,Nm³/Nm³;
  L_g——燃气耗量,Nm³/h;
  T_a——空气温度,K;
  β——空气螺旋运动的平均上升角,其值与蜗壳供气方式有关,可查表6-10确定。

空气螺旋运动的平均上升角 β 值[9]　　　　表6-10

切向供气	$\frac{ab}{D_p^2}$	0.35	0.25	0.20
	β	35°	25°	22°
蜗壳供气	$\frac{ab}{D_p^2}$	0.6	0.45	0.35
	β	33°	31°	29°

5) 计算燃烧器前空气所需的压力 H_a

$$H_a = \frac{v_a^2}{2}\rho_a + (\zeta - 1)\frac{v_{in}^2}{2}\rho_a \tag{6-100}$$

式中 H_a——燃烧器前空气所需的压力,Pa;
  ζ——空气入口动压下的阻力系数,其值与供气方式和蜗壳结构比有关:

对于蜗壳供气,当 $\frac{ab}{D_p^2}=0.35$ 时,$\zeta=2.8\sim2.9$

对于切向供气,当 $\frac{ab}{D_p^2}=0.35$ 时,$\zeta=1.8\sim2.0$

  v_{in}——燃烧器入口的空气流速,m/s;且

$$v_{in} = \frac{1}{3600} \frac{\alpha V_0 L_g}{ab} \tag{6-101}$$

式中 a、b——空气入口几何尺寸,mm;

(2) 燃烧系统的计算[9]

合理的燃烧器结构应使燃气射流均匀分布在空气流中,应严格防止燃气射流在空气流中相互重叠,否则会使燃气—空气混合过程恶化。

1) 计算燃气分配室截面积 F'_g

$$F'_g = \frac{1}{0.0036}\frac{L_g}{v'_g} \tag{6-102}$$

式中 F'_g——燃气分配室截面积,mm²;
  v'_g——燃气分配室内燃气流速,m/s,一般 $v'_g=15\sim20$ m/s。

2) 计算旋转空气流中燃气射流的穿透深度 燃气孔口一般排成两列,于是可得

$$h_2 = 0.36\Delta \tag{6-103}$$

$$h_1 = 0.13\Delta \tag{6-104}$$

式中 h_1、h_2——分别为燃气孔口第一、第二排的射流穿透深度，mm；

Δ——回流区环形道边宽度，mm。

3) 计算每排燃气孔口的最大数目 Z_{max} 和孔口直径 d_2（d_2 为大直径孔口的直径）

$$Z_{max} \leq \frac{\pi(D_p - 2h_2)}{S_2} \tag{6-105}$$

式中 $\pi(D_p - 2h_2)$——燃气射流穿透深度为 h 时，每排燃气射流轴心所在圆的周长，mm；

S_2——燃气射流穿透深度时的射流间距，通常取 $S_2 = 2.5h_2$，mm。

$$d_2 = 0.9K_s \frac{\varepsilon_F L_g}{Z_2 h_2 v_a} \sqrt{\frac{\rho_g}{\rho_a}} \tag{6-106}$$

式中 K_s——系数，与孔口相对间距 S/d 有关，可通过查 K_s 与 S/d 关系图求得；

ε_F——压缩系数（在标准状态下）；

Z_2——大直径孔口的数目，个。

4) 计算燃气孔口的出口速度 v_g

$$v_g = 0.9 \frac{\varepsilon_F L_g}{Z_2 d_2^2} \tag{6-107}$$

5) 计算燃气孔口的总面积 F

$$F = \frac{\varepsilon_F L_g}{v_g} \tag{6-108}$$

6) 计算燃烧器前燃气所需压力 H_g

$$H_g = \frac{1}{\varepsilon_H} \frac{1}{\mu_g^2} \frac{v_g^2}{2} \rho_g \tag{6-109}$$

式中 H_g——燃烧器前燃气所需压力，Pa；

ε_H——压缩系数（考虑了燃气的可压缩性而引入的校正值）；

μ_g——燃气孔口流量系数。

【例 6-8】 计算一边缘供燃气的鼓风式蜗壳扩散燃烧器的结构尺寸和运行参数。

已知：燃气耗量 $L_g = 200 Nm^3/h$，燃气热值 $H_L = 36000 kJ/Nm^3$，燃气密度 $\rho_g = 0.70 kg/Nm^3$，理论空气需用量 $V_0 = 9.4 Nm^3/Nm^3$，燃气温度 $T_g = 293K$，空气温度 $T_a = 293K$，过剩空气系数 $\alpha = 1.1$（采用蜗壳供气）。

【解】 空气系统结构尺寸和运行参数计算。

1) 计算空气通道面积 F_P 和直径 D_P，取 $q_p = 35 \times 10^3 kW/m^2$，则

$$F_p = \frac{Q}{q_p} = \frac{L_g H_L}{q_p} = \frac{200 \times 36000}{3600 \times 35 \times 10^3} = 0.057 m^2$$

$$D_p = \sqrt{\frac{4F_p}{\pi}} = \sqrt{\frac{4 \times 0.057}{3.14}} = 0.269 m$$

取 $D_p = 250 mm$

取蜗壳结构比 $\frac{ab}{D_p^2} = 0.35$，并取 $b = D_p = 250 mm$

则 $$a = \frac{0.35D_p^2}{b} = 0.35D_p = 0.35 \times 250 = 87.5\text{mm}$$

2) 计算环形通道宽度 Δ 及空气实际速度 v_a

当 $\frac{ab}{D_p^2}=0.35$ 时，由表6-9查得回流区直径 D_{bf} 为

$$D_{bf} = 0.47D_p = 0.47 \times 250 = 118\text{mm}$$

按式（6-98）计算的环形通道宽度 Δ 为

$$\Delta = \frac{D_p - D_{bf}}{2} = \frac{250 - 118}{2} = 66\text{mm}$$

当 $\frac{ab}{D_p^2}=0.35$ 时，查表6-10得 $\beta=29°$，则实际空气流速 v_a 为

$$v_a = \frac{1}{3600} \frac{\alpha V_0 L_g}{\frac{\pi}{4}(D_p^2 - D_{bf}^2)} \frac{1}{\sin\beta} \frac{T_a}{273}$$

$$= \frac{1}{3600} \frac{1.1 \times 9.4 \times 200}{\frac{3.14}{4}(0.25^2 - 0.118^2)} \frac{1}{\sin 29°} \frac{293}{273} = 32.3\text{m/s}$$

3) 计算空气入口速度 v_{in}

$$v_{in} = \frac{1}{3600} \frac{\alpha V_0 L_g}{ab} = \frac{1}{3600} \frac{1.1 \times 9.4 \times 200}{0.25 \times 0.0875} = 26.3\text{m/s}$$

4) 计算燃烧器前所需空气压力 H_a 取阻力系数 $\zeta=2.9$，则

$$H_a = \frac{v_a^2}{2}\rho_a + (\zeta-1)\frac{v_{in}^2}{2}\rho_a = \frac{32.3^2}{2} \times 1.293 + (2.9-1)\frac{26.3^2}{2} \times 1.293 = 1524\text{Pa}$$

燃烧系统结构尺寸和运行参数计算：

1) 计算燃气分配室截面积 F'_g 取 $v'_g=15\text{m/s}$，则

$$F'_g = \frac{1}{0.0036}\frac{L_g}{v'_g} = \frac{1}{0.0036}\frac{200}{15} = 3700\text{mm}^2$$

2) 计算旋转空气流中燃气射流的穿透深度 h_1、h_2

$$h_1 = 0.13\Delta = 0.13 \times 66 = 8.6\text{mm}$$
$$h_2 = 0.36\Delta = 0.36 \times 66 = 23.8\text{mm}$$

3) 计算大直径孔口在射流穿透深度时射流间距 S_2 和大直径孔口数目 Z_2 和直径 d_2

$$S_2 = 2.5h_2 = 2.5 \times 23.8 = 60\text{mm}$$

$$Z_2 = \frac{\pi(D_p - 2h_2)}{S_2} = \frac{3.14(250 - 2 \times 23.8)}{60} = 10.6$$

取 $Z_2=10$ 个

取 $\varepsilon_F=0.98$，$K_s=1.7$，则大直径孔的直径 d_2 为

$$d_2 = 0.9K_s \frac{\varepsilon_F L_g}{Z_2 h_2 v_a}\sqrt{\frac{\rho_g}{\rho_a}}$$

$$= 0.9 \times 1.7 \times \frac{0.98 \times 200 \times 1000}{3600 \times 10 \times 0.0238 \times 32.3}\sqrt{\frac{0.70}{1.293}} = 7.98 \approx 8.0\text{mm}$$

4) 计算燃气出口速度 v_g 和孔口的总面积 F

$$v_g = 0.9 \times \frac{\varepsilon_F L_g}{Z_2 d_2^2} = 0.9 \times \frac{0.98 \times 200}{3600 \times 10 \times 0.008^2} = 76.6 \text{m/s}$$

$$F = \frac{\varepsilon_F L_g}{v_g} = \frac{0.98 \times 200}{3600 \times 76.6} = 0.00071 \text{m}^2$$

5) 计算燃烧器前燃气所需压力 H_g 取 $\varepsilon_H = 0.94$，$\mu_g = 0.7$，则

$$H_g = \frac{1}{\varepsilon_H} \frac{1}{\mu_g^2} \frac{v_g^2}{2} \rho_g = \frac{1}{0.94} \frac{1}{0.7^2} \frac{76.6^2}{2} \times 0.7 = 4459 \text{Pa}$$

6.4.2 大气式燃烧器主要尺寸及运行参数的计算[9]

由于大气式燃烧器的构造是由头部和引射器两部分组成，故结构尺寸和运行参数也应分别计算。

(1) 大气式燃烧器头部计算

大气式燃烧器头部计算应以火焰传播和燃烧稳定理论为计算基础。在选定头部形式及火孔形状的前提下，对头部火孔尺寸、间距、孔深、火孔排数、火孔热强度、火孔总面积、二次风截面积及火焰高度应进行计算。

1) 火孔尺寸可根据文献 [9] 中表 8-1 选定，火孔间距及火孔排数可根据文献 [9] 选定。

2) 头部火孔热强度 q_p 的计算 火孔热强度是火孔燃烧能力大小的指标。燃气性质、一次空气系数及火孔尺寸均对火孔燃烧能力产生影响，且：

$$q_p = \frac{H_L v_p}{(1 + \alpha' V_0)} \times 10^{-6} \tag{6-110}$$

式中 q_p——火孔热强度，kW/mm^2；

H_L——燃气低热值，kJ/Nm^3；

α'——一次空气系数；

V_0——理论空气需用量，Nm^3/Nm^3；

v_p——火孔出口气流速度，Nm/s。

3) 头部静压力 h 的计算 为保证在选定的火孔出口速度和火孔热强度，燃气和空气混合物在头部必须具有一定的静压力，以克服混合物从头部逸出时的能量损失。而能量损失包括混合物流动阻力损失、气体加热膨胀而产生气流加速的能量损失及火孔出口动压头损失三部分，故头部静压力 h 为：

$$h = \Delta h_1 + \Delta h_2 + \Delta h_3 = K_1 \frac{v_p^2}{2} \rho_{omix} \tag{6-111}$$

式中 h——燃烧器头部的静压力，Pa；

Δh_1——流动阻力损失，Pa；

Δh_2——气体膨胀而产生气流加速的能量损失，Pa；

Δh_3——火孔出口动压头损失，Pa；

K_1——头部的能量损失系数，且

$$K_1 = \xi_p + 2\left(\frac{273+t}{273}\right) - 1$$

式中 ξ_p——火孔阻力系数;

t——混合气通过火孔被加热的温度,℃;

ρ_{omix}——燃气-空气混合物的密度,kg/Nm³。

且
$$\rho_{omix} = 1.293S\frac{1+u}{1+uS}$$

式中 S——燃气的相对密度(空气=1);

u——质量引射系数。

4) 敞开燃烧的大气式燃烧器二次空气口截面积 F'' 的计算

$$F'' = (55000 \sim 75000)Q \tag{6-112}$$

式中 F''——二次空气口的截面积,mm²;

Q——燃烧器的热负荷,kW。

5) 火焰高度的计算 大气式燃烧器燃气燃烧时的火焰有明显的内、外焰锥,故其火焰高度有内、外锥焰之分。火焰高度通常用实验仪器测定,也可根据经验公式计算:

$$h_{ic} = 0.86Kf_p q_p \times 10^3 \tag{6-113}$$

式中 h_{ic}——火焰的内锥高度,mm;

f_p——一个火孔的面积,mm²;

q_p——火孔热强度,kW/mm²;

K——系数,与燃气性质和一次空气系数有关,可查表6-11求得。

各种燃料的 K 值[9]　　表6-11

燃料种类	一次空气系数 α′值									
	0.1	0.2	0.3	0.4	0.5	0.6	0.7	0.8	0.9	0.95
丁烷	—	—	—	0.28	0.23	0.19	0.16	0.13	0.11	—
天然气	—	0.26	0.22	0.18	0.16	0.15	0.13	0.10	0.08	—
焦炉煤气	0.23	0.19	0.16	0.12	0.09	0.07	0.06	0.06	0.07	0.08

$$h_{oc} = 0.86nn_1\frac{Sf_p q_p \times 10^3}{\sqrt{d_p}} \tag{6-114}$$

式中 h_{oc}——火焰外锥高度,mm;

n——火孔排数;

n_1——表示燃气性质对外锥焰高度影响的系数:

对于丁烷,当 $d_p=2$mm 时,$n_1=0.5$;

对于天然气,当 $d_p=3$mm 时,$n_1=0.6$;

对于焦炉煤气,当 $d_p=4$mm 时,$n_1=0.77\sim0.79$。

S——表示火孔净距对火焰外锥高度影响的系数,可查表6-12求得。

系　数　S[9]　　表6-12

火孔净距(mm)	2	4	6	8	10	12	14	16	18	20	22	24
S	1.47	1.22	1.04	0.91	0.86	0.83	0.79	0.77	0.75	0.74	0.74	0.74

(2) 大气式燃烧器引射器的计算

引射器的计算是以动量定理、连续性方程及能量守恒定律为基础，主要对混合管进行计算。

1) 引射器出口的静压力 h

$$h = h_1 + h_2 \tag{6-115}$$

式中　h——引射器出口的静压力，Pa；
　　　h_1——混合管中恢复的静压力，Pa；
　　　h_2——扩压管恢复的静压力，Pa。

2) 引射器混合管的摩擦阻力损失 h_{mix} 的计算

$$h_{\mathrm{mix}} = \zeta_{\mathrm{mix}} \frac{v_3^2}{2} \beta_{\mathrm{mix}} \tag{6-116}$$

式中　h_{mix}——引射器混合管的摩擦阻力损失，Pa；
　　　β_{mix}——引射器中混合气的密度，kg/Nm³；
　　　v_3——引射器喉部混合气的速度，m/s；
　　　ζ_{mix}——引射器中混合气的摩擦阻力系数，且

$$\zeta_{\mathrm{mix}} = \lambda \frac{l_{\mathrm{mix}}}{d_{\mathrm{t}}} \tag{6-117}$$

式中　λ——摩擦系数；
　　　d_{t}——混合管喉部直径，mm；
　　　l_{mix}——混合管长度，mm。

3) 对低压大气式燃烧器喷嘴燃气流量 L_g、喷嘴截面积 F_j 及喷嘴直径 d 的计算　由于燃烧器处于低压下工作，故不考虑气体的可压缩性，且

$$L_g = 0.0035 \mu d^2 \sqrt{\frac{H}{S}} = \frac{3600Q}{H_L} \tag{6-118}$$

式中　L_g——引射器喷嘴（圆形）的燃气流量，Nm³/h；
　　　μ——喷嘴流量系数，可用实验方法求得；
　　　d——圆形喷嘴直径，mm；
　　　H——燃气压力，Pa；
　　　S——燃气相对密度（空气=1）；
　　　Q——燃烧器热负荷，kW；
　　　H_L——燃气低热值，kJ/Nm³。

$$F_j = 2.23 \frac{L_g \sqrt{S}}{\mu \sqrt{H}} \tag{6-119}$$

式中　F_j——喷嘴截面积，cm²。

$$d = \sqrt{\frac{L_g}{0.0035\mu}} \sqrt[4]{\frac{S}{H}} = \sqrt{\frac{4F_j}{\pi}} \tag{6-120}$$

4) 引射器的质量引射系数 u

$$u = \frac{\alpha' V_0}{S} \tag{6-121}$$

式中　u——质量引射系数。

【例 6-9】 计算大气式燃烧器头部的火孔总面积 F_p、火孔数目和引射器的引射系数 u、喷嘴燃气流量和喷嘴直径。

已知：燃烧器热负荷 $Q=2.8\text{kW}$，燃气热值 $H_L=14350\text{kJ}/\text{Nm}^3$，燃气密度 $\rho_g=0.72\text{kg}/\text{Nm}^3$，理论空气需用量 $V_0=3.3\text{Nm}^3/\text{Nm}^3$，燃气压力 $H=780\text{Pa}$。

【解】

1) 燃烧器头部火孔总面积 F_p　选取火孔直径 $d_p=2.8\text{mm}$，一次空气系数 $\alpha'=0.6$，其火孔热强度为 $q_p=11.6\times10^{-3}\text{kW}/\text{mm}^2$，则

$$F_p=\frac{Q}{q_p}=\frac{2.8}{11.6\times10^{-3}}=241\text{mm}^2$$

2) 头部火孔数目 n

$$n=\frac{F_p}{f_p}=\frac{4F_p}{\pi d_p^2}=\frac{4\times 241}{3.14\times 2.8^2}\approx 39 \text{ 孔}$$

3) 引射系数 u

$$u=\frac{\alpha' V_0}{S}=\frac{1.293\alpha' V_0}{\rho_g}=\frac{1.293\times 0.6\times 3.3}{0.72}=3.56$$

4) 喷嘴的燃气流量 L_g 及喷嘴直径 d

$$L_g=\frac{3600Q}{H_L}=\frac{3600\times 2.8}{14350}=0.70\text{Nm}^3/\text{h}$$

选取喷嘴流量系数 $\mu=0.8$，$S=\dfrac{\rho_g}{\rho_b}=\dfrac{0.72}{1.293}=0.56$，喷嘴直径 d，则

$$d=\sqrt{\frac{L_g}{0.0035\mu}}\sqrt[4]{\frac{S}{H}}=\sqrt{\frac{0.70}{0.0035\times 0.8}}\sqrt[4]{\frac{0.56}{780}}=2.60\text{mm}$$

6.4.3　完全预混燃烧器主要尺寸及运行参数的计算

此处以火道式完全预混燃烧器结构主要尺寸及运行参数的确定与计算为例。由于这种燃烧器是由引射器和头部两部分组成，故也按两部分来计算其主要尺寸和运行参数[9]：

(1) 燃烧器头部的计算

头部包括喷头和火道两部分。喷头的作用是防止回火，应以燃烧火焰稳定理论为计算基础，使燃气—空气混合物的喷头出口速度大于回火极限速度，否则会发生回火。燃烧火道的作用是稳定和强化燃烧过程，应以保证燃烧器热负荷、燃烧稳定理论及能量守恒定律为基础，满足工件的加热工艺要求。

1) 喷头气流出口速度 v_p 的计算　喷头通常做成渐缩形，使出口速度场均匀，以增加喷头边缘的速度梯度，有利于防止回火。正常工作的喷头出口速度 v_p 计算为：

$$v_p=m_1 m_2 v_{fl}^{\max} \tag{6-122}$$

式中　v_p——喷头气流出口速度，mm/s；

$v_{fl}^{\max}$——燃气的回火极限速度，mm/s，可用实验选用，也可查表 6-13 求得；

m_1——温度系数，且

$$m_1=\frac{\rho_{omix}}{\rho_{mix}}=\frac{T_{mix}}{273}$$

T_{mix}——混合气在喷头处的温度,K;

ρ_{omix}、ρ_{mix}——分别为混合气在标准状态及 T_{mix} 下的密度,kg/Nm³;

m_2——负荷调节比,且

$$m_2 = \frac{L_g^{max}}{L_g^{min}}$$

L_g^{max}、L_g^{min}——分别为燃烧器最大和最小的热负荷(燃气耗量),Nm³/h。

常用燃气的回火极限速度 $v_{fl}^{max[9]}$　　　　表 6-13

喷头直径 d_p (mm)	5	10	20	30	40	50	60	70	80	90	100	110	120	130	140	150
天然气	0.3	0.7	1.1	1.5	1.8	2.1	2.4	2.6	2.8	3.0	3.1	3.3	3.4	3.5	3.7	3.8
液化石油气	0.4	0.9	1.4	2.0	2.3	2.7	3.1	3.4	3.6	3.9	4.0	4.3	4.4	4.6	4.8	5.0
焦炉煤气	1.2	2.8	4.4	6.0	7.2	8.4	9.6	10.4	11.2	12.0	12.4	13.2	13.6	14.0	14.8	15.2
发生炉煤气	0.35	0.8	1.3	1.7	2.1	2.4	2.8	3.0	3.2	3.4	3.6	3.8	3.9	4.0	4.3	4.4

2) 喷头出口直径 d_p 的计算

$$d_p = \sqrt{\frac{L_g(1+\alpha' V_0)}{\frac{\pi}{4} v_p}} = \sqrt{\frac{Q(1+\alpha V_0)}{H_l \frac{\pi}{4} v_p}} \tag{6-123}$$

式中　d_p——喷头出口直径,cm;

L_g——燃气流量,Nm³/h;

v_p——喷头出口气流速度,mm/s;

α'——一次空气系数;

V_0——理论空气需用量,Nm³/Nm³。

3) 火道总截面积 F_c 的计算　大型燃烧器常采用多火道,即火道由若干分火道组成,故火道的总截面积 F_c:

$$F_c = \frac{L_f}{3600 v_f} = \frac{L_g(1+\alpha' V_0)}{3600 v_f} \tag{6-124}$$

式中　F_c——火道总的截面积,m²;

L_f——火道内烟气总流量,m³/h;

v_f——火道内烟气流速,m/s,通常取 $v_f = 30 \sim 40$ m/s。

4) 分火道高度 h_c 的计算　在选取燃烧器分烟道宽度和分火道数目的前提下,则分火道高度 h_c:

$$h_c = \frac{F_c}{ib} \tag{6-125}$$

式中　h_c——分火道的高度,m;

i——分火道的数目,个;

b——分火道的宽度,m。

5) 火道长度 l_c 的计算　燃气能否充分燃烧,有一定的火道长度很关键,故 l_c:

$$l_c = \left(\frac{b}{2S} + \tau\right) v_f \tag{6-126}$$

式中 l_c——火道长度，m；

S——火焰传播速度，m/s，可通过试验测定；

τ——完成燃烧反应所需要的时间，s。

(2) 燃烧器引射器的计算

根据引射器的工作原理和作用，应以动量定理、连续性方程及能量守恒定律为计算基础，主要对引射器的喉部直径、扩压管出口直径和长度、引射器长度及喷嘴直径进行计算。

1) 引射器的引射系数 u 和最佳面积比 F_{lop} 的计算

$$u = \frac{\alpha V_0}{S} \tag{6-127}$$

式中 u——引射系数；

α——过剩空气系数（$\alpha = \alpha'$）；

V_0——理论空气需用量，Nm^3/Nm^3；

S——燃气的相对密度（空气=1）。

$$F_{lop} = \sqrt{\frac{K}{K_1}} \sqrt{X''} \tag{6-128}$$

式中 F_{lop}——引射器最佳面积比；

K、K_1——能量损失系数；

X''——系数；

且

$$X'' = 1 - \frac{K_2}{K}B$$

式中 K_2——能量损失系数；

B——系数；

且

$$B = \frac{u^2 S}{(1+u)(1+uS)}$$

2) 引射器喉部直径 d_t 的计算

$$d_t = d_p \sqrt{F_{lop}} \tag{6-129}$$

式中 d_t——引射器喉部直径，mm；

d_p——喷头直径，mm。

3) 扩压管出口直径 d_d、长度 l_d 的计算

$$d_d = 1.25 d_p \tag{6-130}$$

$$l_d = 8(d_d - d_t) \tag{6-131}$$

4) 引射器总长度 l 的计算

$$l = 5.25 d_d + l_d \tag{6-132}$$

5) 引射器喷嘴截面积 F_j 和直径 d 的计算

$$F_j = \frac{2.23 L_g \sqrt{S}}{\mu \varepsilon \sqrt{H}} \tag{6-133}$$

式中 F_j——喷嘴截面积，cm^2；

L_g——燃气流量,且

$$L_g = \frac{Q}{H_l}, \text{ Nm}^3/\text{h};$$

式中 Q——燃烧器热负荷,kW;

H_l——燃气低热值,kJ/Nm³;

S——燃气的相对密度(空气=1);

μ——喷嘴流量系数;

ε——气体压缩性校正系数,且 $\varepsilon = \frac{\sqrt{\varepsilon H}}{\varepsilon_F}$,可根据燃气压力 H 和绝热 k 与 ε 的关系,查文献 [9] 中图9-5求得。

$$d = \sqrt{\frac{4F_j}{\pi}} \tag{6-134}$$

式中 d——喷嘴直径,mm。

6.5 相变热质交换设备

6.5.1 冷凝器❶

6.5.1.1 冷凝器的种类、基本构造和工作原理[15,16]

制冷系统中的冷凝器是实现系统排热的换热器。系统所排热量由两部分组成:蒸发器吸热和压缩机功耗。冷凝器将压缩机排出的高温高压气态制冷剂予以冷却使之液化。也即使过热蒸气流经冷凝器的放热面,将其热量传递给周围介质——水与空气等,而其自身则被冷却为饱和气体,并进一步被冷却为高压液体,以便制冷剂在系统中循环使用。

根据冷却剂的不同种类,冷凝器可归纳为四类,即:水冷、空冷、水-空气冷却(即蒸发式和淋水式)以及靠制冷剂蒸发或其它工艺介质进行冷却的冷凝器。空气调节用制冷装置中主要使用前三类冷凝器。

(1)水冷式冷凝器

水冷式冷凝器是用水冷却高压气态制冷剂,使之冷凝。冷却水可为井水、河水等。由于自然界中水的温度比较低。所以,采用水冷式冷凝器可以得到比较低的冷凝温度,这对制冷系统的制冷能力和运行经济性均较为有利。因此,制冷装置中目前多采用这种冷凝器。

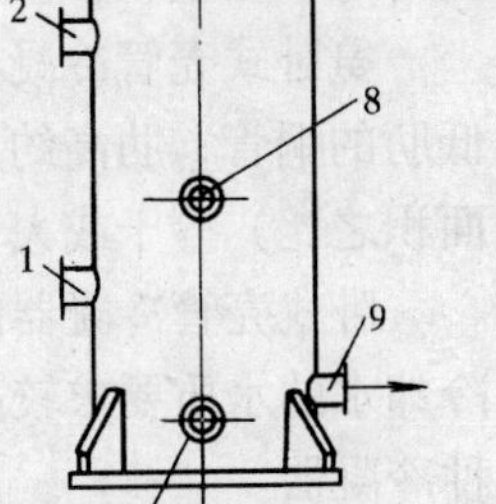

常用的水冷式冷凝器有壳管冷凝器(shell-and-tube)(又分立式、卧式两种)、壳-盘管(shell-and-coil)、套管式(tube-in-tube)冷凝器和板式(brazed plate)冷凝器,现分别叙述如下。

图6-63 立式壳管冷凝器
1—放气管;2—均压管;3—安全阀接管;4—配水箱;5—管板;6—进气管;7—无缝钢管;8—压力表接管;9—出液管;10-放油管

---

❶ 本节及下节内容大部分引自文献 [15]。

1）立式壳管冷凝器

立式壳管冷凝器如图6-63所示。冷却水自上通入管内，吸热后排入下部水池。为了使冷却水能够均匀地分配给各根钢管，冷凝器顶部装有配水箱，通过配水箱将冷却水分配到每根钢管；每根钢管顶端装有一个带斜槽的导流管嘴，如图6-64。冷却水通过斜槽沿切线方向流入管中，并以螺旋线状沿管内壁向下流动，这样，在钢管内壁能够很好地形成一层水膜，不但可以提高冷凝器的冷却效果，还可节省冷却水量。

气态制冷剂从冷凝器外壳的中部进入管束外部空间，为了使气体易于与管束各根管的外壁接触，管束中可留气道。冷凝后的液体沿管外壁流下，积于冷凝器的底部，从出液管流出。此外，冷凝器外壳上还没有液面指示器以及放空气阀、安全阀、平衡管和放油阀等管接头。

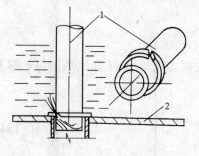

图6-64 导流管嘴
1—导流管嘴；2—管板

立式壳管冷凝器，由于气态制冷剂从中部进入，其方向垂直于管束，能很好地冲刷钢管外表面，使之不致于形成较厚的液膜，故传热系数较高。

立式壳管冷凝器的优点有，垂直安装，占地面积小；无冻结危险，可安装在室外，不占用室内建筑面积；冷却水自上而下直通流动，便于清除铁锈和污垢，且清洗时不必停止制冷系统的运行，因此，对冷却水水质要求不高。

它的缺点是冷却水用量大，体形比较笨重。在大中型氨制冷系统中多采用之。

2）卧式壳管冷凝器

图6-65为卧式壳管冷凝器。筒体上设有进气管、出液管、平衡管和安全阀等。高温高压的气态制冷剂由上部进入管束外部空间，冷凝后的液体由下部排出。

卧式壳管冷凝器筒体两端管板的外面用带有隔板的封盖封闭，从而把全部管束分隔成几个管组（也称为几个通程），冷却水从一端封盖的下部进入后，将顺序通过每个管组，最后从同一端封盖上部流出。这样，可以提高管内冷却水的流动速度，增加冷却水侧的换热系数；同时，由于冷却水的行程较长，冷却水进出口的温差也可有较大的提高，因此可使冷却水用量较少。

氨卧式壳管冷凝器的管束采用光滑钢管。而氟利昂卧式壳管冷凝器的管束多采用轧有低肋的铜管，肋高约1.4mm，肋节距1～1.2mm，肋化系数（外表面总面积与管壁内表面面积之比）等于或大于3.5。这样，可以强化氟利昂侧的冷凝放热，传热系数较高。

卧式壳管冷凝器的优点是传热系数较高，冷却水用量较少，操作管理方便，但是它对冷却水的水质要求较高。目前除大、中、小型氨制冷系统外，氟利昂制冷系统也多采用这种冷凝器。

3）套管式冷凝器

套管式冷凝器构造见图6-66。套管式冷凝器的外管多为无缝钢管，管内套有一根或数根紫铜管或低肋铜管。内外管套在一起后，用弯管机弯成圆螺旋形。

冷却水在内管中流动，流向为下进上出，高压气态氟利昂则由上部进入外套管内，冷凝后的液体从下部流出。这种冷凝器能够比较理想地进行逆流式换热，传热效果好，其传热系数可达1100W/(m²·K)。此外，套管冷凝器还可以套放在全封闭制冷压缩机的周围，节省制冷机组的占地面积[15]。套管式冷凝器排热能力一般在1-180kW[16]。

4）壳-盘管式冷凝器

壳内有一根或多根盘管，管内通冷却水，制冷剂在管外冷凝放热。该类冷凝器排热能力一般在2-50kW。

(2) 空冷式冷凝器

空冷式冷凝器完全不用冷却水，而是利用空气使气态制冷剂冷凝。制冷剂在空冷式冷凝器中的传热过程和水冷式冷凝器相似，有降低过热（desuperheating）、冷凝（condensing）和再冷（subcooling）三个主要阶段。图6-67给出R-22气体制冷剂通过冷凝排换时的状态变化与冷却用气的温度变化。从图中可以看出约85%的传热负荷用来使制冷剂冷凝，冷凝段中制冷剂的温度基本不变。图中示出的温降是由制冷剂经过冷凝盘管时的流动阻力造成的。

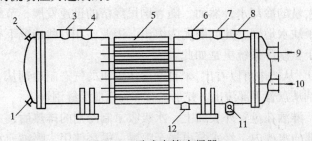

图6-65 卧式壳管冷凝器
1—泄水管；2—放空气管；3—进气管；4—均压管；5—无缝钢管；
6—安全阀接头；7—压力表接头；8—放气管；9—冷却水出口；
10—冷却水入口；11—放油管；12—出液管

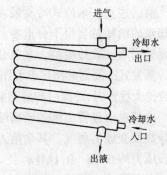

图6-66 套管式冷凝器

根据空气流动的情况，空冷式冷凝器有自然对流式和强迫对流式之分，图6-68为强迫对流空冷式冷凝器。气态制冷剂从上部进入肋管内，冷凝液从下部流出。借助于轴流风机或离心风机使空气以2~3m/s的迎面速度横掠肋管束，吸收管内制冷剂放出的热量。

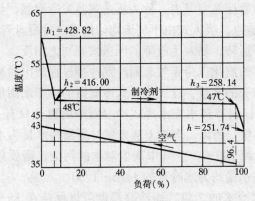

图6-67 以R-22为冷媒的空冷式冷凝器的换热状况

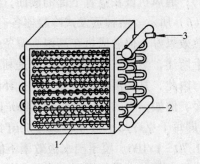

图6-68 空冷式冷凝器
1—肋管束；2—贮液筒
3—气态制冷剂入口

采用肋管的目的在于强化空气侧的传热。肋管通常采用铜管铝片，也有采用钢管钢片或铜管铜片者。肋片大多为连续整片，制成肋片组，也有采用螺旋绕片者。肋片的节距一般为 1.5～3mm。

在空冷式冷凝器中，气态制冷剂在水平管内冷凝放热。当迎面风速为 2～3m/s 时，空冷式冷凝器的传热系数（以外表面积为准）约为 24～28W/($m^2·K$)。

与空冷式冷凝器相比，在冷却水充足的地方，水冷式设备的初投资和运行费较低。当采用空冷式冷凝器时，由于夏季室外温度较高（约 30～35℃），冷凝温度比较高，一般可达 50℃ 左右，为了获得同样的制冷量，制冷压缩机的容量需大 20%，同时该系统的运行费也比较高。因此，空冷式冷凝器多用于小型制冷机组。对于移动式制冷机组以及缺水地区的中型氟利昂制冷系统，也有采用空冷式冷凝器的。目前，由于水源紧张，空气污染造成冷却塔或蒸发式冷凝器腐蚀，空冷式冷凝器受到青睐。

采用空冷式冷凝器应注意防止冬季运行时压力过低，因冷凝压力过低会引起蒸发器前给液压差的不足，从而使蒸发器缺液，导致制冷能力降低。

(3) 蒸发式冷凝器

前已述及，水冷式冷凝器需要大量的冷却水，然而，随着国民经济的迅速发展，节约冷却水的消耗量显得十分重要，对于缺水地区，此问题尤为突出。因此，在有些情况下有必要采用蒸发式冷凝器，尤其是对于氨制冷系统更是如此。

蒸发式冷凝器的构造参看图 6-69。从图中可以看出，来自制冷压缩机的气态制冷剂从上部被送入盘管内，冷凝后的液态制冷剂从盘管下部流出。蛇形盘管多为弯曲无缝钢管。

冷却水由盘管上部的喷嘴喷出，淋洒在盘管外表面上，水吸收了制冷剂的排热后，一部分蒸发变成水蒸气，其余落入下部的水槽内，经水泵再送至喷嘴，循环使用。喷嘴前水的表压力约 0.05～0.1MPa。

在蒸发式冷凝器上装有离心式或轴流式通风机，使室外空气自下向上流经盘管，这样不仅可强化盘管外表面的放热，而且还可及时带走蒸发形成的水蒸气，加速水分蒸发，提高冷凝效果。空气经过盘管的速度约 3～5m/s。为了防止未蒸发的水滴被空气带走，在喷水管的上部装有挡水板。

通风机设在盘管的上部，吸入来自盘管的空气者，称为吸入式蒸发冷凝器，如图 6-69 (a)；通风机设在盘管下部的侧面，向盘管压送空气者，称为压送式蒸发冷凝器，如图 6-69 (b) 所示。两种蒸发式冷凝器各有优缺点，吸入式由于气流均匀地通过冷凝盘管，所以传热效果好，但通风机在高温高湿条件下运转，易发生故障。压送式则与之相反。

如上所述，蒸发式冷凝器基本上是利用水的汽化以带走气态制冷剂冷凝过程放出的凝结潜热，因此，其所消耗的冷却水只是补给散失的水量，这比水冷式冷凝器的冷却水用量要少得多。例如，水的汽化潜热约 2450kJ/kg，而冷却水在水冷式冷凝器中的温升只有 6～8℃，即每千克冷却水只带走 25～35kJ 的热量，所以，理论上蒸发式冷凝器耗水量为水冷式的 1/70～1/100。鉴于挡水板效率不能达到 100%，空气中灰尘对水的污染，需要经常更换水槽中部分水量等原因，实际上补充的水量约为水冷式的 1/25～1/50。

再者，蒸发式冷凝器所需传热面积约为水冷式的 2 倍，而冷凝温度可以保持在 35～37℃ 以下。全面权衡蒸发式冷凝器的初投资和水冷式冷凝器与冷却塔组合使用时的费用，使用蒸发式冷凝器是经济的，故目前采用蒸发式冷凝器的已日渐增多。

此外，还可以在蒸发式冷凝器挡水板的上部增加一排或两排肋管，使来自制冷压缩机的过热蒸气首先在此部分地冷却，达到接近冷凝压力下的饱和温度，然后再进入盘管冷凝

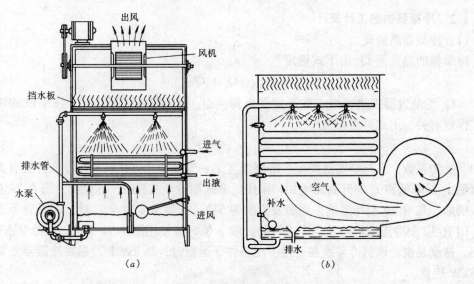

图 6-69 蒸发式冷凝器
(a) 吸入式；(b) 压送式

成液态。这样，一方面充分利用了空气带走的雾状水滴进行冷却，同时还可以减轻冷却盘管上的结垢现象。这种带有预冷肋管的蒸发式冷凝器的传热效果大约可增加 10% 以上。

最后，谈一下多台冷凝器的并联问题。制冷剂流过冷凝器时压力有所降低，壳管式冷凝器的压力降约为 0.007MPa，而制冷剂通过蒸发式冷凝器时的压力降约 0.02MPa，并且随蒸发式冷凝器的大小而有所不同。因此，多台蒸发式冷凝器并联或与壳管式冷凝器并联时，务必要考虑制冷剂通过冷凝器时压力降的不同，否则，制冷剂将充入压力降最大的冷凝器中。如果天气较冷，或制冷负荷较小，一些冷凝器停止工作后，将会导致液态制冷剂充入正在工作的冷凝器中，使冷凝器的能力难于调节。为了解决上述问题，冷凝器并联时，各冷凝器的出液在进入贮液器前应装置液封管，如图 6-70 所示。液封管的高度 H 必须适应于最大负荷时制冷剂通过冷凝器的压力降，同时还应考虑到冬季运行时的情况。

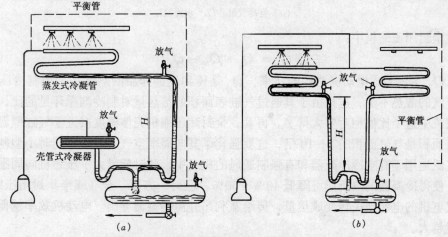

图 6-70 冷凝器的并联
(a) 蒸发式与壳管式冷凝器的并联；(b) 蒸发式冷凝器的并联

6.5.1.2 冷凝器的热工计算

(1) 冷凝器热负荷

冷凝器的热负荷 Q_o 由下式确定：

$$Q_o = Q_i + Q_w \tag{6-135}$$

式中，Q_i 为蒸发器吸热速率或称蒸发器负荷，Q_w 为压缩机实际功耗。压缩机的功率与其工作点有关，上式可简化为

$$Q_o = \varphi \cdot Q_i \tag{6-136}$$

式中，φ 为系数，它与蒸发温度 t_e、冷凝温度 t_c、气缸冷却方式以及制冷剂种类有关，其数值随 t_e 的降低和 t_c 的升高而增加。采用活塞式制冷压缩机时，φ 值可由图 6-71 查得。

例如，某 R-12 制冷系统，当蒸发温度为 5℃，冷凝温度为 40℃ 时，φ 值应等于多少呢？因 R-12 制冷压缩机均为空冷式气缸，求 φ 值时应使用图 6-71 (a)，从图中查得 $\varphi = 1.18$，这就是说，该制冷系统在上述工况条件下运行时，每 kW 制冷量在冷凝器处要放出 1.18kW 热量。

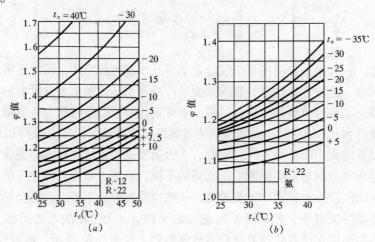

图 6-71 φ 与 t_e、t_c
(a) 空冷气缸；(b) 水冷气缸

在全封闭压缩机中：

$$Q_o = Q_i + Q_w - Q_l \text{[17]} \tag{6-137}$$

式中，Q_w 为内装式电动机消耗的功率，Q_o 是传到周围介质的热量。小型制冷压缩机向周围空气的散热不少，这是由于其通过气缸表面积的传热量对制冷剂循环量的比，与大中型压缩机中这个比值相对要大得多。再者，全封闭压缩机壳体温度接近于气缸壁温，但机壳的表面积是气缸面积的 5~10 倍，这就强化了其向周围空气的放热。同时小型制冷压缩机，广泛地用于有空冷冷凝器和有强制通风的机组中，此时就增大了压缩机向周围空气的放热，使得冷凝器的热负荷可降低 40%~60%。但另一方面，全（或半）封闭压缩机中，内装式电机的电能损失转变成热量，传给氟利昂并由冷凝器导出。电动机效率越低，这些损失就越大。

全封闭机组冷凝器的热负荷与其制冷量的比值，根据苏联 В.Б 雅柯勃松试验数据，已整理成下式[17]：

$$Q_o = Q_i(A + Bt_c) \tag{6-138}$$

当 $28℃ \leqslant t_c \leqslant 54℃$ 时，对于 R-12，$A = 0.9$，$B = 0.0052$；对于 R-22，$A = 0.86$，$B = 0.0042$。

(2) 冷却剂质量流量

冷却剂的质量流量 L（m³/s）可由下式确定：

$$L = \frac{Q_o}{c_p(t_2 - t_1)} \tag{6-139}$$

式中，t_1、t_2 分别为冷凝器进、出口冷却剂温度，℃；c_p 为冷却剂比热，J/(kg·K)。

(3) 制冷剂和冷却剂间的对数平均温差

冷凝器的传热计算式也可写为：

$$Q_o = KA\Delta t_{lm} \tag{6-140}$$

式中，K 为总传热系数（W/(m²·K)），A 为传热面积，Δt_{lm} 为对数平均温差，其表达式为：

$$\Delta t_{lm} = \frac{t_2 - t_1}{\ln\dfrac{t_c - t_1}{t_c - t_2}} \tag{6-141}$$

(4) 传热系数

对水冷冷凝器而言，总传热系数为[16]：

$$K_o = \frac{1}{\left(\dfrac{A_o}{A_i}\right)\cdot\dfrac{1}{h_w} + \left(\dfrac{A_o}{A_i}R_f\right) + \left(\dfrac{A_o}{A_m}\cdot\dfrac{t}{\lambda_f}\right) + \left(\dfrac{1}{h_t}\right)} \tag{6-142}$$

式中 K_o 为基于外表面面积（A_o）的总传热系数，W/(m²·K)；A_o/A_i 为外表面面积与内表面面积之比；h_w 为水侧换热系数，W/(m²·K)；R_f 为水侧污垢热阻，m²·K/W，参见附录 6-1；t 为管壁厚度，m；λ 为管材导热系数，W/(m·K)；A_m 为金属管壁平均传热面积，m²；h_r 为制冷剂侧换热系数，W/(m²·K)；h_t 为肋管表面的总换热系数（参见式 3-37）。有关 h_r、h_t 的计算式传热学和本书第 3 章已做了较为详尽的介绍，此处不再赘述。对 R-123，R-134a 的 h_r 感兴趣的读者可参阅文献 [16]。

(5) 冷凝器的校核性和设计性计算

冷凝器的传热计算的基本类型可分为设计性计算和校核性计算。前者是根据已知条件确定冷凝器的换热面积及它的运行工况，后者是给定冷凝器的型式和结构尺寸以及它的工作条件，求它的容量（出力）等。计算方法与传热学中换热器的校核性和设计性计算相似。下面举例说明设计性计算的方法和步骤。

【例 6-10】 已知某制冷量为 60kW 的 R-12 制冷系统，蒸发温度 $t_e = 5℃$，冷却水进口温度 $t_1 = 32℃$，传热管采用紫铜肋管，$\lambda_f = 384$W/(m·K)，$d_o = 13.134$mm，$d_i = 11.1$mm，肋片外径 $d_f = 15.8$mm，肋厚 $\delta_f = 0.232$mm，$\delta_o = 0.368$mm，平均肋厚 $\delta_t = 0.30$mm，肋节距 $e = 1.025$mm（参见图 3-17），试设计一台卧式壳管型冷凝器。

【解】 图 6-72 列出了冷凝器的设计计算框图，根据已知条件各步骤的计算结果如下：

1) 肋片管特性参数的计算（以 1m 长肋管计算），参见图 3-17。

$$A_p = [\pi d_o(e - \delta_o) + \pi d_f\delta_f]\frac{1000}{e} = [\pi \times 13.124 \times (1.025 - 0.368) + \pi \times 15.8$$

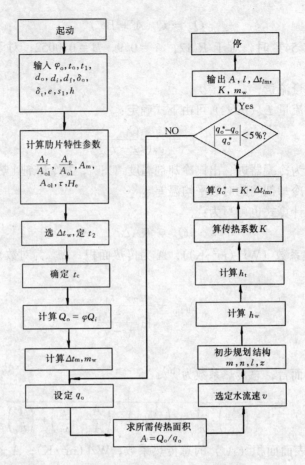

图 6-72 卧式壳管冷凝器设计计算框图

$$\times 0.232] \times \frac{1000}{1.025} = 37660 \text{mm}^2 = 37.66 \times 10^{-3} \text{ m}^2$$

肋管垂直部分面积 A_f

$$A_f = 2 \times \frac{\pi}{2}(d_f + d_o)\left[h^2 + \left(\frac{\delta_o - \delta_f}{2}\right)^2\right]^{1/2} \frac{1}{e}$$

$$= 2 \times \frac{\pi}{2}(15.8 + 13.124) \times \left[1.338^2 + \left(\frac{0.368 - 0.232}{2}\right)^2\right]^{1/2} \times \frac{1000}{1.025}$$

$$= 121.56 \times 10^{-3} \text{ m}^2$$

肋管总外表面积

$$A_o = A_p + A_t = (37.66 + 121.56) \times 10^{-3} = 159.22 \times 10^{-3} \text{ m}^2$$

肋化系数

$$\tau = A_o/A_f = \frac{159.22 \times 10^{-3}}{\pi \times 11.11 \times 10^{-3}} = 4.56$$

肋片当量高度

$$l_d = \frac{\pi}{4}\left(\frac{d_f^2 - d_o^2}{d_f}\right)\eta_f$$

$$= \frac{\pi}{4} \times \left(\frac{15.8^2 - 13.124^3}{15.8}\right)\eta_f = 3.85\eta_f \text{mm} = 3.85 \times 10^{-3}\eta_f \text{ m}$$

基管的平均表面积

$$A_\mathrm{m} = \frac{\pi(d_\mathrm{o} + d_i) \times 1}{2} = \frac{\pi \times (13.124 + 11.11)}{2 \times 1000} = 38.1 \times 10^{-3} \ \mathrm{m^2}$$

于是，$A_\mathrm{f}/A_\mathrm{o} = 121.56/159.22 = 0.763$；$A_\mathrm{p}/A_\mathrm{o} = 37.66/159.22 = 0.24$；$A_\mathrm{o}/A_\mathrm{m} = 159.22/38.1 = 4.18$。

2）确定冷凝器出口的冷却水温度 t_2。设水的进出口温差 $\Delta t_\mathrm{w} = 5℃$，则 $t_2 = t_1 + \Delta t_\mathrm{w} = 32 + 5 = 37℃$。

3）确定冷凝温度 t_c，一般 $t_\mathrm{c} - t_2 = 3\sim5℃$

$$t_\mathrm{c} = t_2 + 5 = 37 + 5 = 42℃$$

4）求冷凝器的热负荷 Q_o。
由 $t_\mathrm{c} = 42℃$，$t_\mathrm{e} = 5℃$，查图 6-71（a）得系数 $\varphi = 1.19$，因此

$$Q_\mathrm{o} = \varphi Q_i = 1.19 \times 60 = 71.4\mathrm{kW}$$

5）计算传热温差 $\Delta t_{l\mathrm{m}}$

$$\Delta t_{l\mathrm{m}} = \frac{37 - 32}{\ln\dfrac{42 - 32}{42 - 37}} = 7.21℃$$

6）求冷却水流量 m_w

$$m_\mathrm{w} = Q_\mathrm{o}/(c_\mathrm{p}\Delta t_\mathrm{w} \times 1000) = 71400/(4.186 \times 5 \times 1000) = 3.41\mathrm{kg/s}$$

7）选择以外表面为基准的热流密度 q_o，设定 $q_\mathrm{o} = 4100\mathrm{W/m^2}$

8）计算所需的传热面积 A

$$A = Q_\mathrm{o}/q_\mathrm{o} = 71400/4100 = 17.4\mathrm{m^2}$$

9）初步规划冷凝器结构

取管内水流速 $v = 2.3\mathrm{m/s}$，则每一流程的管子根数 m 为

$$m = m_\mathrm{w}/\left(\frac{\pi}{4}d_i^2\rho v\right) = 3.41/\left(\frac{\pi}{4} \times 0.01111^2 \times 1000 \times 2.3\right) = 15.3$$

取 $m = 14$，则管内实际水流速 $v = 2.5\mathrm{m/s}$。由管子流程数 n 与管子有效长度 l 之间的关系

$$nl = \frac{A}{A_{\mathrm{o}1}m} = \frac{17.4}{0.15922 \times 14} = 7.81$$

对于壳管型冷凝器，管子在管板上按正三角形排列（这样可充分发挥肋片效率），管子间距 s 为 $(1.25\sim1.50)\,d_\mathrm{o}$，取 $s = 20\mathrm{mm}$，即 $(s/d_\mathrm{o} = 20/13.1 = 1.52)$，当 A、m 和 lm 长肋管总外表面积 $A_{\mathrm{o}1}$ 一定时，保证 n 和水流速 v 时，n 与 l 可有不同的组合，一般冷凝器的长径比 (L/D) 为 $3\sim8$。平均管排数 z 在 $3\sim6$ 范围内。经布置 $v_1 = 2.5\mathrm{m/s}$，$z = 5$，$n = 2$ 则 $l = \dfrac{nl}{n} = \dfrac{7.81}{2} = 3.91\mathrm{m}$。而管子的总根数 $N = mn = 14 \times 2 = 28$ 根。通常工程上为了检修方便，冷却水管希望设置在同一侧，因此行程数 n 取偶数为宜。

10）计算水侧的放热系数 h_w

h_w 可借传热学中管内强迫对流换热公式方便地算出。

值得一提的是，冷凝器中，为强化换热，水流一般多呈旺盛湍流（$R_\mathrm{e} > 10^4$），在此情况下，对于 $0\sim50℃$ 的水来说，可用以下公式计算 h_w[15]。

$$h_w = [1430 + 11(t_1 + t_2)] \cdot \frac{v^{0.8}}{d_i^{0.2}} \quad W/(m^2 \cdot K)$$

由此得：

$$h_w = [1430 + 11 \times (32 + 37)] \times \frac{2.5^{0.8}}{(0.0111)^{0.2}} = 1.12 \times 10^4 \quad W/(m^2 \cdot K)$$

11）计算制冷剂侧的冷凝放热系数

首先按式（3-27）计算水平光管外冷凝放热系数 h_H

$t_c = 42℃$，查物性表可得：$\lambda = 0.062 W/(m \cdot K)$，$\rho = 1243 kg/m^3$，$r = 128.6 kJ/kg$，$\mu = 2.39 \times 10^{-4} N \cdot s/m^2$。

由公式（3-27）得

$$h_H = 0.729 \times \left[\frac{9.8 \times 128.6 \times 10^3 \times 1243^2 \times 0.062^3}{2.39 \times 10^{-4} \times 0.0131 \times 7.5}\right]^{1/4}$$

$$= 1537 W/(m^2 \cdot K)$$

再计算肋管管束外表面的有效放热系数 h_t。

肋片效率 $\eta_f = \frac{th(ml)}{ml}$

而

$$m = \left(\frac{2h_H}{\lambda_f \cdot \delta_f}\right)^{0.5} = \left(\frac{2 \times 1537}{384 \times 0.0003}\right)^{0.5} = 163.2 \quad m^{-1}$$

$$l = \frac{d_f - d_o}{2}\left(1 + 0.805 \lg \frac{d_f}{d_o}\right) = \frac{0.0158 - 0.0131}{2}\left(1 + 0.805 \lg \frac{0.0158}{0.013124}\right)$$

$$= 1.44 \times 10^{-3} \quad m$$

所以

$$\eta_f = \frac{th(163.2 \times 1.44 \times 10^{-3})}{163.2 \times 1.44 \times 10^{-3}} = \frac{th(0.235)}{0.235} = 0.981$$

由公式（3-39）得：

$$h_t = \left[1.3 \times 0.981 \times 0.763 \times \left(\frac{0.0131}{0.00385 \times 0.981}\right)^{0.25} + 0.24\right]$$

$$\times 1537 = 2410 \quad W/(m^2 \cdot K)$$

12）计算总传热系数 K

根据附录 6-1，取污垢系数 $R_f = 0.0002$，由公式（6-142）

$$K \doteq \left[\frac{1}{2410} + \frac{0.001}{384} \times 4.18 + \left(0.0002 + \frac{1}{1.12 \times 10^4}\right) \times 4.56\right]^{-1}$$

$$\doteq 573 \quad W/(m^2 \cdot K)$$

13）实际的热流密度 q

$$q_p = K \cdot \Delta t_{lm} = 573 \times 7.21 = 4131 \quad W/m^2$$

$$\left|\frac{q_p - q_o}{q_p}\right| \times 100\% = \left|\frac{4131 - 4100}{4131}\right| = 0.76\%$$

故计算的 K 值适用。若相对偏差>5%，则应按图 6-72 迭代计算，直至结果收敛。

空冷冷凝器的设计计算与水冷冷凝器基本相同，故不再介绍，感兴趣的读者可参阅文献 [15]。

14) 求传热面积，布置管束

$$A = Q_o/(K\Delta t_{lm}) = 71400/(573 \times 7.21) = 17.3 \ \text{m}^2$$

为不改变上述传热计算，确定 $m=14$，$n=2$，$z=5$，满足传热面积 17.3m^2 的要求。冷凝器的有效管长 $l = A/(A_{ol}mn) = 17.3/(159 \times 10^{-3} \times 14 \times 2) = 3.88\text{m}$，取 $l=4\text{m}$。

冷凝器的选择计算与上例的设计计算基本相同，不同之处在于不进行冷凝器的结构规划。由步骤 8) 估算出所需的传热面积 A，然后依照 A 去选择定型的冷凝器并注意水的流速不可太低。接着计算实际的传热系数 K，再按公式 $q = K\Delta t_{lm}$ 求出实际的 q_p 值，使之与所选的定型冷凝器的规定值进行比较，其误差不应大于 5%。最后计算水侧的流动阻力，为选水泵提供依据。

尚需指出，当由所选的冷凝器所规定的 q_o 与实际的 q_p 值相比较，超出误差要求，而再没有满足已知条件的定型冷凝器可供选择时，就应改变一个终参数 t_c 或 t_2。即由 q_o 与计算出的 K 值，反求出新的传热温差 $\Delta t'_{lm}$，继而求得实际的 t_c 或 t_2。

空冷冷凝器的设计计算与水冷冷凝器基本相同，故不再介绍，感兴趣的读者可参阅文献 [15]。

6.5.2 蒸发器

6.5.2.1 蒸发器的种类、基本构造和工作原理[15]

蒸发器的型式很多，可用来冷却空气或各种液体（如水、盐水等）。

根据供液方式的不同，蒸发器可以分为以下四种。

满液式蒸发器，如图 6-73 (a) 所示。该种蒸发器内充满了液态制冷剂，这样可使传

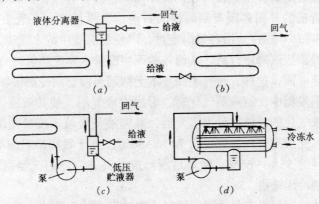

图 6-73 蒸发器的型式
(a) 满液式；(b) 非满液式；(c) 循环式；(d) 淋激式

热面尽量与液态制冷剂接触，因此，沸腾放热系数较高，但是这种蒸发器需要充入大量制冷剂，而且，若采用的是能溶于润滑油的制冷剂（如 R-12），润滑油难于返回压缩机。

非满液式蒸发器，如图 6-73 (b) 所示。液态制冷剂经膨胀阀直接进入蒸发器管内（最好从下部进入），随着在管内流动，不断吸收管外被冷却介质的热量，逐渐气化，故蒸

发器内的制冷剂处于气、液共存状态。这种蒸发器克服了满液式蒸发器的缺点，器内充液量小。然而由于有较多的传热面与气态制冷剂接触，所以其传热效果不及满液式。

循环式蒸发器，如图 6-73（c）所示。这种蒸发器是靠泵使制冷剂在蒸发器内进行强迫循环，其循环量约为制冷剂蒸发量的 4～6 倍，因此，与满液式蒸发器相似，沸腾放热系数较高，而且润滑油不是积存在蒸发器内，但它的设备费较高，故多用于大型冷藏库。

淋激式蒸发器，如图 6-73（d）所示。该种蒸发器中只充灌少量制冷剂，借助于泵将液态制冷剂喷淋在传热面上，这样可以减少系统中制冷剂的充注量，并且还可以消除由于蒸发器内静液高度对蒸发温度的影响。鉴于它的设备费用高，故适用于蒸发温度很低（或蒸发压力很低）、制冷剂价格较高的制冷装置。

(1) 满液式蒸发器

1) 卧式壳管蒸发器

为了降低水或盐水的温度，制冷系统中多采用卧式壳管蒸发器，它的构造与卧式冷凝器相似，如图 6-74 所示。

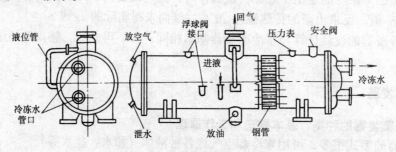

图 6-74　卧式壳管蒸发器

卧式壳管蒸发器的筒体由钢板焊成，筒体两端各焊有管板，板间焊接或胀接许多根水平传热管。而侧管板的外面各装有带隔板的封盖，靠隔板将水平管束分成几个管组（通程），使通入的被冷却水顺序地沿各管组流过，以便提高管中的水流速度，增强传热。

液体制冷剂经膨胀阀降压以后，从筒体的下半部进入，充满管外空间，受热后形成的气泡不断地上升至液面，这样，传热表面基本上都是与液态制冷剂接触，故属于满液式蒸发器。在满液式蒸发器中，制冷剂气化时，形成大量气泡，使其液面高于静止时的液面，因此，为了避免未气化的液体被带出蒸发器，其充液量应该不浸没全部传热表面，一般，若制冷剂为氨时，充液高度约为筒径的 70%～80%，鉴于氟利昂起泡沫的现象比较严重，故其充液量为筒径的 55%～65%。吸热后所形成的气态制冷剂流经筒体顶部的液体分离器，然后被吸入制冷压缩机。

氨蒸发器筒体的底部焊有集油罐，随制冷剂被带入的润滑油，沉于其内，以便定期排放。

总之，卧式壳管蒸发器结构紧凑，制造工艺简单，金属消耗量少，而且传热性能好。制冷剂为氨时，平均传热温差 Δt_{lm} 为 5～6℃，蒸发温度在 +5～-15℃ 的范围内，管内水流速 $v=1.0～1.5 m/s$ 时，其传热系数约为 450～500W/（m²·K）。但是，当用来冷却普通淡水时，其出水温度应控制在 2℃ 以上，否则易发生冻结，致使传热管冻裂。

在氟利昂制冷系统中,目前也使用卧式壳管蒸发器,此时,为了提高制冷剂的沸腾放热系数,多用低肋铜管代替光滑钢管,其传热系数一般为350~450W/($m^2 \cdot K$)。

2)水箱式蒸发器

卧式壳管蒸发器存在两个缺点:其一,使用时必需经常注意蒸发压力的变化,以免蒸发压力过低,使被冷却的水(甚至盐水)结冻,胀裂传热管;其二,蒸发器的容水量少,运行过程中热稳定性差,即水温易发生较大的变化。水箱式蒸发器可消除此缺点。

图6-75为立管式冷水箱。水箱由钢板焊接而成,其中装有两排或多排管组,每排管组又由下集管、上集管以及介于其间的许多立管组成。上集管的一端焊有液体分离器,分离器下面有一根立管与下集管相通,使分离下来的液体流回下集管。下集管的一端则焊有集油罐,集油罐的上端接有均压管与回气管相通。

节流后的低压液态制冷剂从上部穿过中间一根较粗的立管进入蒸发管组,进液管几乎伸至下集管(见图中剖面Ⅰ-Ⅰ),这样,保证液体直接进入下集管,并能较均匀地分配到各根立管。立管内充满液态制冷剂,其液面几乎达到上集管。气化以后的制冷剂,上升至上集管,经液体分离器分液后,被制冷压缩机吸回。立管式蒸发器,由于制冷剂是由下部进入,上部流出,符合液体沸腾过程的运动规律,所以循环良好,沸腾放热系数较高。

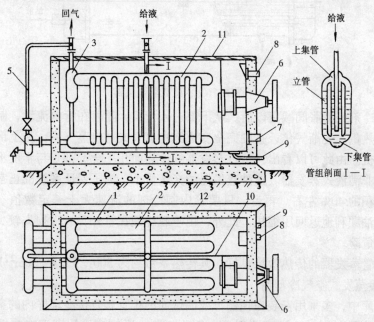

图6-75 立管式冷水箱

1—水箱;2—管组;3—液体分离器;4—集油罐;5—均压管;6—螺旋搅拌器;
7—出水口;8—溢流门;9—泄水口;10—隔板;11—盖板;12—保温层

被冷却水从上部进入水箱,由下部流出。为了保证水在箱内以一定速度循环,箱内装有纵向隔板和螺旋搅拌器,水流速度可达0.5~0.7m/s。此外,水箱上部装有溢水口,底部又装有泄水口,以备检修时水箱放空用。

立管式冷水箱传热效果良好,当用以冷却淡水时,其传热系数约为500~550W/($m^2 \cdot K$);冷却盐水时,传热系数约为400~450W/($m^2 \cdot K$)。广泛地用于氨制冷系统。

立管式冷水箱性能虽好，但制造复杂，因此近年来有采用螺旋盘管代替立管的，既保证了良好的传热效果，又可减少加工工作量。

(2) 非满液式蒸发器

1) 干式壳管蒸发器

由于 R-12 等制冷剂溶于润滑油，若使用满液式壳管蒸发器，很难使带入其中的润滑油返回压缩机，经长期运行后，蒸发器内会积存较多氟利昂与润滑油的溶液，影响系统制冷能力的充分发挥。此外，满液式壳管蒸发器需充入大量液态制冷剂，而氟利昂价格较高，所需投资颇大。因此，对于氟利昂制冷系统最好采用非满液式蒸发器。

干式壳管蒸发器属于非满液式，它的构造与壳管式蒸发器相似，参见图 6-76。它与满液式壳管蒸发器的主要不同点是制冷剂在管内流动，而载冷剂在管束外的空间内流动，筒体内横跨管束装有若干块隔板，以增加载冷剂横掠管束的流速。

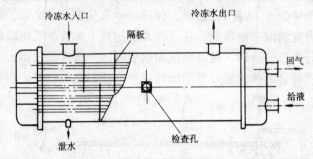

图 6-76 干式壳管蒸发器

液态制冷剂经膨胀阀减压以后，从下部进入管组，随着在管内流动，制冷剂不断地吸收载冷剂的热量，逐渐气化，直到完全变成饱和蒸气或过热蒸气后，从上部接管流出，吸回制冷压缩机。由此可以看出，这种蒸发器的传热面几乎全部都是与干度不同的湿蒸气接触，故属于非满液式蒸发器。这种蒸发器的充液量小，为了保证系统的正常运行，充液量只为管内容积的 40% 左右。再者，只要管内制冷剂的流速大于一定数值（约 4m/s），就可保证润滑油顺利地返回压缩机。此外，由于载冷剂在管外，故冷损失较少，而且还可以减缓冻结的危险。

干式壳管蒸发器的传热效果良好，其传热系数约为 $500 \sim 550 W/(m^2 \cdot K)$。

2) 直接蒸发式空气冷却器

在冷藏库中，多采用安装在顶棚下或墙壁面的排管来直接冷却库内的空气，排管可以用光管或用片距为 8~12mm 的肋片管。对于氨制冷系统多采用满液式或循环式，而氟利昂系统则多为非满液式或循环式。这种冷排管的空气侧为自然对流换热，因此，传热系数很低，光管约为 $14W/(m^2 \cdot K)$，肋片管只有 $5 \sim 10W/(m^2 \cdot K)$。

为了增强传热，冷藏库、尤其是空气调节设备多采用强迫对流的直接蒸发式空气冷却器。这样做的优点是：

a. 不用载冷剂，而直接靠液态制冷剂的蒸发来冷却空气，冷损失少，且房间降温速度快；可以减少起动运行时间。

b. 结构紧凑，机房占地面积少。

c. 管理方便，易于实现运行过程自动化。

图 6-77 是直接蒸发式空气冷却器的构造示意图。空气调节用直接蒸发式空气冷却器一般由 4 排、6 排或 8 排肋管组成，管材一般采用直径为 10～16mm 的铜管，外套连续整体铝片。铝片又可为平板型或波纹型，片厚 0.2～0.3mm，片节距为 2～3mm。蒸发温度较低时，应采用更大一些的片节距。

分液器与毛细管是保证液态制冷剂能够均匀地分配给各路肋管的主要部件。由于来自膨胀阀的制冷剂是湿蒸气，当安装不当时，将会导致某些肋管通过的气态制冷剂多，通过的液态制冷剂少，这种不均匀性会影响传热效果，分液器的作用就是解决分液不均的问题。制冷剂流经分液器的阻力等于或大于 10 倍的蒸发器肋管束的阻力，所以，当制冷剂在各个蒸发管束中的阻力损失不相同，比如相差 10%，那么分液器加上蒸发管束的总压力损失，相差将不超过百分之一。何况分液管的内径小，流动阻力大，制冷剂通过等长的毛细管再进入各路肋管，就更能保证各路的供液量均匀了。

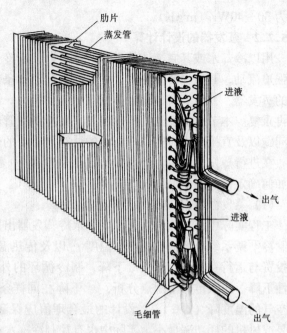

图 6-77 直接蒸发式空气冷却器

图 6-78 是五种目前常用的典型分液器示意图。其中（a）所示的是离心式分液器，来自膨胀阀的制冷剂沿切线方向进入一小室，得到充分混合的气液混合物从小室顶部沿径向送至各路肋管。(b)、(c) 为碰撞式分液器，来自膨胀阀的制冷剂以高速进入分液器后，首先与壁面碰撞使之形成均匀的气液混合物，然后再进入各路肋管。(d)、(e) 为降压式分液器，其中 (d) 是文氏管型，其压力损失较小。这种类型分液器是使制冷剂首先通过缩口，增高流速以达到气液充分混合，克服重力影响，从而保证制冷剂均匀地分配给各路肋管。这些分液器可以水平装置也可垂直使用，但多为垂直使用。

制冷剂通过各路肋管时，从外部流过的空气中吸收热量，逐渐变成干度较大的湿蒸气、饱和蒸气、过热蒸气，最后从总管排出。

直接蒸发式空气冷却器的传热系数也不十分高，当迎面风速为 2～3m/s 时，其传热系数

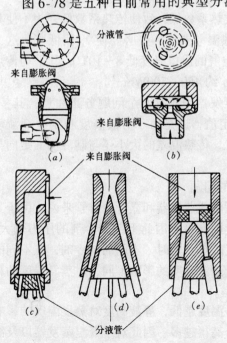

图 6-78 典型分液器示意图

约为 $30\sim40W/(m^2\cdot K)$。

6.5.2.2 蒸发器的设计计算

用以冷却水或其它液体的满液式蒸发器，制冷剂在管束外表面沸腾换热，载冷剂在管内强迫流动，其选择计算的主要任务是根据已知条件决定所需要的传热面积，选定定型结构的蒸发器，并计算流体通过蒸发器的流动阻力。计算方法与水冷式冷凝器基本相似，故不再重复。本节就蒸发器的传热温差，制冷剂在管内沸腾换热时的质量流速与压力降等特殊问题以及直接蒸发时空气冷却器的计算作必要的介绍。

在进行蒸发器的热力计算时，设计制冷量 q_i 是根据制冷空调系统的要求确定的，那么如何确定传热温差 Δt_{lm} 与传热系数呢？

(1) 蒸发温度 t_e 与平均传热温差 Δt_{lm}

工程实际中，冷冻水的温度（即水冷蒸发器出口水温）和空气冷却器出口空气温度是由制冷空调系统决定的，而蒸发温度 t_e 以及传热温差 Δt_{lm} 既受传热过程的约束，又要使初投资与运行费经济合理。t_e 下降，制冷循环的外部不可逆损失加大，使得制冷机的经济性下降，而从传热学观点分析，t_e 下降在同样条件下将使传热温差 Δt_{lm} 加大。至于水或空气的温度降 (t_1-t_2)，设计的最合理值应保证水量或风量在管内的流速适宜，以使水泵或风机的耗功率最小。实际中也有控制冷冻水或空气出口温度 t_2 与蒸发温度 t_e 之差 (t_2-t_e)，更确切地说是控制 t_2 与蒸发器出口处蒸发温度 t_{e2} 之差为最优，即控制蒸发器的最小端部温差为合理值。

蒸发器中制冷剂与空气、水或其它液体之间的传热温差 Δt_{lm} 仍可按公式 (6-141) 计算，不过应将 t_r 代以 t_e。实际上，用于冷却水或盐水的蒸发器，蒸发温度 t_e 一般比被冷却水出口温度 t_2 至少低 $2\sim4℃$，冷却水进出口温差 $(t_1-t_2)=4\sim6℃$（有特殊要求者除外），平均传热温差 $4\sim7℃$，这类蒸发器的热流密度约 $2\sim3kW/m^2$。

对于直接蒸发式空气冷却器，由于空气侧的放热系数低，致使传热系数低，为不使其结构尺寸偏大，所以取较大的传热温差。然而传热温差要大，势必要使 t_e 偏低些，这又降低了制冷机的COP。通常，蒸发温度比被冷却空气的出口温度低 $8\sim10℃$，其平均传热温差约 $15\sim17℃$，以外肋表面为基准的热流密度 q 约 $450\sim500W/m^2$。

实际使用的蒸发器中还有两个问题务必注意：其一，蒸发温度 t_e 并非定值，这是由于静液高度和制冷剂流动阻力的影响；其二，传热温差的大小还与制冷剂的走向与空气流向有关。

1) 静液高度的问题

对于壳管型满液式蒸发器和立管冷排管来说，由于其中的制冷剂有一定的高度，因此下部制冷剂的压力较大，相对应的蒸发温度较高。同时，不同的制冷剂，在不同的液面蒸发温度下受静液高度的影响不同，对蒸发温度的影响值可参见表6-14。

静液高度对蒸发温度的影响

表 6-14

液面的蒸发温度 (℃)	lm深处的蒸发温度 (℃)		
	R-717	R-12	R-22
-10	-9.6	-8.3	-9.0
-30	-28.9	-26.7	-28.1
-50	-47.4	-43.5	-45.9
-60	-55.5	-50.5	-53.6
-70	-53.4	-56.5	-61.5

从表中可以看出，无论对哪一种制冷剂，蒸发温度越低，静液高度对蒸发温度的影响也就越大，即静液高度使蒸发器内平均蒸发温度升高得越多。因此对于低温蒸发器以及制冷剂的蒸发压力很低的蒸发器来说，必须设计成具有较低的静液高度，甚至使其不受静液

高度的影响，否则，要保持传热温差不改变，就会造成制冷压缩机吸气压力降低，制冷能力下降，或者需要过分加大蒸发器的传热面积，以补偿由于蒸发温度升高所造成的传热温差的减少。

2）蒸发器中制冷剂的质量流速与压力降问题

对于制冷剂在管内蒸发的氟利昂壳管式蒸发器或直接蒸发式空气冷却器，由于来自膨胀阀的制冷剂通过蒸发器的传热管时存在流动阻力，所以，蒸发器出口处的制冷剂的压力 p_{e2} 必然低于入口处的压力 p_{e1}，相应的蒸发温度 $t_{e2}<t_{e1}$，若不考虑吸气管内的压力降，则等于降低了压缩机的吸气压力，致使压缩机的制冷能力下降，功耗增加。如果为了不影响压缩机的制冷能力，则将导致传热温差减少，传热面积必须加大，如图6-79所示，保持吸气状态1不变，由于存在压力降，导致 $\Delta t'_{lm}<\Delta t_{lm}<\Delta \bar{t}$。

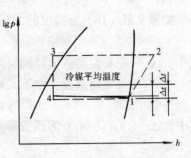

图6-79 蒸发器的传热温差

制冷剂在管内蒸发时，管内制冷剂的流速或质量流速 v_m（kg/(m²·s)）越大，管内沸腾放热系数就越高，然而，流速的加大又将引起管内制冷剂的压力降增加，所以对每一种情况，必然存在一个最优值。

计算最佳质量流速 $(v_m)_{op}$ 的方法，取决于制冷剂循环的方法，对于采用泵循环的直接蒸发的氨制冷系统，应以制冷压缩机与泵的耗功率最小作为 v_m 的临界最佳值。在由调节阀（通常为热力膨胀阀）直接向蛇管蒸发器供液的无泵系统中，尤其是对于直接蒸发式空气冷却器，则应以单位制冷量的耗功率最小来确定 $(v_m)_{op}$。

当冷凝温度不变时，压缩机的比功率（kW/kW）是相应于压同前吸气压力的饱和温度的函数，若忽略吸气管内的压力降，即为蒸发器出口处蒸发温度 t_{e2} 的函数。因此确定制冷剂最佳质量流速的当量目标函数应为 t_{e2}。从对流换热公式 $q=h(t_w-\bar{t}_e)$ 可以看出，在热流密度 q 和壁面温度 t_w 不变的条件下，当 v_m 增加时，h 加大，平均温差 $(t_w-\bar{t}_e)$ 应减小，这就提高了平均蒸发温度 $\bar{t}_e$，从而改善了制冷机的能量指标。

另一方面，制冷剂 v_m 的增加，伴随其流动阻力增加，亦即降低了蒸发器出口压力 p_{e2}，同样也相应地降低了蒸发器出口温度 t_{e2}，而使 $\bar{t}_e$ 减小。

综上所述，由于 v_m 的增加，传热和流动阻力两个因素对蒸发器内平均蒸发温度 $\bar{t}_e$ 或者说对蒸发器出口的 t_{e2} 带来相反的影响，因此必然存在一个相对于最高的 t_{e2} 值的最佳质量流速（如图6-80(a)），也即压缩机最有利的工作条件。

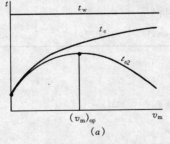
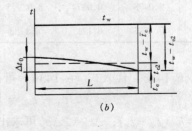

图6-80 制冷剂在管内蒸发时，它的蒸发温度的变化
(a) 与质量流速 v_m 的关系；(b) 沿蒸发器管长的变化

因此，确定最小温差 $(t_w - t_{e2})$ 就成为求最佳质量流速 $(v_m)_{op}$ 的任务。

制冷剂在管内蒸发时，它的蒸发温度沿管长的变化如图 6-80（b）所示。由图可知，这个变化是非线性的，并且可以看出：

$$t_w - t_{e2} = (t_w - \bar{t}_e) + (\bar{t}_e - t_{e2}) \tag{6-143a}$$

按照文献 [18] 所提出的关系

$$\bar{t}_e = t_{e2} + y\Delta t_e \tag{6-143b}$$

式中　Δt_e——蒸发器进出口的制冷剂压力降 Δp_e 所对应的饱和温度降；

　　　y——比例系数，由下式确定：

$$y = (3 - \Delta x)/(6 - 3\Delta x) \tag{6-143c}$$

其中，$\Delta x = (x_2 - x_1)$ 为蒸发器内蒸气干度的变化，x_1、x_2 又是蒸发器入口、出口的蒸气干度。

为了确定 Δt_e 与 Δp_e 的关系，采用克劳修斯——克拉贝龙方程[19]：

$$\frac{dp_e}{dt_e} = \frac{r}{T_e(v'' - v')} \approx \frac{\Delta p_e}{\Delta t_e} \tag{6-143d}$$

若令

$$Z = T_e(v'' - v')/r \tag{6-143e}$$

则

$$\Delta t_e = Z\Delta p_e \tag{6-143f}$$

式中　r——制冷剂的比潜热，J/kg；

　　　v'、v''——液相与气相的比容，m³/kg；

　　　T_e——平均蒸发温度，K；

　　　Δp_e——压力降，kPa；

　　　Z——系数，对于不同的制冷剂仅为饱和温度 t_e 的函数，可查表 6-15。

Z 值表　（K/kPa）　表 6-15

制冷剂	蒸发温度（℃）					
	-40	-30	-20	-10	0	10
R-12B_1	0.8562	0.6285	0.4329	0.30890	0.2281	0.1715
R-12	0.3306	0.2331	0.1702	0.12780	0.09876	0.07791
R-22	0.2040	0.1439	0.1055	0.07968	0.06173	0.04890
R-502	0.1739	0.1258	0.09434	0.07246	0.05698	0.04577
R-13B_1	0.1136	0.0854	0.06596	0.05211	0.04195	0.03434
R-13	0.0478	0.0374	0.02995	0.02427	0.01996	0.01656
NH_3	0.2597	0.1717	0.1183	0.08457	0.06221	0.04706

将式（6-143b）代入式（6-143a）可得：

$$t_w - t_{e2} = (t_w - \bar{t}_e) + y\Delta t_e$$

由 $q = h(t_w - \bar{t}_e)$；$\Delta t_e = Z\Delta p_e$ 可求出

$$t_w - t_{e2} = q/h + yZ\Delta p_e \tag{6-144}$$

分析式（6-144）可以看出，q 一定时，v_m 的增大，一方面由于 h 增加减少了 q/h，另一方面 Δp_e 的增加而增大了方程式右边第二项的值，显然温差 $t_w - t_{e2}$ 属于一个经济指标，温差 $(t_w - t_{e2})$ 最小，也就是说当 t_w 一定时，t_{e2} 最高，就相应于最佳的质量流速 $(v_m)_{op}$。

由上述分析，h 与 Δp_e 均与 v_m 有关，为了找出 $(t_w - t_{e2})$ 与 v_m 之间的关系，我们可以采用如下的表达形式：

制冷剂在管内呈沫态沸腾时

$$h = C_1 q^m v_m^n \tag{6-144a}$$

制冷剂在管内的压力降

$$\Delta p_e = C_2 \left(\frac{l}{d_i}\right)(v_m)^i \tag{6-144b}$$

式中，系数 C_1 是蒸发温度 t_e、管径 d_i、制冷剂物性及其在管内流动状况的函数，设计计算时是给定的。l 为蒸发器内的管长，不包括 180° 回弯，而系数 C_2 的值包含了摩擦阻力，局部阻力与流体加速等项损失，连同指数 i 均视为常数。

由热平衡

$$q\pi d_i = v_m \left(\frac{\pi}{4} d_i^2\right) r \Delta x \tag{6-144c}$$

于是

$$l/d_i = (r\Delta x v_m)/(4q) \tag{6-144d}$$

将式（6-144d）代入式（6-144b）可得

$$\Delta p_e = C_2 [r\Delta x/(4q)] v_m^{i+1} \tag{6-144e}$$

将式（6-144a）与式（6-144e）代入式（6-144）中，最后可得：

$$t_w - t_{e2} = [(q)^{1-m}/(C_1 v_m^n)] + C_2 Zyr\Delta x(v_m)^{i+1}/4q \tag{6-144f}$$

对上式微分，并使其等于零，就可求出相应的最佳质量流速 $(v_m)_{op}$

$$(v_m)_{op} = \{4n(q)^{2-m}/[C_1 C_2 Zyr\Delta x(i+1)]\}^{1/(i+n+1)} \tag{6-145}$$

从上式可以看出，$(v_m)_{op}$ 的值与制冷剂的种类，热流密度 q 等因素有关。在实际计算时，一般取 $v_m = (1\pm 0.2)(v_m)_{op}$。推荐按表 6-16 来选取 v_m 值。

制冷剂的质量流速 v_m （kg·m^{-2}·s^{-1}） 表 6-16

热流密度 q (W/m^2)	R-12		R-22	
	v_m	l/d_i	v_m	l/d_i
1160	80~100	2100~2700	85~120	3200~4300
2320	90~120	1300~1700	100~140	1800~2500
5800	110~160	700~900	120~180	900~1300
11600	130~200	350~600	140~220	500~800

注：l/d_i 为单路管长与管内径之比。

由式（6-145）可知，相应于一个合适的 v_m 值，制冷剂每个通程的长度，也有一个较有利的值（d_i 一定时），在空调器内，通常采用 8~16mm 的紫铜管，管路长一般不应超过 12~14m。

需要指出，制冷剂流经管内沸腾（或冷凝）时，处于两相流动状态，在计算压力降时除了考虑摩擦阻力和局部阻力以外，还应计入由于相态变化而引起的动能变化。虽然迄今为止尚无十分准确的、适用于各种制冷剂的计算公式，为了得出参考数值，目前应用比较多的有以下两个公式来计算每个通路的总压力降。

$$\Delta p = \left[f\frac{l}{d_i} + n(\zeta_1 + \zeta_2) + \frac{2(x_2 - x_1)}{\bar{x}} \right]\frac{\bar{v} \cdot v_m^2}{2} \quad \text{Pa} \tag{6-146}$$

式中　　f——两相流动的阻力系数，若含油在6%以下时，$f = 0.037\left(\dfrac{K'}{\text{Re}}\right)^{0.25}$；

　　　　K'——沸腾准则数，等于$\dfrac{4q}{d_i v_m g}$；

　　　　Re——雷诺数，等于$\dfrac{v_m d_i}{\nu}$；

　　　　ν——蒸发温度下饱和液态制冷剂的运动粘度，m^2/s；

　　　　$\bar{v}$——制冷剂的平均比容，m^3/kg；

x_1、x_2、$\bar{x}$——分别为制冷剂的进口、出口和平均干度；

　　　　l——每路肋管的直线段长度，m；

　　　　ζ_1——弯头的局部阻力系数，无油时约等于0.8~1.0；

　　　　ζ_2——弯头的摩擦阻力系数，无油时，$\zeta_2 = 0.094\dfrac{R}{d_i}$，此处$R$是弯曲半径；

　　　　n——每个通路的弯头数。

$$\Delta p = f(v_m)^2 \bar{v} l / d_i \bar{x}^{[20]} \tag{6-147}$$

式中　　f——全阻力系数，考虑了摩阻、局阻以及流体加速的阻力损失，无油时$f = 0.015$，有油时$f = 0.035$；

　　　　$\bar{v}$、l、d_i，$\bar{x}$的意义同上。

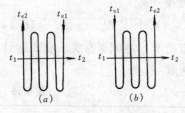

图6-81　可作逆流、顺流处理的情况
(a) 叉逆流；(b) 叉顺流

如果根据热流密度，按表6-16选取v_m的值，且把l/d_i限制在最合适的范围内，一般说来按上述公式计算出的压力降是合乎要求的，为经济合理起见，对空气调节用制冷系统来说，R-12在蒸发盘管内的压力降不应大于0.03MPa；R-22则不应大于0.06MPa。

3) 流动形式对传热温差的影响

蒸发器中制冷剂的走向与空气的流向可以有多种组合，但纯逆流、纯顺流只有在套管式换热器中才能得以实现。对于工程计算来说，图6-81所示的流经管束的流动，只要管束排数超过4排，就可以作为纯逆流或纯顺流处理[21]。

(2) 传热系数

用以冷却水或其它液体的蒸发器，传热系数的计算与冷凝器基本相同。这里给出蒸发器传热系数等的概略值，可作为估算时的参考值或迭代计算初值，见表6-17。

(3) 直接蒸发式空气冷却器的计算

蒸发式冷凝器、冷却塔以及直接蒸发式空气冷却器等，都是湿空气与水膜表面之间进行能量交换。由于前面已做介绍，此处不再赘述。

蒸发器传热系数概略值 表 6-17

蒸发器型式			K [W/(m²·K)]	q (W/m²)	备 注
满液式	卧式壳管式	氨-水	450～500	2200～3000	$\Delta t_{lm}=5\sim6℃$ $v_w=1\sim1.5\text{m/s}$
		氟利昂-水	350～450	1800～2500	$\Delta t_{lm}=5\sim6℃$ $v_w=1\sim1.5\text{m/s}$
	水箱式	氨-水	500～550	2500～3000	$\Delta t_{lm}=5\sim6℃$ $v_w=0.5\sim0.7\text{m/s}$
		氨-盐水	400～450	2000～2500	
非满液式	干式壳管	氟利昂-水	500～550	2500～3000	$\Delta t_{lm}5\sim6℃$
	直接蒸发式空气冷却器	氟利昂-空气	30～40	450～500	以外肋表面为准 $\Delta t_{lm}=15\sim17℃$ $v_a=2\sim3\text{m/s}$
	冷排管（自然对流）	氟利昂-空气	14		光管 $\Delta t_{lm}=8\sim10℃$
		氟利昂-空气	5～10		以外肋表面积计，肋管 $\Delta t_{lm}=8\sim10℃$

6.5.3 空调冰蓄冷系统

为了缓解电网负荷过重、负荷峰谷差大的矛盾，世界上不少发达国家实行了电价时段分计制，即电负荷高峰段电价高，电负荷低谷段电价低。这一政策，鼓励用户多用低谷电，少用高峰电。一方面，用户少交了电费，另一方面，减小了电网峰谷差。由于空调能耗对电网负荷有很大的影响，因此，降低能耗，用电网低谷电的空调设备及相应的蓄冷技术和系统的研发就成了近年来空调领域的热点，各种蓄冷装置也应运而生。由于潜热蓄冷有蓄冷密度高（即单位体积蓄冷量大），蓄、放冷过程近似等温的特点，因此潜热蓄冷更受青睐。冰价格便宜、性能稳定可靠且制备方便，因此在空调蓄冷系统中冰蓄冷系统成了主流。

我国近年来一些地区已经实行或将要实行电价分计制，这使得我国的冰蓄冷空调在很短的时间内有了长足的发展。

6.5.3.1 冰蓄冷系统的种类及工作原理

冰蓄冷中的制冰方式主要有两种：①静态制冰方式，即在冷却管外或盛冰容器内结冰，冰本身始终处于相对静止状态；②动态制冰方式，该方式中有冰晶、冰浆（ice slurry）生成，且冰晶、冰浆处于运动状态。

静态制冰由于系统简单，现已成为应用中冰蓄冷系统的主流。然而，静态制冰法也有自身的缺点：冰层的增厚使热阻增大，导致冷冻机的性能系数 COP 降低；一些静态系统中冰块的相互粘连导致水路堵塞。

目前，冰蓄冷研究的主要目标为动态制冰技术。动态制冰方式有多种，其中冰水混合浆（即含有很多悬浮冰晶的水，英文名为 ice slurry）技术最受研究者关注。冰水混合浆可采用管道输运，其换热需采用换热器。虽然这种动态制冰方式很有前途，但迄今尚未大规模商业化。该类系统的性能测试和优化、管理技术和经济性还需进一步完善。

表 6-18 对现有制冰法进行了分类[22]。

现有制冰法的分类　　　　　　　　　　　表 6-18

种　　类	说　　明
静态制冰法	
管外制冰（ice on tube）	制冰方式：传热流体通过管簇，管簇内通冷媒
	冷却方式：冷媒直接蒸发
管内制冷（ice in tube）	制冷方式：流体通过管外，管内结冰
	冷却方式：冷媒直接蒸发或盐水循环冷却
密闭容器制冰式	容器形状：球形，圆柱形，平板形
	冷却方式：盐水循环冷却
动态制冰法	
间接换热法	
收获（harvest）制冰法	制冰法：水或水溶液从冷却表面（圆柱内表面或外表面、竖板表面）流下
	除冰法：机械剥离法或热融解剥离法
	冷却方法：冷媒直接蒸发或盐水循环冷却
液态水制冰	制冰法：水溶液从冷却面自然流下 　　　　冷媒蒸发器内水溶液的离心流动 　　　　水溶液的管内强制流动
	冷却方法：冷媒直接蒸发或水循环冷却
过冷却制冰	制冰法：流动水和水溶液通过换热器换热
	冷却方法：冷媒直接蒸发或盐水循环冷却
直接换热法	
冰晶制冰法	
	制冰法：由低沸点冷媒在水中蒸发产生冰晶或与水不相溶的低温高密度液体在水层边喷射而获得显热利用，从而制冰
	冷却方法：冷媒直接蒸发或水循环冷却
其它制冰（"冰"）法	制"冰"法：由真空状态下的水蒸发，导致高分子物质—水溶液相变
	冷却方法：水的直接蒸发冷却
干燥冰晶制备法	制冰（"冰"）法：冷媒蒸气和喷射水雾直接接触而产生冰晶或由空气的绝热膨胀而产生的低温空气和喷射水雾的直接接触生成冰晶

下面对其中的一些制冰方法和相应系统作一简单介绍。

（1）静态制冰系统

1）利用制冷剂直接蒸发制冰系统

图 6-82 为利用制冷剂直接蒸发制冰系统示意图。夜间电力负荷低时，开启制冷机，

制冷剂在蓄冰池的制冰盘管内直接蒸发，盘管外表面形成 50mm 左右厚的冰层，将冷量蓄存起来。白天空调系统运行时间内，空调系统所需冷量由蓄冰池内蓄存的冰水提供。此时，制冷系统的制冷剂不在蓄冰池内蒸发制冷，而在并联蒸发器内蒸发，冷却由空调系统来的回水，被冷却后的回水，经热交换器，由蓄冰池内的冰水再次冷却后供空调系统使用，蓄冰池的制冰率 IPF（Ice Packing Factor）可达 40% 左右。制冰率 IPF 系指蓄冰池水量中冰所占的比例。最常见的制冷剂直接蒸发制冷系统有：

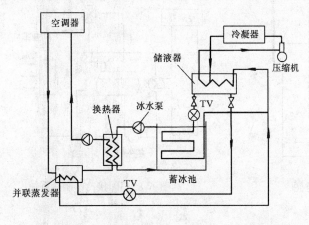

图 6-82　直接蒸发制冷系统示意图　　　　图 6-83　储冰桶示意图

　　a. 冰桶式储冰：冰桶式储冰乃目前被广泛使用的储冷系统（图 6-83），使用的制冷设备为一般的压缩式冰水机组（但机组的运行参数较为特别），此系统专用的设备为特制的储冰桶，冰桶为满载清水的容器，桶内设有盘管。

　　储冰时，零下 4 至 5℃ 的低温溶液（一般为 20%～25% 乙二醇水溶液）通过盘管循环。由于整个盘管泡在水中，低温溶液便使清水在盘管外结冰，结冰所需时间视溶液及流量而定，一般在 6 至 10h 之间。

　　供冷时，较高温度（+3℃ 或以上）的溶液通过盘管循环，与盘管外的冰进行热交换，溶液便可降温。

　　小型空调系统可直接以溶液通过空气处理设备，较大型的空调系统或高层建筑宜设置热交换器，将循环的冷冻水与溶液分隔，可降低冰桶内盘管的压力。

　　b. 盘管水槽系统：盘管水槽系统（图 6-84）其作用与冰桶相近，所用的冷冻设备亦为可在低温操作的压缩式冷水机组。该系统将一些特制的盘管置于水槽中，储冰时以零下 6 至 8 摄氏度的低温溶液（一般为 25% 乙二醇溶液）通过盘管使水槽内的水结冰；供冷时，较高温度（+4℃ 或以上）的溶液通过盘管，与盘上的冰进行热交换，溶液便可降温。

　　由于水槽容积大，溶液与水之间的热交换很慢，一般系统都需要在水槽内设搅拌装置以提高热交换热果，搅拌装置普遍采用压缩空气在槽底部鼓出气泡，利用气泡上浮产生搅拌效果，但即使设有搅拌装置，储冰的时间仍相当长而且难以准确掌握。实际上，换热热阻主要是冰侧的导热热阻，因此若在冰侧采用加金属肋片、网格的方式强化换热，换热速率将明显提高。

　　盘管水槽系统的缺点在于占地面积大、结冰时间长、压缩空气容易产生腐蚀性等等，因此在国际上未被广泛采用。

2）利用盐水不冻液间接冷却制冰系统

图6-85为利用盐水等不冻液间接冷却制冰系统的示意图。盐水冷却器利用盐水泵进行循环，以满足空调器的负荷要求，制冰率IPF可达45%～50%。

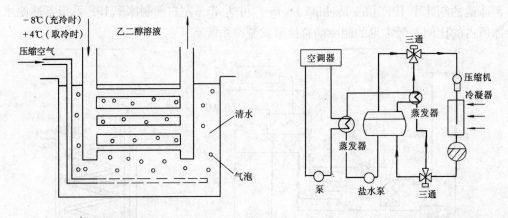

图6-84 盘管水槽储冰示意图　　图6-85 间接冷却制冷系统

3）冰球冰槽式蓄冷系统

冰球式蓄冰空调系统是利用一个盛有冰球的蓄冷罐来进行蓄冷。见图6-86冰球外壳由高密度聚乙烯制成，内装水，并使用载冷剂如乙二醇水溶液，从蓄冷罐中水球间流过，与冰球进行冷量交换。在利用水不冻液或蒸发盘管制冰时，盐水或制冷剂在管内，蓄冷在管外；而冰球式蓄冷系统的载冷剂在管外流动，蓄冷体在球内。冰球式蓄冷系统由于结构简单，可靠性高，水阻力小，技术要求低，换热性能好等优点，已逐渐成为蓄冷空调系统的发展方向。

(2) 动态制冰系统

图6-87为流动过冷水制冰系统示意图。低温盐水（一般为-8℃至-6℃）进入换热器，冷却换热器中通过的冷水，使之过冷到0℃以下（一般情况下，水都有几度过冷度），当过冷水冲击到过冷却释放板时，产生冰晶。冰晶池中的水可泵过一个换热器，将冷量供给用户。

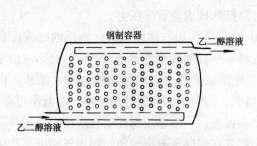
图6-86 冰球储冰器示意图

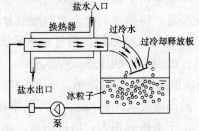
图6-87 流动过冷却水制冰

图6-88为冷媒蒸发制冰系统示意图。液态冷媒和空调系统回水混合，经过喷嘴，冷媒蒸发吸热，使一些水珠形成冰粒，冷媒蒸气返回，冷水则进入空调用换热器。

图6-89所示的低沸点冷媒蒸发制冰法与图6-88所示系统的工作原理相近。图6-90

则为低温液态冷媒显热换热系统示意图。

6.5.3.2 蓄冷系统的设计

（1）部分蓄冷空调或全部蓄冷空调

蓄冷系统设计时，首先应决定系统采用部分蓄冷还是全部蓄冷。图6-91示出了部分蓄冷负荷图。部分蓄冷仅仅补足高峰制冷负荷，并需要制冷机协同运行。图6-92示出全部蓄冷负荷图。全部蓄冷则必须在夜间制造出全日负荷用冰量，在用电高峰期制冷机不工作。这种系统需要有巨大的蓄冷量并且适用于用电低峰期电价特别低廉的地区。蓄冷系统的造价和运行费用节余额都是蓄冷容量的函数，蓄冷容量合适，则制冷量和运行费用都将减少。然而，制冷机投资的减少额一般情况足够用作蓄冷设备及其控制费用。蓄冷设备的投资可以在运行费的节余中补偿并可提供足够的利润。

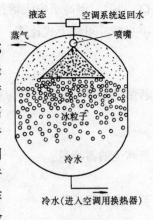

图6-88 冷媒（戊烷）蒸发制冰法

（2）蓄冷空调系统的负荷及蓄冰量

确定建筑物的峰值负荷需要进行空调负荷计算。日间负荷是根据逐时设计日负荷图来选择的，设计日负荷图可由最高负荷图或专门制作的轨迹图得出。采用部分蓄冷方案时，全部高峰负荷由蓄冰和制冷机相结合来供给，即高峰时全部冷量扣除融冰所提供的冷量等于制冷机的制冷量，而制冷机高峰制冷量除以高峰时间等于制冷机高峰时的平均制冷量。若选定的制冷机不能满足高峰负荷要求，其不足部分要由融冰来补偿，可采用使冰的消耗提前或采取加大制冷机容量的办法。

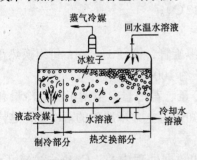

图6-89 低沸点冷媒蒸发制冰

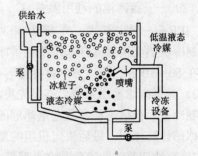

图6-90 低温液态冷媒显热换热制冰

图6-91 部分蓄冷负荷图

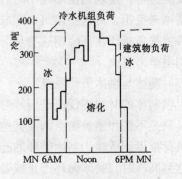

图6-92 全部蓄冷负荷图

1) 对于采用盐水不冻液盘管制冰的蓄冰空调系统，若标准日的逐时空调负荷之和为 Q_c（kJ），制冷机白天运行时间为 t_0 小时，夜间运行时间为 t 小时，则所需的制冷机容量 q（kW）可按下式计算：

$$q_c = \frac{Q_c}{3600(t_0 + t)} \tag{6-148}$$

若制冷机单机制冷量为 q_0（kW），则所需制冷机台数

$$n_0 = \frac{q_0}{q_c} \tag{6-149}$$

蓄冰池的蓄冷量：

$$Q_{IC} = Q_c - q_c t_0 \tag{6-150}$$

蓄冰池的容积：

$$V_I = \frac{Q_{IC}}{c_{p,w}\rho_w \Delta t_c + \rho_I H_m(\text{IPF})} \tag{6-151}$$

式中 V_I——蓄冰池的容积，m³；

Q_{IC}——蓄冰池的蓄冷量，kJ；

$c_{p,w}$——水的比热，kJ/(kg·K)；

ρ_w——水的密度，kg/m³；

ρ_I——冰的密度，kg/m³；

H_m——冰的融解热，kJ/kg；

Δt_c——蓄冰池的利用温差，℃，（一般为 7~12℃）；

IPF——制冰率，%，一般为 40% 左右。

制冷机热交换器通常采用浸在蓄冰池内的双重螺旋管，管径 1~2in，每组换热盘管的管长在 50~100m，每立方米蓄冰池容积敷设盘管长约 100~120m。

2) 对于冰球蓄冰系统，亦是先决定全日的制冷量、蓄冷量、空调工况制冷量和蓄冰工况制冷量。根据这些参数选定冰球的牌号，即可知道每立方米冰球的蓄冷量，这样即可得出冰球计算体积，最后决定机组的最小装机容量。

3) 有些建筑物的冷负荷在低峰期持续不变，如数据处理中心，CAD—CAM 工作站，建筑安全区等，建筑物使用几小时后，这些制冷负荷一直保持到第二天清晨，这些负荷必须由蓄冰来负担，对这些建筑可采取辅助制冷机，即低峰期经常持续不变的冷负荷由第二台制冷机来负担，在高峰期这些负荷均由主要的蓄冰系统来负担，此外亦可采用加大制冷设备的温差来解决。

(3) 制冰与融冰负荷系统

可供制冰的时间不仅仅是低峰时间，如果供电局不能提供低廉的电价，任何时间均可制冰，只是不要和建筑物空调及其他用电相抵触；如低峰时能提供廉价电，尽可能将空调制冷负荷推迟到低峰。制冰循环的起始一般是在黄昏建筑物关闭时，当蓄冰箱满载或电力需求达到高峰时，制冰循环停止或者根据建筑物空调舒适性要求，制冷机开始工作时，制冰循环停止。

融冰的方法常有制冷机优先供给、蓄冰优先供给和限定需求量等三种。制冷机优先负

荷系统的示意图如图 6-93 所示，先进行制冷机优先运行，若能满足负荷要求时，蓄冰箱则处于旁路，只有当制冷机不能满足负荷时，才用冰补充。这种系统比较普遍，冷负荷直接反馈到制冷机，使制冷机优先通过对蓄冰箱和制冷机的控制达到理想的供液温度，这种系统只有在高峰负荷时冰才融化，它不适合于低峰时使用，白天和夜间电费相同，制冰比制冷更贵，那么蓄冷只在确实节约运行费用时才用。冰优先负荷系统如图 6-94 所示，蓄冰箱先承担负荷。蓄冰箱承担时，制冷机停机，只有在蓄冷量不满足负荷时，制冷机才辅助运行。由于蓄冰箱先承担负荷，冰的消耗量很大，这种装置适合于低峰时使用，因为低峰时制冰比制冷更便宜，故尽可能融化更多的冰是有利的，冰优先负荷，很适合于低温空调系统，此时出口较低的盐水温度可由制冷机保证。

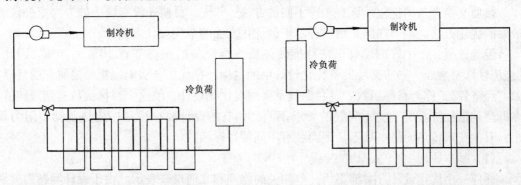

图 6-93　制冷机优先负荷系统　　　　　图 6-94　冰优先负荷系统

限定需求量系统由建筑物的自控系统调节制冷机承担的负荷，精确控制制冷机能使融冰量提高到最大，并最大限度地降低需求量，系统就可从低峰耗电量中获得最大限度的节省。

(4) 制冷机的 COP

无论采用何种蓄冰空调系统，由于要制冰，制冷机运行时蒸发温度要下降，通常可从常规空调冷水机组 +5℃ 左右的蒸发温度下降到 -5℃ 左右，即使夜间制冰时，冷凝温度略有降低，但制冷机的 COP 是下降的，降低的程度主要与压缩机类型有关。有些公司，提供降低系数供设计时参考，如 CVHB 型冷水机组为 0.65，CVHE 型为 0.8，CGAC 型为 0.6，CGWC 型为 0.65，RTHA 型为 0.70，此外 COP 下降与蓄冷设备的结构、结冰速度、厚度和均匀性等也有关，这些在选择制冷设备时均需给予足够的重视。

(5) 制冷装置的控制

部分蓄冰空调系统的制冷机控制不同于常规空调用制冷机控制，因为蓄冰空调的制冷机既作为制冰器又作为常规制冷机。制冷过程中制冷机由蓄冰箱来控制，当然蓄冰箱必须大于制冷机的制冰能力，这才能使制冷机在最大限度制冰能力下运行。无论是何种制冷机，都不希望在制冰周期卸载运行。当冰的厚度达到最大值时，制冷机盐水出口温度和蒸发温度之差较小，此时更要求制冷机安全运行。总之在制冰周期要求制冷机最大限度地工作，主要是控制制冷机开停及安全运行。从制冰到制冷机常规运行的转换，必须持续进行。

有关蓄冰空调方面更多的内容读者可参阅文献 [24-28]。

6.6 热质交换设备的优化设计及性能评价

6.6.1 热质交换设备的优化设计与分析

热质交换设备在余热回收与热力系统中是一种广泛应用的设备,但它的使用也要增加制造投资和运行费用。因此,需要进行热质交换设备的优化计算以获得最大的经济效益。热质交换设备的优化设计,就是要求所设计的热质交换设备在满足一定的要求下,人们所关注的一个或数个指标达到最好。

热质交换设备的优化计算有多种不同的方法[7,29-32],目前还没有统一的为大家公认的最好的优化方法。本书在此介绍一种基于最优化方法的最优设计方法。[7]

经验证明,一个好的设计,往往能使热质交换设备的投资节省 10%~20%。因此,"经济性"常常成为热质交换设备优化设计中的目标。在优化方法上,把所要研究的目标,如"经济性",称为目标函数,其目的就是要通过优化设计,使这个目标函数达到最佳值,亦即达到最经济。由于实际问题的要求不同,如有的设计要在满足一定热负荷下阻力最小;有的要求传热面最小等等,因而就有不同的目标函数。

(1) 基本原理

任何一个优化设计方案都要用一些相关的物理和几何量来表示。由于设计问题的类别或要求不同,这些量可能不同,但不论哪种优化设计,都可将这些量分成给定的和未给定的两种。未给定的那些量就需要在设计中优选,通过对它们的优选,最终使目标函数达到最优值,我们把这些未定变量称为设计变量。如以热质交换设备的传热系数为目标函数的优化设计,流体的流速、温度等就是设计变量。这样,对于有 n 个设计变量 $x_1, x_2, \cdots\cdots x_n$ 的最优化问题,目标函数 $F(x)$ 可写作

$$F(x) = F(x_1, x_2, \cdots, x_n)$$

显然,目标函数是设计变量的函数。最优化过程就是设计变量的优选过程,最终使目标函数达到最优值。最优化问题中设计变量的数目称为该问题的维数。设计者应尽量地减少设计变量的数目,把对设计所追求目标影响比较大的少数变量选为设计变量,以便使最优化问题较易求解。

在优化设计过程中,常常对设计变量的选取加以某些限制或一些附加设计条件,这些设计条件称为约束条件。如求解热质交换设备传热性能最好的问题,常常有阻力损失不能超过某个数值的约束条件。约束条件可分为等式约束条件和不等式约束条件。在某些特殊情况下,还会有无约束的最优化问题。最优化问题的求解可以是求取目标函数的最小值或最大值。一般情况下,习惯上都是求取目标函数的最小值,所以,对于求取 $F(X)$ 的最大值问题应转化成求取相反数 $-F(X)$ 的最小值问题。例如,求取热质交换设备传热系数最大的问题就是求取传热热阻最小的问题。

这样,最优化问题的一般形式可表达为

$$\min F(X)$$

约束条件

$$h_i(X) = 0 \ (i = 1, 2, \cdots, m)$$

$$g_j(X) \leqslant 0 \ (j = 1, 2, \cdots, n)$$

式中，$X = [x_1, x_2, \cdots, x_n]^T$，表示为一个由 n 个设计变量所组成的矩阵（角码 T 为矩阵的转置）。$h_i(X)$ 及 $g_j(X)$ 分别表示 i 个等式约束及 j 个不等式约束条件。在上式所表达的最优化问题中，根据 $F(X)$、$h(X)$ 和 $g(X)$ 与变量 X 之间的函数关系不同及变量 X 的变化不同，可分为不同类型的最优化问题，因而其数学求解的方法也不同。热质交换设备优化设计问题一般都是约束（非线性）最优化问题（也可称为约束规划问题）。约束最优化问题的求解方法有消元法、拉格朗日乘子法、惩罚函数法、复合形法等多种，读者可参阅有关书籍来了解这些方法。

(2) 最优化设计方法举例

今以热交换器的经济性问题为例来讨论设计的最优化。设一台热交换器的投资费用为 D（RMB¥/per unit），它的使用年限为 n 年，亦即折旧率为 $1/n \times 100\% = \eta'\%$，而输送热交换器中流体所需能耗费用为 C（RMB¥/a），则考虑了这些因素的热交换器的经济指标 ϕ 可表示为

$$\phi = C + D/n \quad \text{RMB¥/a} \tag{6-152}$$

现在要求设计出来的热交换器为最经济，即这是一个 $\min F(X) = \min \phi$ 的最优化问题。固然可以把上式中的 C、D 等量当做设计变量，但是它们不能直接反映出与热交换器设计中有密切关系的一些几何量与物理量，所以应该进一步对 C、D 等量做一分析。

已知传热的基本方程式为

$$A = \frac{Q}{K \Delta t_m}$$

对于热力系统中的一台热交换器，流体的进、出口温度及所需传递的热量 Q 一般都已被流程本身所决定，平均温差 Δt_m 自然也就确定，则传热面积 A 成为仅是传热系数 K 的函数。在确定了某种结构类型的热交换器前提下，K 值与传热面的具体布置等有关，要由设计者确定。

如果忽略热交换器金属壁的热阻并且不考虑污垢热阻，则传热系数 K 由前边的分析知仅为内外表面热系数的函数：

$$K = \frac{h_1 h_2}{h_1 + h_2}$$

设该热交换器为翅片管式，管内为热水，管外为空气，对于管内强迫对流换热，h_1 可用下式求解：

$$\text{Nu}_f = 0.023 \text{Re}_f^{0.8} \text{Pr}_f^{0.3}$$

对于管外的空气横掠翅片管，对流换热的 h_2 可用式 (6-153) 求解：

$$\text{Nu}_f = 0.023 \text{Re}_f^{0.713} \text{Pr}_f^{1/3} (Y/H)^{0.296} \tag{6-153}$$

根据准则的定义知：

$$\text{Re} = \frac{wd}{v} = \frac{wd\rho}{\mu} \text{ 及 } \text{Pr} = \frac{v}{a} = \frac{\mu c_p}{\lambda},$$

结合以上各式，可将传热面积 A 表示为如下的函数形式

$$A = f(w_1, w_2, d, \rho_1, \rho_2, \lambda_1, \lambda_2, \mu_1, \mu_2, c_{p1}, c_{p2})$$

因为流体的进出口温度已经给定，它们的热物性参数 λ、ρ、μ、c_p 等可视为常数。为了使问题简化，如也给定某种管径 d，则

$$A = f(w_1, w_2)$$

即传热面积的大小由两侧流体流速所决定。据统计，热质交换设备的金属材料费用占其费用的50%以上，即金属材料费用的多少决定了热质交换设备投资费用的增减，而金属消耗量又主要取决于传热面积，所以，从传热角度看，增大流速，可使传热面积减少，相应地也就降低了热质交换设备的投资费用 D。

但是从输送流体的能量消耗观点来看，流速的增加，必然使阻力增加，即意味着输送流体的能耗费用 C 亦增加。

由上分析可见，对于所给定的条件，两侧流体流速 w_1 及 w_2 是决定设备投资费用 B 与能耗费用 C 的关键性参数，流速的选择是否恰当，将直接影响热交换器的设计是否合理，从而影响经济指标 ϕ。

为了使问题进一步简化，对于所设计的热交换器还可从两侧流速中分析出影响最大的一侧的流速。例如气-液热交换，可以认为主要热阻在空气侧，而且水与能耗的关系不如空气时那样显著，也就是说矛盾的主要方面是在空气侧，因而可仅将空气的流速 w_2 作为影响经济性的唯一参数。这样，通过以上分析与简化得出，该优化设计为以空气流速 w_2 为设计变量的一维无约束优化问题（严格说，应为约束优化，因风机功率有限，阻力损失总有一定限度），即

$$\min A(X) = \min \phi(w_2)$$

如果我们知道了 $\phi(w_2)$ 这一具体的函数关系式，就可用一维搜索方法来求解。为了避免应用最优化的数学方法，下面我们采用图解方法来说明这一优化过程。

对所需设计的热交换器选取一系列不同的流速 w_2，并由传热计算求得相应所需要的一系列传热面积 A，从而由传热面的单位造价 b（RMB￥/m²）求得总造价 B，即

$$B = b \cdot A \quad \text{RMB￥}$$

再由用户提出的使用年限 n，确定折旧率 η'（%），这样即可求得流速 w_2 与折旧费 $\eta'B$ 的关系曲线为：

$$\eta'B = f_1(w_2)$$

另外，根据不同流速 w_2 可求得相应阻力值 ΔP，于是由"泵与风机"的相关知识求得相应的功率消耗为：

$$N = \frac{V\Delta P}{1000\eta} \tag{6-154}$$

式中　N——流体输送设备（泵或风机）的输入功率，kW；
　　　V——体积流量，m³/s；
　　　η——流体输送设备（泵或风机）的效率。

如果每年运行时间为 τ（h），电费为 s（RMB￥/kW·h），则能耗费用为

$$C = N\tau s \quad \text{RMB￥/a}$$

于是可求得每年的能耗费用 C 与流速 w_2 的关系曲线 $C = f_2(w_2)$。

将两条曲线绘于同一图上，进行叠加，即得 $\phi \sim w_2$ 的曲线。此曲线的最低点的流速为最佳流速（即最优化点），相应的经济指标 ϕ 值即为最优值，见图6-95所示。

应该指出，对于上例的热交换器优化设计，只考虑空气流速为设计变量是不够完善的。一般还应从以下这些量中选择若干个作为设计变量：管长，管径，翅片高，翅间距，

工质出口温度,设备安装费,工质(如水)费用等。当然,设计变量越多,寻求最优化的过程越复杂,计算工作量越大。但是,计算技术的发展,使得热质交换设备的优化设计已不成问题,并能获得令人满意的结果。

6.6.2 热质交换设备的性能评价

一台符合生产需要又较完善的热质交换设备应满足以下几项基本要求:
① 保证满足生产过程所要求的热负荷;
② 强度足够及结构合理;
③ 便于制造、安装和检修;
④ 经济上合理。

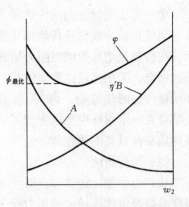

图 6-95 经济指标与流速的关系

在符合这些要求的前提下,尚需衡量热质交换设备技术上的先进性和经济上的合理性问题,即所谓热质交换设备的性能评价问题,以便确定和比较热质交换设备的完善程度;广义地说,热质交换设备的性能含义很广,有传热性能、阻力性能、机械性能、经济性能等。用一个或多个指标从一个方面或几个方面来评价热质交换设备的性能问题一直是许多专家长期以来在探索的问题,目前尚在研究改进中。本节对现在已在使用和正在探索中的一些性能评价方法及其所使用的性能评价指标作一简要介绍。

(1) 热质交换设备的单一性能评价法

长期以来,对于热质交换设备的热性能,采用了一些单一性能的指标,例如:冷、热流体各自的温度效率:

$$E_c = \frac{冷流体温升}{两流体进口温差}, \quad E_h = \frac{热流体温降}{两流体进口温差};$$

热交换器效率:
$$\varepsilon = \frac{Q}{Q_{\max}}$$

及传热系数 K 和压力降 ΔP 等。

由于这些指标直观地从能量的利用或消耗角度描述了热质交换设备的传热或阻力性能,所以给实用带来了方便,易为用户所接受。但是,这些指标只是从能量利用的数量上,并且常常是从能量利用的某一个方面来衡量其热性能,因此应用上有其局限性,而且可能顾此失彼。例如,热质交换设备效能 ε 高,只是从热力学第一定律说明它所能传递的热量的相对能力大,不能同时反映出其它方面的性能。如果为了盲目地追求高的 ε 值,可以通过增加传热面积或提高流速的办法达到,但这时如果不同时考虑它的传热系数 K 或流动阻力 ΔP 的变化,就难于说明它的性能改善得如何。因此,在实用上对于这种单一性能指标的使用已有改进,即同时应用几个单一性能指标,以达到较为全面地反映热质交换设备热性能的目的。例如,在工业界常常选择在某一个合理流速下(如对液-液热交换时常选为 1m/s),确定热交换器的传热系数和阻力(即压力降)。经过这样的改进,这种方法虽仍有不足之处,但使用简便、效果直观,而且在一定可比条件下具有一定的科学性,所以为工业界广泛采用。

(2) 传热量与流动阻力损失相结合的热性能评价法

单一地或同时分别用传热量和流动压力降的绝对值的大小，难以比较不同热质交换设备之间或热质交换设备传热强化前后的热性能的高低。例如，一台热交换器加入扰动元件后，在传热量增加的同时阻力也加大了，这时比较热性能的较为科学的办法应该是把两个量相结合，采用比较这些量的相对变化的大小。为此，有人提出以消耗单位流体输送功率 N 所得传递的热量 Q，即 Q/N 作为评价热质交换设备性能的指标。它把传热量与阻力损失结合在一个指标中加以考虑了，但不足之处是该项指标仍只能从能量利用的数量上来反映热质交换设备的热性能。

(3) 熵分析法

从热力学第二定律知，对于热质交换设备中的传热过程，由于存在着冷、热流体间的温度差以及流体流动中的压力损失，必然是一个不可逆过程，也就是熵增过程。这样，虽然热量与阻力是两种不同的能量形态，但是都可以通过熵的产生来分析它们的损失情况。本杰（Bejan A）提出使用熵产单元数 N_s（Number of Entropy Production Units）作为评定热质交换设备热性能的指标[33,34]。他定义 N_s 为热质交换设备系统由于过程不可逆性而产生的熵增 ΔS 与两种传热流体中热容量较大流体的热容量 C_{max} 之比，即

$$N_s = \Delta S / C_{max} \tag{6-155}$$

通过一个简单的传热模型，他把 N_s 表达为：

$$N_s = \frac{\dot{m}}{\rho q}\left(-\frac{dp}{dx}\right) + \frac{\Delta T}{T}\left(1 + \frac{\Delta T}{T}\right)^{-1} \tag{6-156}$$

式中，$\dot{m}$ 为质量流率；ρ 为流体密度；q 为单位长度上传热量；p 为流体压力，T 为流体的绝对温度；ΔT 为壁温与流体温度差。

等式右边第一项表示因摩阻产生的熵增对 N_s 的影响，第二项则表示因传热温差（热阻）产生熵增而造成对 N_s 的影响。显然，ΔT 或 ΔP 愈大，则 N_s 愈大，说明传热过程中的不可逆程度愈大。如果 N_s 趋近于 0，则表示这是一个接近于理想情况的热质交换设备。因此，使用熵产单元数，一方面可以用来指导热质交换设备的设计，使它更接近于热力学上的理想情况；另一方面可以从能源合理利用角度来比较不同型式热质交换设备传热和流动性能的优劣。本杰还利用所建立的模型，通过优化计算论证了在 Q/N 之值为最小值时，N_s 并不是最小[34]。由此表明，利用上述方法（2），即 Q/N 指标，评价或设计热质交换设备时不能充分反映能源利用的合理性。通过熵分析法，采用热性能指标 N_s，把 ΔT 及 ΔP 所造成的影响都统一到系统熵的变化这一个参数上来考虑，无疑在热质交换设备的性能评价方面是一个重要进展，因为它将热质交换设备的热性能评价指标从以往的能量数量上的衡量提高到能量质量上的评价，这特别对于一个接入热力系统中的热质交换设备来说更具有实际意义。

(4) 㶲分析法

从能源合理利用的角度来评价热质交换设备的热性能还可以应用㶲分析法[35,36]。本书在此介绍文献 [35] 所述方法。热交换器的㶲效率定义为：

$$\eta_e = \frac{E_{2,o} - E_{2,i}}{E_{1,i} - E_{1,o}} \tag{6-157}$$

式中，$E_{1,i}$、$E_{1,o}$ 为分别为热流体流入、流出的总㶲；$E_{2,i}$、$E_{2,o}$ 为分别为冷流体流入、

流出的总㶲。

此㶲效率还可表达为三种效率的乘积:
$$\eta_e = \eta_t \cdot \eta_{e,T} \cdot \eta_{e,p} \tag{6-158}$$

其中,η_t 为热交换器的热效率,即为冷流体的吸热量 Q_2 与热流体的放热量 Q_1 之比,它反映了热交换器的保温性能:
$$\eta_t = Q_2 / Q_1 \tag{6-159}$$

$\eta_{e,T}$ 及 $\eta_{e,p}$ 分别为热交换器的温度㶲效率与压力㶲效率:
$$\eta_{e,T} = \frac{1 - \dfrac{T_0}{\overline{T}_2}}{1 - \dfrac{T_0}{\overline{T}_1}} \tag{6-160}$$

$$\eta_{e,p} = \frac{1 - \psi_2}{1 - \psi_1} \tag{6-161}$$

式中 T_0、$\overline{T}_1$、$\overline{T}_2$——分别为环境温度、热流体放热的平均温度和冷流体吸热的平均温度;

ψ_2——由于流动阻力引起的冷流体的㶲损失 I_{r2} 与它吸收的热流㶲 E_{Q1} 的比值:
$$\psi_2 = \frac{I_{r2}}{E_{Q2}} \tag{6-162}$$

ψ_1——由于流动阻力引起的热流体的㶲损失 I_{r1} 与它放出的热流㶲 E_{Q1} 的比值
$$\psi_2 = \frac{I_{r1}}{E_{Q1}} \tag{6-163}$$

显然,$(1-\eta_{e,T})$ 表示了因冷流体吸热平均温度与热流体放热平均温度不同而引起的㶲耗损;$(1-\eta_{e,p})$ 则反映了因冷、热流体流动阻力引起的㶲耗损。所以,㶲效率类似于熵产单元数那样从能量的质量上综合考虑传热与流动的影响,而且也能用于优化设计。所不同的是,熵分析法是从能量的损耗角度来分析,希望 N_s 值愈小愈好,而㶲分析法是从可用能的被利用角度来分析,希望 η_e 值愈大愈好。但是,N_s 并未表示出由于摩阻与温差而产生的不可逆损失与获得的可用能之间的正面关系,实用上不够方便。

(5) 纵向比较法

纵向比较法是专门对具有强化传热表面的热交换器热性能评价的一种方法。这一方法是按强化目的分类,进行单项性能的比较。例如,威伯(Webb R.L.)在总结和分析前人工作的基础上,提出了一套较为完整的性能评价判据 PEC(Performance Evaluation Criteria)[37]。他把热质交换设备的传热强化分成三种目的——减少表面积、增加热负荷和减少功率消耗,然后分别在三种不同的几何限制条件下——几何状况固定、流通截面不变、几何状况可变,比较强化与未强化时的某些性能,如传热量之比 Q/Q_s、功率消耗之比 N/N_s(有角标 s 者表示光管时之值),从这些比值的大小可以优选出某种确定的传热表面强化技术下针对某种目的的最佳几何结构,并进而比较出那一种强化技术下的结果最佳。此种方法比较结果明确,具有一定的实用价值,但还不够全面。

(6) 两指标分析法

前边介绍的几种方法都是只就换热设备某一项指标进行讨论，对其它指标的变化情况往往不加分析，而人们对换热器有许多方面的要求，因此，衡量换热器的优劣一般应有多项指标。文献[38]在考察了人们对换热器普遍要求的基础上，以制冷剂在铜质圆管正三角形排列套平铝肋片管簇换热器管内直接蒸发为例，提出用紧凑性与经济性两指标综合衡量换热器的优劣。

对于正三角形排列套平铝肋片管簇换热器，经公式推导知，独立的自变量可定义为如下六个：管外径、管心距、肋距、肋厚、空气最小断面质量流量和制冷剂从进口到出口流经的总管长。所谓紧凑性指标，是指换热设备单位换热能力所需体积，其定义为：

$$V_q = \frac{866 \cdot T^2 \cdot s}{K \cdot A} \tag{6-164}$$

式中　V_q——换热设备的紧凑性指标，m³/(kW/℃)；
　　　T——管中心距，m；
　　　s——肋距，m。

所谓经济性指标，是指换热设备单位换热能力所需费用，其定义为：

$$M = \frac{\dfrac{C_f}{\tau} + 8.76 \cdot C_e \cdot \psi \cdot (P + P_i)}{0.001 K \cdot A} \tag{6-165}$$

式中　M——换热设备的经济性指标，(RMB¥/a)/(kW/℃)；
　　　C_f——初投资，RMB¥；
　　　τ——折旧年限，a；
　　　C_e——电力成本，RMB¥/(kW·h)；
　　　ψ——工作系数，表示换热设备预计年运行小时数与全年总小时数之比；
　　　P——空气侧功率损失，W；
　　　P_i——为抵偿制冷剂在蒸发器中的阻力损失需多付出的压缩功率，W。

经济性指标与紧凑性指标是互相对立的。一般情况下，追求换热设备的"紧凑"，将不可避免地要提高总消耗；反之亦然。因此，在优化中，需要同时兼顾这两个指标。求解时，先分别求出两项指标的极小值，然后采用求解线性约束极值问题的数学规划方法，将紧凑指标分别固定于多个固定值，依次求解经济性指标的极小值，得出不同紧凑指标下的最经济指标，从而给出它们之间的关系，以综合权衡两项指标，确定出最优方案。

对肋片管簇换热器应用这种两指标分析法可以得出一些有参考价值的结论，它对于换热设备的优化，特别是解决肋片管簇换热器的优化问题，提供了一个良好的思路与方法。但是，这种方法也存在一些局限性，如它需要带有许多尺寸参数的准确的性能关系式，而这种关系式的获得还有一定困难；它要求一系列准确可靠的经济参数，例如折旧年限、材料价格等，而这些准确数据的获得也有不少的难度。

(7) 热经济学分析法

上述几种方法的共同缺点是，它们都只从单一的科学技术观点来评价热性能。社会的发展告诉我们，科学技术的进步必须和经济的发展相结合。但是，即使我们采用了热力学第二定律的分析法（熵分析法和㶲分析法），也没有体现出经济的观点。如，对于一台管壳式热交换器，通过重新选择管径和排列方式，使传热系数提高、平均温差降低、压力降增加，总的结果可能是㶲效率提高或熵产单元数减小，但这并不能说明这台热交换器的全部费用（包括设备费、运行费等多方面费用）也减小了，为了解决在工程应用上大量存在的这一类问题，一门新兴的学科——热经济学正在兴起，它把技术和经济融为一体，用热力学第二定律分析法与经济优化技术相结合的热经济学分析法，对一个系统或一个设备作出全面的热经济性评价。热经济学分析法的任务除了研究体系与自然环境之间的相互作用外，还要研究体系内部的经济参量与环境的经济参量之间的相互作用，所以，它以热力学第二定律分析法为基础，而最后得到的结果却能直接地给出经济量纲表示的答案。由于热经济学分析法牵涉面很广，比较复杂，使用中还有许多具体问题，所以目前尚未被工程设计正式使用。但应该肯定，这是一种目前所提出的各种方法中最为完善的方法，现已在美国等国家开始部分采用，并收到较好的效果。

6.6.3　热质交换设备的发展趋势

在实际工程中存在的热质交换条件千变万化，所需要的热质交换设备必然各式各样，为了符合使用要求，国内、外对热质交换设备技术的开发从传热传质机理的研究、设备结构的创新、设计计算方法的改进及制造工艺水平的提高等方面，都进行了长期而大量的工作。直至目前，热质交换设备的基本状况是，管式换热器就使用数量或使用场所来看，仍居主要地位。各式"板式"换热表面和其他新型结构换热器发展很快，在若干应用场合与管式结构竞争。从空间技术发展起来的热管技术受到极大重视，各式热管换热器已进入工业实用阶段。在热质交换设备设计中采用计算机辅助设计，不仅可以缩短计算时间，减少人为的差错，而且能进行最优设计。在热质交换设备制造工艺上获得了改进，新材料及复合材料逐渐被使用。

随着工业的发展，热质交换设备技术必将迅速地发展。就目前的情况分折，热质交换设备的基本发展趋势是：提高传热传质效率，增加紧凑性，降低材料消耗，增强承受高温、高压、超低温及耐腐蚀能力，保证互换性及扩大容量的灵活性，通过减少污塞和便于除垢以减少操作事故，从选用材料，结构设计以及运行操作等各方面增长使用寿命，并在广泛的范围内向大型化发展。在热质交换设备制造中，专业化生产的趋势仍将继续，加工向"数字控制化"发展。采用新技术、新工艺、新材料，提高机械化、自动化水平，提高劳动生产率，降低制造成本，仍将是基本的发展目标。

最后要指出的是，近几十年来针对核能、地热能、太阳能、海洋能利用的特点及存在的问题，进行了热质交换设备的大量改进与研制工作，并取得了一定的成果。例如，本专业现正广泛研究的地热热泵所使用的热交换器中传热温差小、含不凝性气体、结垢与腐蚀严重的问题；太阳能利用中，如何提高平板型集热器的收集效率问题；海洋能发电中，传热温差小（表面与深层海水温差仅 20℃左右），热交换设备体积过分庞大，以及结构与腐蚀问题等。随着能源问题的突出和新能源技术的不断开发，对这些方面的研究和利用必将更加广泛。

附 录

附录 6-1　有代表性流体的污垢热阻
附录 6-2　总传热系数的有代表性的数值
附录 6-3　部分水冷式表面冷却器的传热系数和阻力实验公式
附录 6-4　水冷式表面冷却器的 ε_2 值
附录 6-5　JW 型表面冷却器技术数据
附录 6-6　部分空气加热器的传热系数和阻力计算公式
附录 6-7　喷水室热交换效率实验公式的系数和指数
附录 6-8　湿空气的密度、水蒸气压力、含湿量和焓

有代表性流体的污垢热阻 R_f （m²·℃/W）　　　　附录 6-1

流 体	流　速（m/s）	
	≤1	>1
海水	1.0×10^{-4}	1.0×10^{-4}
澄清的河水	3.5×10^{-4}	1.8×10^{-4}
污浊的河水	5.0×10^{-4}	3.5×10^{-4}
硬度不大的井水、自来水	1.8×10^{-4}	1.8×10^{-4}
冷却塔或喷淋室循环水（经处理）	1.8×10^{-4}	1.8×10^{-4}
冷却塔或喷淋室循环水（未经处理）	5.0×10^{-4}	5.0×10^{-4}
处理过的锅炉给水（50℃以下）	1.0×10^{-4}	1.0×10^{-4}
处理过的锅炉给水（50℃以上）	2.0×10^{-4}	2.0×10^{-4}
硬水（>257g/m³）	5.0×10^{-4}	5.0×10^{-4}
燃料油	9.0×10^{-4}	9.0×10^{-4}
制冷液	2.0×10^{-4}	2.0×10^{-4}

总传热系数的有代表性的数值　　　　附录 6-2

流 体 组 合	K（W/m²·℃）
水-水	850～1700
水-油	110～350
水蒸汽冷凝器（水在管内）	1000～6000
氨冷凝器（水在管内）	800～1400
酒精冷凝器（水在管内）	250～700
肋片管换热器（水在管内，空气为叉流）	25～50

附录 6-3

部分水冷式表面冷却器的传热系数和阻力实验公式

型　号	排数	作为冷却用之传热系数 $K(\text{W/m}^2\cdot\text{℃})$	干冷时空气阻力 ΔH_g 和湿冷时空气阻力 ΔH_s(Pa)	水阻力 (kPa)	作为热水加热用之传热系数 K $(\text{W/m}^2\cdot\text{℃})$	试验时用的型号
B 或 U-II 型	2	$K=\left[\dfrac{1}{34.3V_y^{0.781}\xi^{1.03}}+\dfrac{1}{207w^{0.8}}\right]^{-1}$	$\Delta H_g=20.97V_y^{1.39}$			B-2B-6-27
B 或 U-II 型	6	$K=\left[\dfrac{1}{31.4V_y^{0.857}\xi^{0.87}}+\dfrac{1}{281.7w^{0.8}}\right]^{-1}$	$\Delta H_g=29.75V_y^{1.98}$ $\Delta H_s=38.93V_y^{1.84}$	$\Delta h=64.68w^{1.854}$		B-6R-8-24
GL 或 GL-II 型	6	$K=\left[\dfrac{1}{21.1V_y^{0.845}\xi^{1.15}}+\dfrac{1}{216.6w^{0.8}}\right]^{-1}$	$\Delta H_g=19.99V_y^{1.862}$ $\Delta H_s=32.05V_y^{1.695}$	$\Delta h=64.68w^{1.854}$		GL-6R-8.24
W	2	$K=\left[\dfrac{1}{42.1V_y^{0.52}\xi^{1.03}}+\dfrac{1}{332.6w^{0.8}}\right]^{-1}$	$\Delta H_g=5.68V_y^{1.89}$ $\Delta H_s=25.28V_y^{0.895}$	$\Delta h=8.18w^{1.93}$	$K=34.77V_y^{0.4}w^{0.079}$	小型试验样品
JW	4	$K=\left[\dfrac{1}{39.7V_y^{0.52}\xi^{1.03}}+\dfrac{1}{332.6w^{0.8}}\right]^{-1}$	$\Delta H_g=11.96V_y^{1.72}$ $\Delta H_s=42.8V_y^{0.992}$	$\Delta h=12.54w^{1.93}$	$K=31.87V_y^{0.48}w^{0.08}$	小型试验样品
JW	6	$K=\left[\dfrac{1}{41.5V_y^{0.52}\xi^{1.02}}+\dfrac{1}{325.6w^{0.8}}\right]^{-1}$	$\Delta H_g=16.66V_y^{1.75}$ $\Delta H_s=62.23V_y^{1.1}$	$\Delta h=14.5w^{1.93}$	$K=30.7V_y^{0.485}w^{0.08}$	小型试验样品
JW	8	$K=\left[\dfrac{1}{35.5V_y^{0.58}\xi^{1.0}}+\dfrac{1}{353.6w^{0.8}}\right]^{-1}$	$\Delta H_g=23.8V_y^{1.74}$ $\Delta H_s=70.56V_y^{1.21}$	$\Delta h=20.19w^{1.93}$	$K=27.3V_y^{0.58}w^{0.075}$	小型试验样品
SXL-B	2	$K=\left[\dfrac{1}{27V_y^{0.425}\xi^{0.74}}+\dfrac{1}{157w^{0.8}}\right]^{-1}$	$\Delta H_g=17.35V_y^{1.54}$ $\Delta H_s=35.28V_y^{1.4}\xi^{0.183}$	$\Delta h=15.48w^{1.97}$	$K=\left[\dfrac{1}{21.5V_y^{0.526}}+\dfrac{1}{319.8w^{0.8}}\right]^{-1}$	
KL-1	4	$K=\left[\dfrac{1}{32.6V_y^{0.57}\xi^{0.987}}+\dfrac{1}{350.1w^{0.8}}\right]^{-1}$	$\Delta H_g=24.21V_y^{1.823}$ $\Delta H_s=24.01V_y^{1.913}$	$\Delta h=18.03w^{2.1}$	$K=\left[\dfrac{1}{28.6V_y^{0.656}}+\dfrac{1}{286.1w^{0.8}}\right]^{-1}$	
KL-2	4	$K=\left[\dfrac{1}{29V_y^{0.622}\xi^{0.758}}+\dfrac{1}{385w^{0.8}}\right]^{-1}$	$\Delta H_g=27V_y^{1.43}$ $\Delta H_s=42.2V_y^{1.2}\xi^{0.18}$	$\Delta h=22.5w^{1.8}$	$K=11.16V_y+15.54w^{0.276}$	KL-2-4-10/600
KL-3	6	$K=\left[\dfrac{1}{27.5V_y^{0.778}\xi^{0.843}}+\dfrac{1}{460.5w^{0.8}}\right]^{-1}$	$\Delta H_g=26.3V_y^{1.75}$ $\Delta H_s=63.3V_y^{1.2}\xi^{0.15}$	$\Delta h=27.9w^{1.81}$	$K=12.97V_y+15.08w^{0.13}$	KL-3-6-10/600

水冷式表面冷却器的 ε_2 值　　　　　　　　　　　　　附录 6-4

冷却器型号	排数	迎面风速 V_y (m/s)			
		1.5	2.0	2.5	3.0
B 或 U-Ⅱ型 GL 或 GL-Ⅱ型	2 4 6 8	0.543 0.791 0.905 0.957	0.518 0.767 0.887 0.946	0.499 0.748 0.875 0.937	0.484 0.733 0.863 0.930
JW 型	2* 4* 6* 8*	0.590 0.841 0.940 0.977	0.545 0.797 0.911 0.964	0.515 0.768 0.888 0.954	0.490 0.740 0.872 0.945
SXL-B 型	2 4* 6 8	0.826 0.97 0.995 0.999	0.440 0.686 0.800 0.824	0.423 0.665 0.806 0.887	0.408 0.649 0.792 0.877
KL-1 型	2 4* 6 8	0.466 0.715 0.848 0.917	0.440 0.686 0.800 0.824	0.423 0.665 0.806 0.887	0.408 0.649 0.792 0.877
KL-2 型	2 4* 6	0.553 0.800 0.909	0.530 0.780 0.896	0.511 0.762 0.886	0.493 0.743 0.870
KL-3 型	2 4 6*	0.450 0.700 0.834	0.439 0.685 0.823	0.429 0.672 0.813	0.416 0.660 0.802

注：表中有 * 号的为试验数据，无 * 号的是根据理论公式计算出来的。

JW 型表面冷却器技术数据　　　　　　　　　　　　　　　　　附录 6-5

型号	风量 L (m³/h)	每排散热面积 A_d (m²)	迎风面积 A_y (m²)	通水断面积 A_w (m²)	备注
JW10-4	5000~8350	12.15	0.944	0.00407	共有四、六、八、十排四种产品
JW20-4	8350~16700	24.05	1.87	0.00407	
JW30-4	16700~25000	33.40	2.57	0.00553	
JW40-4	25000~33400	44.50	3.43	0.00553	

部分空气加热器的传热系数和阻力计算公式　　　　　　　　　　附录 6-6

加热器型号	传热系数 K (W/m²·℃) 蒸汽	传热系数 K (W/m²·℃) 热水	空气阻力 ΔH (Pa)	热水阻力 (kPa)
SRZ 型 5、6、10D 5、6、10Z 5、6、10X 7D 7Z 7X	$13.6\,(v\rho)^{0.49}$ $13.6\,(v\rho)^{0.49}$ $14.5\,(v\rho)^{0.532}$ $14.3\,(v\rho)^{0.51}$ $14.3\,(v\rho)^{0.51}$ $15.1\,(v\rho)^{0.571}$		$1.76\,(v\rho)^{1.998}$ $1.47\,(v\rho)^{1.98}$ $0.88\,(v\rho)^{2.12}$ $2.06\,(v\rho)^{1.17}$ $2.94\,(v\rho)^{1.52}$ $1.37\,(v\rho)^{1.917}$	D 型： $15.2w^{1.96}$ Z、X 型： $19.3w^{1.88}$
SRL 型 B×A/2 B×A/3	$15.2\,(v\rho)^{0.40}$ $15.1\,(v\rho)^{0.43}$	$16.5\,(v\rho)^{0.24}$ * $14.5\,(v\rho)^{0.29}$ *	$1.71\,(v\rho)^{1.67}$ $3.03\,(v\rho)^{1.62}$	
SYA 型 D Z X	$15.4\,(v\rho)^{0.297}$ $15.4\,(v\rho)^{0.297}$ $15.4\,(v\rho)^{0.297}$	$16.6\,(v\rho)^{0.36}w^{0.226}$ $16.6\,(v\rho)^{0.36}w^{0.226}$ $16.6\,(v\rho)^{0.36}w^{0.226}$	$0.86\,(v\rho)^{1.96}$ $0.82\,(v\rho)^{1.94}$ $0.78\,(v\rho)^{1.87}$	
Ⅰ型 2C 1C	$25.7\,(v\rho)^{0.375}$ $26.3\,(v\rho)^{0.423}$		$0.80\,(v\rho)^{1.985}$ $0.40\,(v\rho)^{1.985}$	
GL 或 GL-Ⅱ型	$19.8\,(v\rho)^{0.608}$	$31.9\,(v\rho)^{0.46}w^{0.5}$	$0.84\,(v\rho)^{1.862}\times N$	$10.8w^{1.854}\times N$
B、U 型或 U-Ⅱ型	$19.8\,(v\rho)^{0.608}$	$25.5\,(v\rho)^{0.556}w^{0.0115}$	$0.84\,(v\rho)^{1.862}\times N$	$10.8w^{1.854}\times N$

注：(1) $v\rho$——空气质量流速，kg/m²·s；w——水流速，m/s；N——排数；

(2) *——用 130° 过热水，$w = 0.023 \sim 0.037$ m/s。

喷水室热交换效率实验公式的系数和指数

附录 6-7

[实验条件：离心喷嘴；喷嘴密度 $n=13$ 个/m² 排；$\upsilon\rho=1.5\sim3.0$kg/m²·s；喷嘴前水压 $P_0=1.0\sim2.5$atm（工作压力）]

喷嘴排数	喷孔直径(mm)	喷水方向	热交换效率	冷却干燥 A 或 A′	冷却干燥 m 或 m′	冷却干燥 n 或 n′	减焓冷却加湿 A 或 A′	减焓冷却加湿 m 或 m′	减焓冷却加湿 n 或 n′	绝热加湿 A 或 A′	绝热加湿 m 或 m′	绝热加湿 n 或 n′	等温加湿 A 或 A′	等温加湿 m 或 m′	等温加湿 n 或 n′	增焓冷却加湿 A 或 A′	增焓冷却加湿 m 或 m′	增焓冷却加湿 n 或 n′	加热加湿 A 或 A′	加热加湿 m 或 m′	加热加湿 n 或 n′	逆流双级喷水室的冷却干燥 A 或 A′	逆流双级喷水室的冷却干燥 m 或 m′	逆流双级喷水室的冷却干燥 n 或 n′
1	5	顺喷	η_1	0.635	0.245	0.42	—	—	—	—	—	—	0.87	0	0.05	0.885	0	0.61	0.86	0	0.09	—	—	—
			η_2	0.662	0.23	0.67	—	—	—	0.8	0.25	0.4	0.89	0.06	0.29	0.8	0.13	0.42	1.05	0	0.25	—	—	—
		逆喷	η_1	0.73	0	0.35	—	—	—	—	—	—	—	—	—	—	—	—	—	—	—	—	—	—
			η_2	0.88	0	0.38	—	—	—	0.8	0.25	0.4	—	—	—	—	—	—	—	—	—	—	—	—
	3.5	顺喷	η_1	0.745	0.07	0.265	0.76	0.124	0.234	—	—	—	0.81	0.1	0.135	0.82	0.09	0.11	0.875	0.06	0.07	—	—	—
			η_2	0.755	0.12	0.27	0.835	0.04	0.23	0.75	0.15	0.29	0.88	0.03	0.15	0.84	0.05	0.21	1.01	0.06	0.15	—	—	—
		逆喷	η_1	0.56	0.29	0.46	0.54	0.35	0.41	—	—	—	—	—	—	—	—	—	0.923	0	0.06	—	—	—
			η_2	0.73	0.15	0.25	0.62	0.3	0.41	1.05	0.1	0.4	—	—	—	—	—	—	1.24	0	0.27	—	—	—
2	5	一顺一逆	η_1	—	—	—	—	—	—	—	—	—	—	—	—	—	—	—	0.931	0	0.13	—	—	—
		两逆	η_1	—	—	—	0.655	0.33	0.33	0.783	0.1	0.3	—	—	—	—	—	—	0.89	0.95	0.125	0.945	0.1	0.36
	3.5	一顺一逆	η_2	—	—	—	0.783	0.18	0.38	—	—	—	—	—	—	—	—	—	—	—	—	1	0	0

注：$\eta_1 = A(\upsilon\rho)^m \mu^n$；$\eta_2 = A'(\upsilon\rho)^{m'} \mu^{n'}$。

湿空气的密度、水蒸气压力、含湿量和焓
（大气压 $B = 1013\text{mbar}$）

附录 6-8

空气温度 t (℃)	干空气密度 ρ (kg/m³)	饱和空气密度 ρ_b (kg/m³)	饱和空气的水蒸汽分压力 $P_{q \cdot b}$ (mbar)	饱和空气含湿量 d_b (g/kg 干空气)	饱和空气焓 i_b (kJ/kg 干空气)
-20	1.396	1.395	1.02	0.63	-18.55
-19	1.394	1.393	1.13	0.70	-17.39
-18	1.385	1.384	1.25	0.77	-16.20
-17	1.379	1.378	1.37	0.85	-14.99
-16	1.374	1.373	1.50	0.93	-13.77
-15	1.368	1.367	1.65	1.01	-12.60
-14	1.363	1.362	1.81	1.11	-11.35
-13	1.358	1.357	1.98	1.22	-10.05
-12	1.353	1.352	2.17	1.34	-8.75
-11	1.348	1.347	2.37	1.46	-7.45
-10	1.342	1.341	2.59	1.60	-6.07
-9	1.337	1.336	2.83	1.75	-4.73
-8	1.332	1.331	3.09	1.91	-3.31
-7	1.327	1.325	3.36	2.08	-1.88
-6	1.322	1.320	3.67	2.27	-0.42
-5	1.317	1.315	4.00	2.47	1.09
-4	1.312	1.310	4.36	2.69	2.68
-3	1.308	1.306	4.75	2.94	4.31
-2	1.303	1.301	5.16	3.19	5.90
-1	1.298	1.295	5.61	3.47	7.62
0	1.293	1.290	6.09	3.78	9.42
1	1.288	1.285	6.56	4.07	11.14
2	1.284	1.281	7.04	4.37	12.89
3	1.279	1.275	7.57	4.70	14.74
4	1.275	1.271	8.11	5.03	16.58
5	1.270	1.266	8.70	5.40	18.51
6	1.265	1.261	9.32	5.79	20.51
7	1.261	1.256	9.99	6.21	22.61
8	1.256	1.251	10.70	6.65	24.70
9	1.252	1.247	11.46	7.13	26.92
10	1.248	1.242	12.25	7.63	29.18
11	1.243	1.237	13.09	8.15	31.52
12	1.239	1.232	13.99	8.75	34.08
13	1.235	1.228	14.94	9.35	36.59
14	1.230	1.223	15.95	9.97	39.19
15	1.226	1.218	17.01	10.6	41.78
16	1.222	1.214	18.13	11.4	44.80
17	1.217	1.208	19.32	12.1	47.73

参 考 文 献

第一章

1 靳明聪等编著. 换热器. 重庆：重庆大学出版社，1990
2 刘谦. 传递过程原理. 北京：高等教育出版社，1990
3 杨世铭，陶文铨编著. 传热学. 北京：高等教育出版社，1998
4 ［德］EU 施林德尔主编. 马庆芳，马重芳主译. 换热器设计手册（一、三卷）. 北京：机械工业出版社，1988
5 罗棣庵. 传热应用与分析. 北京：清华大学出版社，1990
6 ［美］W M 罗森诺等主编. 传热学应用手册（上册）. 北京：科学出版社，1992

第二章

1 王补宣. 工程传热传质学. 下册. 北京：科学出版社，1998
2 Bird, R. B., Stewart, W. E. and Lightfoot, E. N., Transport Phenomena, John-Wiley, New York, 1969
3 章熙民，任泽霈，梅飞鸣. 传热学（第三版）. 北京：中国建筑工业出版社，1993
4 Cussler, E. L., Diffusion Mass Transfer in Fluid System, Second Edition, Cambridge University Press, 1997
5 （挪威）A.L. 莱德森. 工程传质. 北京：烃加工出版社，1988
6 Perry, J. H. and Chiltm, C.H., Chemical Engineering Handbook, 5th ed., McGraw-Hill, 1973
7 Gilliland, E. R., IEC, 26：681~685, 1934
8 Welty, J. R., Wicks, C. E. and Wilson, R. E., Fundamentals of Momentum, Heat and Mass Transfer, 2nd ed., John-Wiley &Sons, Inc., 1976
9 Kays, W. M. and Crawford, M.E., Convective Heat and Mass Transfer, 2nd ed., McGraw-Hill, 1980
10 （美）弗兰克．P. 英克鲁佩勒等. 传热的基本原理. 葛新石，王义方，郭宽良译. 合肥：安徽教育出版社，1985
11 Knudsen, J. D. and Kate, D. L., Fluid Dynamics and heat Transfer, McGraw-Hill, New York, 1980
12 Incropera, F. P. and Dewitt, D. P., Fundamentals of Heat and Mass Transfer, 4th ed., John–Wiley, New York, 1996
13 周兴禧. 制冷空调工程中的质量传递. 上海：上海交通大学出版社，1991
14 Rohsenow, W. M. and Choi, H. Y., Heat, Mass and Momentum Transfer, Prentice-Hall Inc, 1961
15 （美）T. K. 修伍德，R. L. 皮克福特，C. R. 威尔基. 时钧，李盘生等译. 传质学. 北京：化学工业出版社，1988
16 （美）W. M. 罗森诺等主编. 传热学应用手册（上册）. 谢力译. 北京：科学出版社，1992

第三章

1 施明恒，甘永平，马重芳编著. 沸腾传热. 北京：科学出版社，1990，459~502，324~362
2 Frank P. Incropera, David P. Dewitt, Fundamentals of Heat and Mass Transfer, 4th edition, USA, John Wiley & Sons, Inc., 1996, Chagter 10
3 杨世铭，陶文铨编著. 传热学. 北京：高等教育出版社，1998
4 Laboontzov D A, Heat exchange at bubble boiling of liquids, Thermal Energy (in Russian), 1959, (12)：19~26
5 陈钟颀主编. 传热学专题讲座. 北京：高等教育出版社 1989. 151~166，169~190，193~219

6 Collier J G, Thome J R. Convective boiling and condensation. 3rd ed. Oxford: Clarendon Press, 1994. 169~219

7 Darabi J, Salehi M, Saeedi M H, et al. Review of available correlations for pre-dic-tion of flow boiling heat transfer in smooth and augmented tubes. ASHRAE Trans, 1995. 101: 965~975

8 伊萨琴科 ВП. 传热学. 王丰, 冀守礼, 周筠清等译. 北京: 高等教育出版社, 1987. 399

9 Rohsenow W M. "Boiling." In: Rohsenow W M, Hartnett J P, Ganic E N. eds. Handbook of heat transfer, fundamentals. 2nd ed. 1985. 12.2~12.18

10 Incropera F P, De Witt D P. Introduction to heat transfer. 3rd ed. New York: John Wiley & Sons, 1996. 506, 508

11 Cooper M G. Saturation nuclcate pool boiling-a simple correlation. Int. Chem Engng Symp Ser. 1984. 86: 785~792

12 Zuber N. On the stability of boling heat transfer. Trans ASME, 1958. 80 (3): 711~716

13 Bromley L A. Heat transfer in stable film boiling. Chem Eng Prog, 1950. 46: 221

14 彦启森主编. 空气调节用制冷技术. 北京: 中国建筑工业出版社, 1985年12月第二版, 1999年8月第十次印刷, 84~87, 60~64

15 Chi-chuan Wang, Wen-yua Shieh, Yn-juei chang, "Nuclcate Boiling Performancl of R22, R123, R134a R410a and R407c on Smooth and Enhanced Tubes", ASHRAE Transactions, 1314~1320, 1998

16 Gorenflo, D. "Pool boiling", In VDI Heat Atlas, Chapter Ha. Germany, 1993

17 N. Kattan, J. R. Thome and D. Favat, "Flow Boiling in Horizontal Tubes: Part3-Development of a New Heat Transfer model Based on Rlow Pattern", Journal of Heat Transfer, Vol. 12, 156~165, 1998

18 Kopchikov I A, Voronin G I. Liquid boiling in a thin film. Int J Heat Mass Transfer Transfer, 1969. 12 (4): 791~796

19 辛明道, 童明伟. 液膜沸腾的临界液位和传热. 重庆大学学报, 1984. 6 (2): 49~59

20 Siegel R. Effect of reduced gravity on heat transfer. In: Hartnett J P, Irvine T F. eds. Advances in heat transfer. 1967. 41: 143~228

21 Webb R L. Principles of enhanced heat transfer. New York: John Wiley & Sons, Inc, 1994. 373~426, 482~501

22 Paris C, Webb R L. Literature survey of pool boiling on enhanced surfaces. ASHRAE Trans. 1991. 97 (Part 1): 79~89

23 Tanasawa I. Dropwise condensation: the way to practical application. In: Proceedings of 6th International Heat Transfer Conference. 1978. 6: 393~405

24 Rose J W. Dropwise condensation theory. Int J Het Mass Transfer, 1981. 24 (1): 191~194

25 Griffith P. Dropwise condensation. In: Rohsenow W M, Hartnett J P, Ganic E N. eds. Handbook of heat transfer. New York: McGraw-Hill Company, 1985. 11, 37-11.50

26 Carey V P. Liquid-vapor phase-change phenomena. Washington: Hemisphere Publishing Corporation, 1992. 1~617

27 Zhang Dongchang, Lin Zaiqi, Lin Jifang. New surface materials for dropwise condensation. In: Proceedings of 8th International Heat Transfer Conference, 1986. 1677~1 682

28 Nusselt W. Die Oberflachencondensation des Wasserdamphes. VDI, 1916. 60: 541~569

29 Dhir V K, Lienhard J H. Laminar film condensation on plane and axisymmetric bodies in nonuniform gravity. ASME J Heat Transfer, 1971. 93: 97~100

30 Popiel C O. Boguslawski L. Heat transfer by laminar condensation on sphere surfaces. Int. J Heat Mass Transfer, 1979. 18: 1486~1488

31 Gregorig R, Kem J, Turck K. Improved correlation of film condensation data based on a more rigorous application of similarity parameters. Warme-und Stoffubertragung, 1974.7: 1~13

32 Goto M, Hotta H, Tezuka S. Film condensation of refrigerant vapor on a horizontal tube. Int J Refrigeration. 1980.3 (3): 161~166

33 Sukhatme S P, Jagadish B S, Prabhakaran P. Film condensation on single horizontal enhanced condenser tubes. ASME J Heat Transfer, 1990.112 (1): 229~234

34 Cheng B, Tao W Q. Experimental study on R-152a film condensation on single horizontal smooth tube and enhanced tubes. ASME J Heat Transfer, 1994.116 (1): 266~270

35 杨世铭. 冷凝膜部分湍流时的放热-包括低 Pr 数的情形. 机械工程学报, 1957. 5 (3): 235~247

36 Laboontzov D A. Heat transfer at film condensation of pure vapors on vertical surface and horizontal pipes. Thermal Energy (in Russian), 1957. (7): 72~82

37 Gollier J G, Thome J R. Convective boiling and condensation. 3rd ed. Oxford: Charendon Press, 1994.169 ~219

38 张卓澄主编. 大型电站凝汽器. 北京: 机械工业出版社. 1993. 30~164

39 Boyko L D, Kruzhilin G N. Heat transfer and hydraulic resistance during con-densa-tion of steam in a horizontal tube and in a bunle of tubes. Int J Heat Mass Transfer, 1967. 10 (2): 361~373

40 Shah M M. A general correlation for heat transfer during film condensation inside pipes. Int J Heat Mass Transfer, 1979.22 (3): 547~556

41 帅志明. 凝汽器采用螺旋槽管强化传热的试验研究. 中国电机工程学报, 1993. 13 (1): 17~22

42 顾维藻, 神家锐, 马重芳等. 强化传热. 北京: 科学出版社, 1990. 459~502

43 M.K.Dobson, J.C.Chato, "Condensation in smooth Horizontal Tubes", Journal of Heat Transfer, Vol.120, P193~213, 1998

44 J.C.Chato, "Laminar Condensation Inside Horizontal and Inclined Tubes" .J.ASHRAE, 4, 52, 1962

45 Shab, M, M., "A General Correlation for Heat Transfer During Film Condensation Inside Pipes", International Journal of Heat and Mass Transfer, Vol.22, P547~556, 1979

46 Cavallini, A. and Zecchin, R., "A Dimensionless Correlation for Heat Transfer in Forced-Convective Condensation", Proceedings of the Fifth International Heat Transfer Conferenec, Japan Socety of Mechanical Enginecrs. Vol.3. P309~313, 1974

47 Chen, S.L.Gerner, F.M., and Tien, C.L., "General Film Condensation Correlations", Experimental Heat Transfer. Vol.1, P93~107, 1987

48 Traviss, D.P., Rohsenow, W.M., and Baron, A.B., "Forced-Convective Condensation in Tubes: A Heat Transfer Correlation for Condenser Design", ASHRAE Transactions, Vol 79, P157~165, 1973

49 张寅平, 胡汉平, 孔祥冬, 苏跃红. 相变贮能—理论和应用. 合肥: 中国科学技术大学出版社, 1996 年. 第七章, 第五章

50 Cryer C W. A Survey of Trial Free-Boundary Methods for the Numerical Solution of Free Boundary Problems. Report No.1693, Madison: Mathematics Research Center Univesity of Wisconsin, 1976.

51 Shamsundar N. Comparison of numerical methods for diffusion problems with moving boundaries, In: Wilson D G, Solomon A D, Boggs P T Eds. *Moving Boundary problems*, New York: Academic Press, 1978: 165.

52 Meyer G H. The mmerical solution of multidimensional stefan problems-a survey. In: Wilson D G, Solomon A D, Boggs P T Eds. *Moving Boundary Problems*, New York: Academic Press, 1978.

53 Hale N W, Jr. and Viskanta R. Solid-liquid phase-change heat transfer and interface motion in materials cooled or heated from above or below, *Int . J . Heat Mass Transfer*, 1980; 23: 283.

54 张洪济. 相变热传导. 重庆大学热力工程系讲义, 1985. 2: 第三章

55 Carslaw H C, Jaeger J J. *Conduction of Heat in Solids*, 2nd ed. Oxford: Clarendon Press, 1959: Chap 11.

56 Poots G. An approximate treatment of heat conduction problem involoving a two-dimensional solidification front. *Int. J. Heat Mass Transfer*, 1962; 5: 339.

57 Siegel R M, Goldstein M E. Savino J. M. Conformal mapping procedure for transient and steady state two dimensional solidfication. In: Grigull U, Hahne E Eds. *Heat Transfer* 1970, Vol 1, Amsterdam: elsevier, 1970: paper No. Cu 2.11.

58 Rathjen K A, Jiji L M. Heat conduction with melting or freezing in a corner. *J. Heat Transfer*, 1971; 93: 101.

59 Budhia H, Kreith F. Heat transfer with melting or freezing in a wedge. *Int. J. Heat Mass Transfer*, 1973; 16: 195.

60 Siegel R. Shape of two-dimensional solidification in terface during directional solidification by continuous casting. *J. Heat Transfer*, 1978; 100: 3.

61 El-Hage A, Shamsunder N. Calculation of Two-Dimensional Solidfication by Orthogonal.

62 Shamsundar N, Sparrow E M. Effect of density change on multidimensional conduction phase chauge. *J Heat Transfer*, 1976; 98: 550.

63 White R D, Bathelt A G, Viskanta R. Study of heat transfer and melting from a cylinder embedded in a phase change material. ASME Paper No. 77—HT—42, 1977.

64 Bathelt A G, Viskanta R, Leidenfrost W. Latent heat of fusion energy storage, experiments on bheat transfer from cylinders during melting. *J. Heat Transfer*, 1979; 101: 453~458.

65 Bathelt A G. Viskanta R. Heat transfer at the solidliquid interface during melting iron a horizontal cylinder. *Int. J. Heat Mass Transfer*, 1980; 23: 1493~1503.

66 Viskanta R, Bathelt A G, Hale N W. Latent heat-of-fusion energy storage: experiments on beat transfer during solid-liquid phase change. In: *Proc, 3rd Int. Conf. on alternative Energy Sources*, Bal Harbour, Florida, 1980.

67 Goldstein R J, Ramsey J W. Heat transfer to a melting solid with application to thernial energy storage systems. In: Hartnett J P, ed. *Heat Transfer Studies: a Festschrift for E. R. G. Eckert*, Washington, DC: Hemispherse, 1979: 19~206.

68 Bareiss M, Beer H. An analytical solution of the heat transfer process during melting of an unfixed solid phase change material inside a horizontal tube. *Int. J. Heat Mass Transfer*, 1984; 27 (5): 739~746.

69 Webb B W, et al. Experiments on melting of unfixed ice in a horizontal cylindrcal capsule. *Transactions of the ASME*. May 1987; 109: 454~459.

70 陈文振, 程尚模, 罗臻. 水平椭圆管内相变材料接触融化的分析. 太阳能学报, 1995; 16 (1): 68~71

71 陈文振, 程尚模. 矩形腔内相变材料接触融化的分析. 太阳能学报, 1993. 7; 4 (3): 202~208

72 Bahrami P A, Wang T G. Analysis of gravity and conduction-driven melting in a sphere. *Transactions of the ASME*, 1987; 109: 806~809.

73 Moore F E, Bayazitoglu Y. Melting within a spherical enclosure. *ASME J. of Heat Transfer*, 104: 19~23.

74 江涓, 张寅平, 江亿, 康艳兵. 板式相变储换热器的储换热准则. 清华大学学报, 1999 年, Vol.39, No.11, 86~89

75 康艳兵, 张寅平, 江亿等. 相变蓄热球体堆积床传热模型及热性能分析. 清华大学学报, 2000 年,

Vol.40, No.2, 106~109

76 Zhu Yinqiu, Zhang Yinping, Jiang Yi et al., Thermal storage and heat transfer in phase change material oatside a circular tube With axial variation of the heat transfer fluid temperature, J.of Solat Energy Engineering, 1999, Vol.121, 145~149

77 Kang Yanbing, Zhang Yinping, Jiang Yi, Zhu Yingxin, A general model for analyzing the thermal characferistics of a class of latent heat thermal energy storage sgsfems, J.of Solar Energy Engy., 1999, Vol.121, No.4 185~193

78 康艳兵，张寅平，朱颖秋等．相变蓄热同心套管传热模型和性能分析．太阳能学报，Vol.20, No, 1, 1999, 1 20~25

79 Zhu Yingxin, Zhang Yinping et al., Heat transfer processes during an unfixed solid phase change material melting outside horizontal tube, 2001, Vol. 40, 550~563

80 Zhang Yinping, Su Yan, Zhu Yinxin et al., A general model for analyzing the thermal performance of the heat charging and discharging processes of latent heat thermal energy storage systems, J. of Solar Energy Engineering, Transactions of ASME, No. 3, Aug., 2001, 232~236

第四章

1 赵荣义，范存养，薛殿华，钱以明．空气调节（第三版）．北京：中国建筑工业出版社，1994
2 周兴禧．制冷空调工程中的质量传递．上海：上海交通大学出版社，1991
3 Jones, W. P., Air Conditioning Engineering. 谭天祐等译．北京：中国建筑工业出版社，1989
4 Robert, A. P. (editor), ASHRAE Handbook: HAVC System and Equipment, Atlanta, ASHRAE Inc., 1996
5 Robert A.P. (editor) .ASHRAE HANDBOOK：Fundamentals, Atlanta：ASHRAE Inc., 1997
6 杨R.T.著，王树森等译．吸附法气体分离．北京：化学工业出版社，1991
7 MOTOYUKI SUZUKI.Adsorption Engineering.Tokyo: KODANSHA LTD., 1990
8 Brundrett, Geoffrey Wilmot.Handbook of dehumidification technology.London：Butterworths, 1987
9 铃木谦一郎著，李先瑞译．除湿设计．北京：中国建筑工业出版社，1983
10 OSCIK, J.. Adsorption.Warszawz：Polish Scientific Publishers, 1982

第五章

1 周谟仁主编．流体力学（第二版）．北京：中国建筑工业出版社，1986
2 清华大学等合编．空气调节（第二版）．北京：中国建筑工业出版社，1986
3 姜正侯主编．燃气燃烧与应用（第二版）．北京：中国建筑工业出版社，1988
4 同济大学城市燃气教研室编．燃烧理论基础（上、下册）．同济大学，1981
5 哈尔滨建筑工程学院城市建设系煤气组编．煤气燃烧及设备（上册）．哈尔滨建筑工程学院，1977
6 罗棣庵．传热应用与分析．北京：清华大学出版社，1990

第六章

1 章熙民，任泽霈，梅飞鸣编著．传热学（新一版）．北京：中国建筑工业出版社，1993
2 杨世铭，陶文铨编著．传热学．北京：高等教育出版社，1998
3 ［德］EU施林德尔主编．马庆芳，马重芳主译．换热器设计手册（一、三卷）．北京：机械工业出版社，1988
4 李德兴编著．冷却塔．上海：上海科学技术出版社，1981
5 华东建筑设计院主编．给水排水设计手册（第4册）．北京：中国建筑工业出版社，1986
6 清华大学等合编．空气调节（第二版）．中国建筑工业出版社，1986
7 史美中，王中铮编．热交换器原理与设计（第二版）．南京：东南大学出版社，1996

8　傅忠诚等编．燃气燃烧新装置．北京：中国建筑工业出版社，1984

9　姜正侯主编．燃气燃烧与应用（第二版）．北京：中国建筑工业出版社，1988

10　Spalding D B. Combustion and Mass Transfer, Pergamon Press, 1979

11　顾夏声等编著．水处理工程．北京：清华大学出版社，1985

12　于承训主编．工程传热学．成都：西南交通大学出版社，1990

13　Kays W M and London A L. Compact Heat Exchangers, 3rd Ed.. McGraw–Hill, New York, 1984

14　贺平，孙刚编著．供热工程（第三版）．北京：中国建筑工业出版社，1993

15　彦启森主编．空气调节用制冷技术．北京：中国建筑工业出版社，1985

16　Robert A. Parsons（editor）, ASHRAE handbook: 1996 HVAC systems and equipment. Chapter 35

17　[苏] В.Б. 雅柯勃松著，王世华等译．小型制冷机，北京：机械工业出版社，1982，p. 278

18　E. Granry Kylteknisk tidskrift 1966, N4, s. 65～68

19　(联邦德国) H.D. 贝尔著，杨东华等译，工程热力学．1983，北京：科学出版社，113

20　Захаров Ю.В. 等，Холододилвная Техника，1980，№3，C.97～100

21　杨士铭主编，传热学，1981.7，北京：人民教育出版社，p.324

22　张寅平．邱国佺．冰蓄冷研究的现状与展望，暖通空调，1997，Vol.27，No.6，pp.25～30

23　张寅平、胡汉平、孔祥冬、苏跃红，相变贮能——理论和应用，合肥：中国科学技术大学出版社，1996．第七章

24　彦启森．冰蓄冷系统设计．1996年，清华大学讲义

25　张永铨．张彤．蓄冷空调系统．1998.3，讲义

26　华泽钊．刘道平等编著．蓄冷技术及其在空调工程中的应用．北京：科学出版社，1997

27　严德隆．张维君主编．空调蓄冷应用技术．北京：中国建筑工业出版社，1997

28　胡兴邦．朱华等编著．储冷空调系统原理、工程设计及应用．杭州：浙江大学出版社，1997

29　靳明聪等编著．换热器．重庆：重庆大学出版社．1990

30　杨自奋，杨强生．基于热经济参数的换热器优化计算．上海交通大学学报，19（6）

31　Edwards D K, et al. Transfer process, 2nd Ed.. McGraw-Hill, New York, 1979: 292～296

32　Edwards D K and Matavosian R. The thermoeconomically optimum counter-flow heat exchangers, effectiveness. Journal of heat transfer, 1982, 104: 191—193

33　Bejan A. The concept of irreversibility in heat exchange design: counter-flow heat exchangers for gas-to-gas applications, Transaction of the ASME, Series C, Journal of heat transfer, 1977, 99 (1): 374～380

34　Bejan A. General criteria for rating heat exchanger performance. Int. J. Heat Mass Transfer, 1978, 21: 655～658

35　宋之平，王加璇．节能原理．北京：水利电力出版社，1986：312～382

36　倪振伟等．评价换热器热性能的三项指标．工程热物理学报，1984，5（4）：387～389

37　Webb R L. Performance evaluation criteria for use of enhanced heat transfer surface in heat exchange design. Int. J. Heat Mass Transfer, 1981, 24 (4): 715～726

38　孙德兴．肋片管簇的优化方法．制冷学报，1981，(4)：9～21